高等职业教育智能制造系列新形态教材

MCGS嵌入版组态控制技术及应用

主　编　吴孝慧　鹿业勃　李克培
副主编　范振瑞　明习凤　宋君君　张翠玲　王　青
主　审　谢双合　何　伟

同济大学出版社
TONGJI UNIVERSITY PRESS
·上海·

内 容 提 要

本书为高等职业教育机电一体化、电气自动化类专业理实一体化教材，主要介绍工控组态软件——MCGS嵌入版组态软件在典型工业控制系统中的具体应用，以实用、易用为原则，采用项目化活页式教材编写方式，将"问题引导"作为学习工作的主线贯穿于完成学习任务的全部过程，让学生有目标地在学习资源中查找所需的专业知识，思考并解决专业问题。辅助微课、仿真工作环境等丰富信息化资源，对各种控制系统进行了详细的讲解，其目标在于使学生掌握MCGS嵌入版软件的使用方法，掌握工控系统组态和调试的原理、思路和过程。

本书以西门子PLC和自动化生产线为硬件设备，以MCGS嵌入版为软件平台，以"硬件集成、软件组态、控制编程、安装调试"关键能力为主线，锻炼学生自动化设备人机界面操作、现场总线部件的安装、调试、维护及设计工作能力，培养学生具有完备的工控组态系统安装与调试能力，以及较强的自动化技术系统设计和综合实践能力。本书可供高等职业院校学生及企业从事相关工作技术人员参考使用。

图书在版编目（CIP）数据

MCGS嵌入版组态控制技术及应用 / 吴孝慧，鹿业勃，李克培主编. —上海：同济大学出版社，2022.12（2025.1重印）
ISBN 978-7-5765-0487-3

Ⅰ. ①M… Ⅱ. ①吴… ②鹿… ③李… Ⅲ. ①工业控制系统—应用软件—高等职业教育—教材 Ⅳ. ①TP273

中国版本图书馆CIP数据核字（2022）第220899号

MCGS嵌入版组态控制技术及应用

主　编	吴孝慧　鹿业勃　李克培
副主编	范振瑞　明习凤　宋君君　张翠玲　王　青
主　审	谢双合　何　伟
责任编辑	任学敏　　助理编辑　夏晗丹　　责任校对　徐春莲　　封面设计　陈益平

出版发行	同济大学出版社　www.tongjipress.com.cn （地址：上海市四平路1239号　邮编：200092　电话：021-65985622）
经　销	全国各地新华书店
排　版	南京文脉图文设计制作有限公司
印　刷	常熟市大宏印刷有限公司
开　本	787mm×1092mm　1/16
印　张	17.5
字　数	437 000
版　次	2022年12月第1版
印　次	2025年1月第3次印刷
书　号	ISBN 978-7-5765-0487-3
定　价	69.00元

本书若有印装质量问题，请向本社发行部调换　　版权所有　侵权必究

前　言

制造业是立国之本、强国之基、兴国之器。党的十八大以来，我国制造业发展取得历史性成就，发生历史性变革。在进入全面建设社会主义现代化国家新征程的新时期，我们要抓住机遇，化解挑战，科技自立自强，使我国制造业高质量发展之路行稳致远。工业控制领域中，组态软件起到了重要的作用。组态软件是完成系统硬件与软件沟通，建立现场与监控层沟通的人机界面的软件平台，集动画显示、流程控制、数据采集、设备控制与输出、网络数据传输、双机设备、工程报表、数据与曲线等诸多功能于一身，能与各种设备进行数据交换。工业控制领域是组态软件应用的重要阵地。

本书是针对机电一体化和电气自动化专业中工控组态软件应用相关专业知识编写的一体化课程教学活页式教材，以目前比较流行并广泛使用的 MCGS 嵌入版组态软件为主要软件平台，以西门子 PLC 和自动化生产线为硬件设备，设计了本书的教学内容。全书共 8 个项目，内容涵盖典型电气控制线路、轨道运动、楼宇灯光、机电设备控制、水位控制、生产车间配方与安全工程、基于西门子 PLC 控制的嵌入式 TPC 监控、自动化生产线嵌入式 TPC 监控 8 个方面，对触摸屏 TPC 和 MCGS 嵌入版组态软件的知识点和技能点安排了详细的讲解和练习，能增强学生在控制系统中运用 MCGS 组态软件的能力。项目七、八以西门子 PLC 1200 和自动化生产线硬件为现场设备，训练学生掌握 PLC 控制的组态监控系统的构建方法，理实一体化的教学方式，突出了边学边做、做中教、做中学的教学方法。每个项目均配有二维码，扫描二维码即可进入学习网站，随时观看讲解颗粒化的微课、仿真工作环境及相应的文本资料；每个项目润物无声地融入课程思政，培养学生严谨细致的工作态度，爱岗敬业的工作追求，团结协作的工作追求，以及对待工作和学习一丝不苟、精益求精的工匠精神。

本书主要使用引导性问题来引领学生按照四步法的顺序完成学习任务。书中大量使用图片，使教学内容直观易懂；在问题设置上前后衔接紧密，不论是教师教学还是学生学习都能按照企业实际工作流程一步一步完成任务，真正做到一体化教学，可以满足高等职业教育院校学生对组态软件学习的要求。

本书由德州职业技术学院吴孝慧、鹿业勃、李克培任主编，范振瑞、明习凤、宋君君、张翠玲、王青任副主编；山东洛杰斯特物流科技有限公司谢双合、沂源旭光机械有限公司何伟任主审参与了教材的编写，提供了企业案例。

本书参考了许多专家的图书，在此表示特别感谢。

由于时间仓促，书中难免存在错漏和不妥之处，敬请广大读者批评指正。

编　者
2022 年 10 月

本书配套视频资源二维码索引

序号	项目	任务	视频名称	时长	页码
1-1	项目一	任务一	电动机顺启逆停主电路组态设计演示视频	00:33	002
1-2			认识MCGS嵌入版组态软件	02:53	003
1-3			TPC7062Ti与PLC的硬件连接	02:30	007
1-4			旋转动画工程设计	02:50	011
1-5			电动机顺启逆停主电路组态设计	07:04	022
1-6		任务二	电动机正反转电气控制线路组态设计演示视频	00:30	023
1-7			图形符号构件修改与制作	02:57	025
1-8			电动机正反转电气控制线路组态设计	05:18	032
1-9		任务三	电动机星三角降压启动主电路组态设计演示视频	00:22	033
1-10			脚本程序语言要素	04:15	037
1-11			脚本程序基本语句	05:18	039
1-12			电动机星三角降压启动主电路组态设计	06:04	045
1-13		项目一练习题	立式电风扇正反转动画工程设计演示视频	00:24	046
1-14			两地控制一盏灯动画工程设计演示视频	00:35	046
1-15			电动机正反转星三角降压启动主电路组态设计演示视频	00:42	046
2-1	项目二	任务一	三角形轨道组态设计演示视频	00:39	048
2-2			位置动画链接*——水平移动	05:10	051
2-3			位置动画链接——垂直移动	03:19	051
2-4			彩球三角形轨道运动组态设计	08:27	058
2-5		任务二	彩球矩形轨道运动组态设计演示视频	00:48	059
2-6			彩球矩形轨道运动组态设计	07:57	065
2-7		项目二练习题	彩球椭圆轨道运动动画工程设计演示视频	07:14	066
2-8			彩球圆形+椭圆形轨道运动动画工程设计演示视频	00:40	066

* 本书中,除直接引用MCGS嵌入版软件系统环境中的选项及操作按钮仍保留使用"连接"外,其余一律用"链接"。

(续表)

序号	项目	任务	视频名称	时长	页码
3-1	项目三	任务一	广告牌彩灯组态设计演示视频	00:43	068
3-2			定时器策略构件	06:31	070
3-3			广告牌彩灯组态设计	04:57	078
3-4		任务二	小区自动门组态设计演示视频	00:35	079
3-5			位置动画链接——大小变化	03:28	080
3-6			小区自动门组态设计	06:55	088
3-7		项目三练习题	按钮控制彩灯左右循环移位动画工程设计演示视频	00:25	089
4-1	项目四	任务一	送料小车自动往返组态设计演示视频	00:57	092
4-2			送料小车自动往返组态设计	06:31	099
4-3		任务二	机械手组态设计演示视频	01:41	101
4-4			机械手组态设计	10:04	111
4-5		项目四练习题	送料小车三点自动往返动画工程设计演示视频	00:59	112
5-1	项目五	任务一	水位控制工程组态设计演示视频	01:02	114
5-2			流动块构件	02:56	116
5-3			水位控制组态设计	07:43	124
5-4		任务二	模拟设备水位控制报警显示组态设计演示视频	01:08	125
5-5			模拟设备构件添加	03:04	126
5-6			设置数据对象的报警限值	03:58	129
5-7			模拟设备水位控制报警显示组态设计	06:45	137
5-8		任务三	模拟设备水位控制报表及曲线显示组态设计演示视频	01:35	139
5-9			数据报表组态设计	05:00	151
5-10			趋势曲线组态设计	05:09	154
5-11			模拟设备水位控制报表及曲线显示组态设计	06:36	155
5-12		项目五练习题	生产车间报警信息显示演示视频	00:44	156
5-13			生产车间数据报表显示演示视频	00:22	156

(续表)

序号	项目	任务	视频名称	时长	页码
6-1	项目六	任务一	生产车间配方处理组态设计演示视频	00:47	158
6-2			菜单设计	03:26	166
6-3			生产车间配方处理组态设计	06:41	173
6-4		任务二	生产车间安全机制管理组态设计演示视频	02:40	175
6-5			生产车间安全机制管理组态设计	08:10	188
6-6		项目六练习题	彩灯安全管理组态设计演示视频	04:58	189
7-1	项目七	任务一	交通灯嵌入式TPC监控系统演示视频	00:43	192
7-2			MCGS嵌入版触摸屏IP地址修改	00:59	195
7-3			交通灯嵌入式TPC监控系统组态设计	09:02	208
7-4		任务二	电压采集嵌入式TPC监控系统组态设计演示视频	00:54	209
7-5			电压采集嵌入式TPC监控系统组态设计	02:27	218
7-6		任务三	频率输出嵌入式TPC监控系统组态设计演示视频	00:56	219
7-7			频率输出嵌入式TPC监控系统组态设计	04:04	228
7-8		项目七练习题	自动送料装车组态监控工程演示视频	00:58	229
7-9			四路抢答器组态监控工程演示视频	01:00	230
8-1	项目八	任务一	供料站工作过程演示视频	00:31	236
8-2			供料站触摸屏组态监控演示视频	00:27	237
8-3			触摸屏开机运行界面组态设计	04:31	242
8-4			供料站工控组态设计	06:53	247
8-5		任务二	加工站工作过程演示视频	00:48	249
8-6			加工站触摸屏组态监控演示视频	00:33	249
8-7			加工站工控组态设计	05:37	255
8-8		任务三	装配站工作过程演示视频	00:51	257
8-9			装配站触摸屏组态监控演示视频	00:39	257
8-10			装配站工控组态设计	05:33	263
8-11		项目八练习题	分拣站监控工程演示视频	00:22	264
8-12			分拣站触摸屏组态监控演示视频	00:53	264
合计				03:54:50	

目　录

前言

本书配套视频资源二维码索引

项目一　典型电气控制线路工程组态 …………………………………………… 001
　任务一　电动机顺启逆停主电路组态设计 …………………………………… 002
　任务二　电动机正反转电气控制线路组态设计 ……………………………… 023
　任务三　电动机星三角降压启动主电路组态设计 …………………………… 033

项目二　轨道运动工程组态 ……………………………………………………… 047
　任务一　彩球三角形轨道运动组态设计 ……………………………………… 048
　任务二　彩球矩形轨道运动组态设计 ………………………………………… 059

项目三　楼宇灯光控制工程组态 ………………………………………………… 067
　任务一　广告牌彩灯组态设计 ………………………………………………… 068
　任务二　小区自动门组态设计 ………………………………………………… 079

项目四　机电设备控制工程组态 ………………………………………………… 091
　任务一　送料小车自动往返组态设计 ………………………………………… 092
　任务二　机械手组态设计 ……………………………………………………… 101

项目五　水位控制工程组态 ……………………………………………………… 113
　任务一　水位控制工程组态设计 ……………………………………………… 114
　任务二　模拟设备水位控制报警显示组态设计 ……………………………… 125
　任务三　模拟设备水位控制报表及曲线显示组态设计 ……………………… 139

项目六　生产车间配方与安全工程组态 ………………………………………… 157
　任务一　生产车间配方处理组态设计 ………………………………………… 158

任务二　生产车间安全机制管理组态设计 ······ 175

项目七　基于西门子 PLC 控制的嵌入式 TPC 监控工程组态 ······ 191
　　任务一　交通灯嵌入式 TPC 监控系统组态设计 ······ 192
　　任务二　电压采集嵌入式 TPC 监控系统组态设计 ······ 209
　　任务三　频率输出嵌入式 TPC 监控系统组态设计 ······ 219

项目八　自动化生产线嵌入式 TPC 监控工程组态 ······ 231
　　任务一　供料站工控组态设计 ······ 236
　　任务二　加工站工控组态设计 ······ 249
　　任务三　装配站工控组态设计 ······ 257

附录 ······ 265

参考文献 ······ 270

项目一

典型电气控制线路工程组态

 教学目标

知识目标

1. 掌握北京昆仑通态公司 MCGS 软件的主要功能及其组成；
2. 了解 MCGSTPC 嵌入式一体化触摸屏结构及其工作原理；
3. 掌握 MCGS 嵌入版组态工程组建的一般过程；
4. 熟悉组态软件工具箱和"对象元件库管理"功能的使用；
5. 掌握可见度、闪烁效果动画链接、按钮构件、动画显示构件的设置方法；
6. 掌握对象元件库中图元修改、图形制作并保存入库的方法；
7. 掌握 MCGS 嵌入版实时数据库中开关型、数值型及字符型数据对象的定义；
8. 掌握运行策略与脚本程序的设计方法。

能力目标

1. 能够使用组态软件工具箱、图库元件进行画面绘制；
2. 能够按照操作步骤进行简单组态工程数据对象定义和可见度动画设置；
3. 能够自己制作元件并添加到对象元件库中；
4. 能够使用脚本语言程序控制工程运行流程；
5. 能够完成 MCGSTPC 嵌入式触摸屏与 PLC 设备通信接线；
6. 能够按照操作步骤进行组态工程设计，并将设计程序正确下载到触摸屏。

素质目标

1. 培养学生根据工程设计需要选择组态软件的能力；
2. 激发学生学习课程的热情，培养学生努力学习、积极进取的学习精神；
3. 培养学生遵守劳动纪律及操作规程，增强环保和安全意识；
4. 引导学生感悟我国智能制造业的飞速发展，认识组态软件技术的应用价值；
5. 培养学生为国货自豪的爱国主义情怀；
6. 培养学生严谨、专注、创新的职业素养。

项目背景

电机是工业领域的动力之源,伴随我国工业驱动控制领域与大数据平台发展融合,高效节能的智能电机系统与我国智能制造的高、精、尖方发展方向相契合,这也是我们努力学习的动力之基。随着工业自动化发展和计算机运用,组态软件应运而生。组态软件在计算机测控系统中除了完成基本数据采集和控制功能外,还能完成故障诊断,数据分析,报表形成和打印,与管理层交换数据,为操作人员提供灵活方便的人机界面等功能。

组态软件,又称组态监控软件系统软件,译自英文 SCADA,即 Supervisory Control and Data Acquisition(数据采集与监视控制)。组态软件是数据采集与过程控制的专用软件,是处在自动控制系统监控层一级的软件平台和开发环境,以其灵活丰富的组态功能,为用户提供快速构建工业自动控制系统监控功能的、通用层次的软件工具。

任务一　电动机顺启逆停主电路组态设计

一、情境描述

某开发小组接到任务,要求利用 MCGS 嵌入版组态软件创建电动机顺启逆停模拟监控系统。使用工具箱画出 2 台电动机,电动机 M1 作为第一台电动机,电动机 M2 作为第二台电动机。设计 5 个按钮,分别用于启动和停止电动机 M1 和 M2,及关闭当前运行界面。要求电动机 M1 启动后才能启动电动机 M2,电动机 M2 停止后才能停止电动机 M1。为了满足 2 台电动机的控制要求,可以用脚本程序编程实现,任务效果图如图 1-1 所示。需要说明的是,本项目中的任务都只是利用组态软件模拟监控系统运行,故并不需要真正的电动机和按钮等硬件支持。

1-1 电动机顺启逆停主电路组态设计演示视频

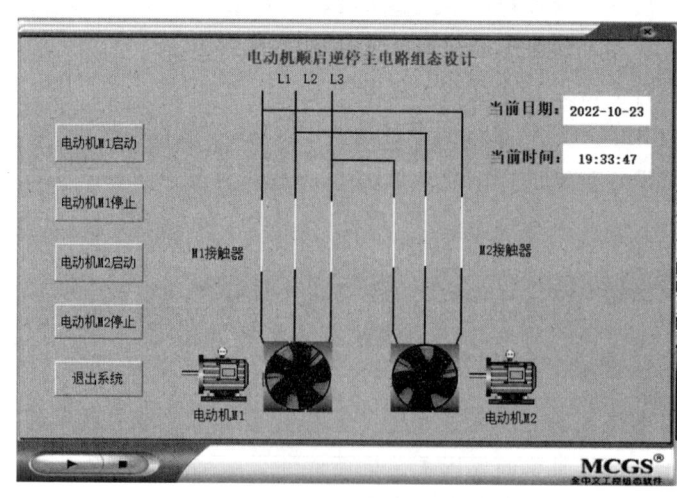

图 1-1　电动机顺启逆停控制主电路任务效果图

二、相关知识

（一）认识 MCGS 嵌入版组态软件

MCGS 嵌入版组态软件是北京昆仑通态自动化软件科技有限公司研发的一套基于 Windows 平台的，用于快速构造和生成上位机监控系统的组态软件系统，能实现现场数据的采集与监测、前端数据的处理与控制等功能。MCGS 组态软件包括 3 个版本，分别是网络版、通用版、嵌入版。如图 1-2 所示的企业管控一体化示意图，包括了 MCGS 组态软件的 3 大系列产品。MCGS 嵌入版是专门开发用于 MCGSTPC 触摸屏的监控系统的组态软件。

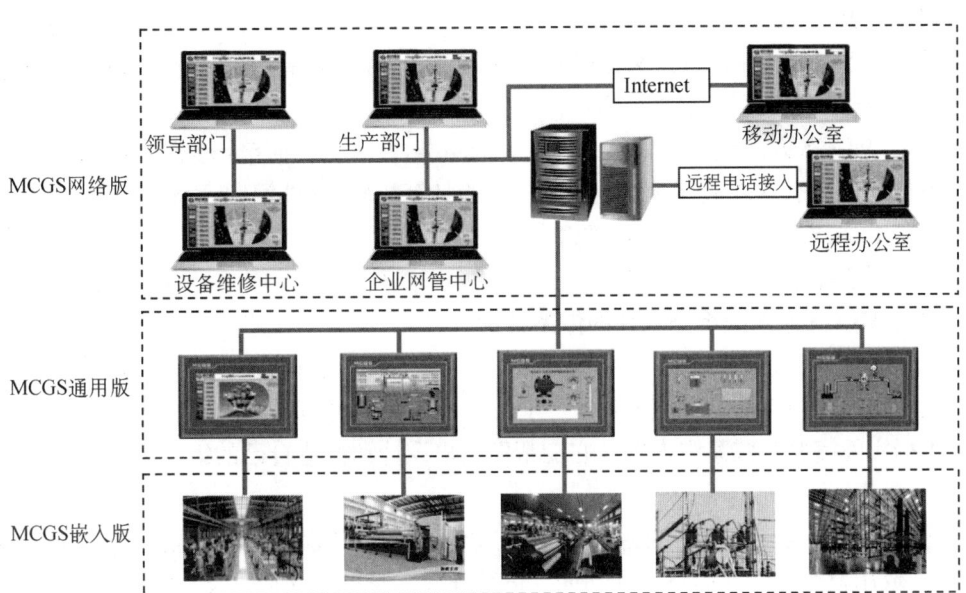

图 1-2　企业管控一体化示意图

1-2　认识 MCGS 嵌入版组态软件

处于整个监控系统最上层的是 MCGS 网络版组态软件。MCGS 网络版组态软件主要完成整个系统的信息收集和发布，即把位于其监控之下的所有监控站点的数据通过各种复杂的网络结构，最终集中在由 MCGS 网络版组态软件构成的网络服务器中。这是企业从现场监控转到网络监控、网络管理的一个重要工具，是实现企业现代化管理的必备手段。

处于整个监控系统中间层的是 MCGS 通用版组态软件。MCGS 通用版组态软件主要完成通用工作站的数据采集和加工、实时和历史数据处理、报警和安全机制、流程控制、动画显示、趋势曲线和报表输出等日常性监控事务。

处于整个监控系统最下层的是 MCGS 嵌入版组态软件。MCGS 嵌入版组态软件主要完成现场数据的采集、前端数据的处理与控制。MCGS 嵌入版组态软件与其他相关的硬件设备结合，可以快速、方便地开发各种用于现场数据、采集处理和控制的设备。

MCGS 嵌入版组态软件有以下主要特点：

（1）简单灵活的可视化操作界面。采用全中文、可视化的开发界面，符合中国人的使用习惯和要求。

（2）实时性强、良好的并行处理性能。真正的 32 位系统，以线程为单位对任务进行分时并行处理。

（3）丰富、生动的多媒体画面。以图像、图符、报表、曲线等多种形式，为操作员及时提供相关信息。

（4）完善的安全机制。提供了良好的安全机制，可以为多个不同级别的用户设定不同的操作权限。

（5）强大的网络通信功能。具有强大的网络通信功能，支持串口通信、Modem 串口通信、以太网 TCP/IP 通信。

（6）多样化的报警功能。提供多种不同的报警方式，具有丰富的报警类型，方便用户进行报警设置。

（7）支持多种硬件设备。MCGS 嵌入版是一个"无关设备"的系统，用户不必担心因外部设备的局部改动而影响整个系统。

总之，MCGS 嵌入版组态软件具有强大的功能，并且操作简单，易学易用。同时，使用 MCGS 嵌入版组态软件能够避开复杂的嵌入版计算机软、硬件问题，而将精力集中于解决工程问题本身，根据工程作业的需要和特点，组态配置出高性能、高可靠性和高度专业化的工业控制监控系统。

（二）MCGS 嵌入版组态软件的体系结构

MCGS 嵌入版体系结构分为组态环境、模拟运行环境和运行环境 3 个部分。

组态环境和模拟运行环境相当于一套完整的工具软件，可以在个人计算机上运行，用户可根据实际需要裁减其中内容。它能帮助用户设计和构造自己的组态工程并进行功能测试。

运行环境则是一个独立的运行系统，它能按照组态工程中用户指定的方式进行各种处理，完成用户组态设计的目标和功能。运行环境本身没有任何意义，必须与组态工程一起作为一个整体，才能构成用户应用系统。一旦组态工作完成，并且将组态好的工程通过 USB 通信或以太网下载到下位机的运行环境中，组态工程就可以离开组态环境而在下位机上独立运行，从而实现控制系统的可靠性、实时性、确定性和安全性。

由 MCGS 嵌入版生成的用户应用系统，由主控窗口、设备窗口、用户窗口、实时数据库和运行策略 5 个部分构成，如图 1-3 所示。

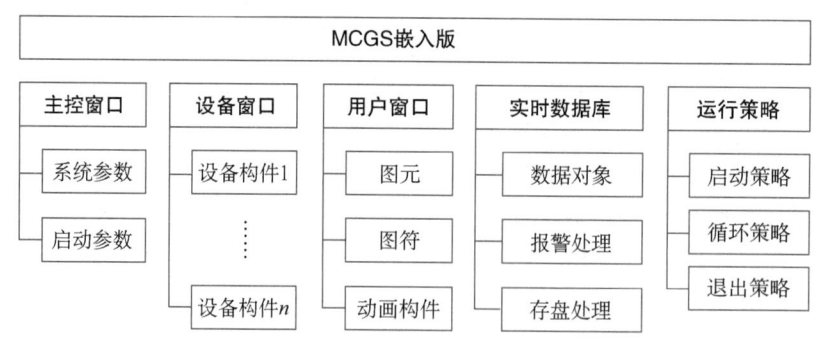

图 1-3　MCGS 嵌入版 5 个组成部分

这 5 个部分均在图 1-4 所示的软件"工作台"窗口页面中，调取和选用都很方便。

图 1-4　MCGS 嵌入版组态软件的工作台

1. 主控窗口

主控窗口确定了工业控制中工程作业的总体轮廓,以及运行流程、特性参数和启动特性等内容,是应用系统的主框架。

2. 设备窗口

设备窗口是 MCGS 嵌入版系统与外部设备联系的媒介,专门用来放置不同类型和功能的设备构件,实现对外部设备的操作和控制。设备窗口通过设备构件把外部设备的数据采集进来,送入实时数据库,或把实时数据库中的数据输出到外部设备。

3. 用户窗口

用户窗口实现了数据和流程的可视化,在用户窗口中可以放置 3 种不同类型的图形对象:图元、图符和动画构件。通过在用户窗口内放置不同的图形对象,用户可以构造各种复杂的图形界面,用不同的方式实现数据和流程的可视化。

4. 实时数据库

实时数据库是 MCGS 嵌入版系统的核心,相当于一个数据处理中心,同时也起到公共数据交换区的作用。从外部设备采集来的实时数据会被送入实时数据库,系统其他部分操作的数据也来自实时数据库。

5. 运行策略

运行策略是对系统运行流程实现有效控制的手段。运行策略本身是系统提供的一个框架,里面放置由策略条件构件和策略构件组成的"策略行",通过定义运行策略,使系统能够按照设定的顺序和条件执行任务,实现对外部设备工作的精确控制。

窗口是屏幕中的一块空间,是一个"容器",直接提供给用户使用。在窗口内,用户可以放置不同的构件,创建图形对象并调整画面的布局,组态配置不同的参数以完成不同的功能。

在 MCGS 嵌入版中,每个应用系统只能有一个主控窗口和一个设备窗口,但可以有多个用户窗口和多个运行策略,实时数据库中也可以有多个数据对象。MCGS 嵌入版用主控窗口、设备窗口和用户窗口来构成一个应用系统的人机交互图形界面,组态配置各种不同类型和功能的对象或构件,同时可以对实时数据进行可视化处理。

MCGS 嵌入版组态软件菜单的具体说明见本书附录。

(三) 认识 TPC7062Ti 触摸屏

北京昆仑通态自动化软件科技有限公司推出的嵌入版组态软件包包括组态环境和运行环境两大部分。嵌入版组态软件的组态环境和模拟运行环境相当于一套完整的工具软件,可以在电脑上运行。嵌入版组态软件的运行环境是一个独立的运行系统,它按照组态工程中用户指定的方式进行各种处理,完成用户组态设计的目标和功能。主要在组态环境中完成的组态工程与运行环境一起作为一个整体,才能构成完整的用户应用系统。组态工作完成后,将组态好的工程下载到嵌入式一体化触摸屏(例如 TPC7062Ti)的运行环境中,组态工程就可以离开组态环境而独立运行。TPC 是北京昆仑通态自动化软件科技有限公司自主生产的嵌入式一体化触摸屏系列型号。

1. TPC7062Ti 产品外观及外部接口(图 1-5)

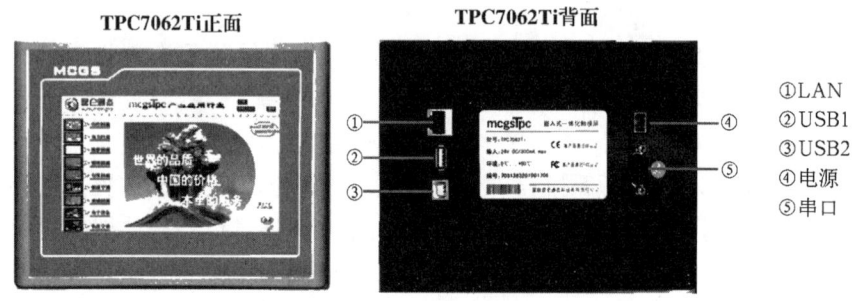

图 1-5 TPC7062Ti 产品外观及外部接口

(1) 接口说明。TPC7062Ti 产品接口说明见表 1-1。

表 1-1 TPC7062Ti 产品接口说明

项　　目	接口说明
LAN(RJ45)	以太网接口
串口(DB9)	1×RS232,1×RS485
USB1	主口,USB1.1 兼容
USB2	从口,用于下载工程
电源接口	24V DC ±20%

(2) 串口定义(图 1-6)。

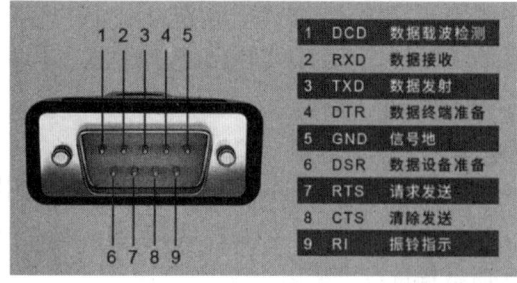

接口	PIN	引脚定义
COM1	2	RS232 RXD
	3	RS232 TXD
	5	GND
COM2	7	RS485+
	8	RS485-

图 1-6 串口(DB9)引脚定义

（3）TPC7062Ti 启动。使用 24V 直流电源给 TPC 供电，开机启动后屏幕出现"正在启动"提示进度条，此时不需要任何操作，系统将自动进入工程运行界面（图 1-7）。

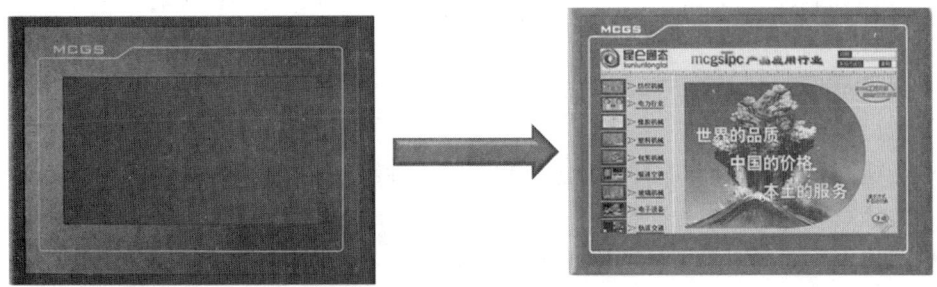

图 1-7　TPC7062Ti 启动过程

2. TPC7062Ti 与计算机的连接（图 1-8）

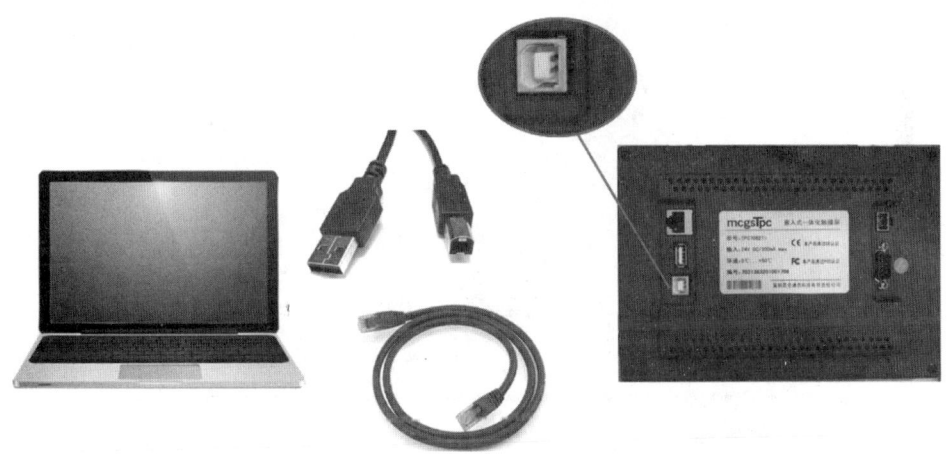

图 1-8　TPC7062Ti 与计算机连接

3. TPC7062Ti 与西门子 PLC 的接线

认识了 TPC7062Ti 后，我们首先了解它与西门子 S7-1200 PLC 的接线（图 1-9）。本书所用的案例，如不特殊说明，均以西门子 S7-1200 PLC 为例。

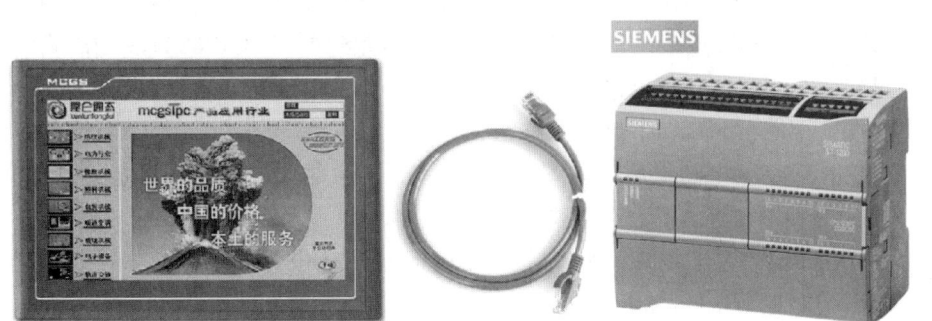

1-3　TPC7062Ti 与 PLC 的硬件连接

图 1-9　TPC7062Ti 与西门子 S7-1200 PLC 通信方式接线

(四)引导案例——电动机顺启逆停控制线路仿真设计

1. 案例情境

某小组收到任务,要求使用MCGS嵌入版组态软件制作电动机顺启逆停控制线路仿真工程。按下启动按钮,接触器吸合,电动机运行;按下停止按钮,电动机停止。界面显示当前日期和时间。

2. 能力目标

(1) 能利用工具箱、图库管理器进行窗口的画面绘制;
(2) 能编写简单脚本程序控制工作流程;
(3) 能进行简单组态工程创建和调试运行。

3. 案例效果图(图1-10)

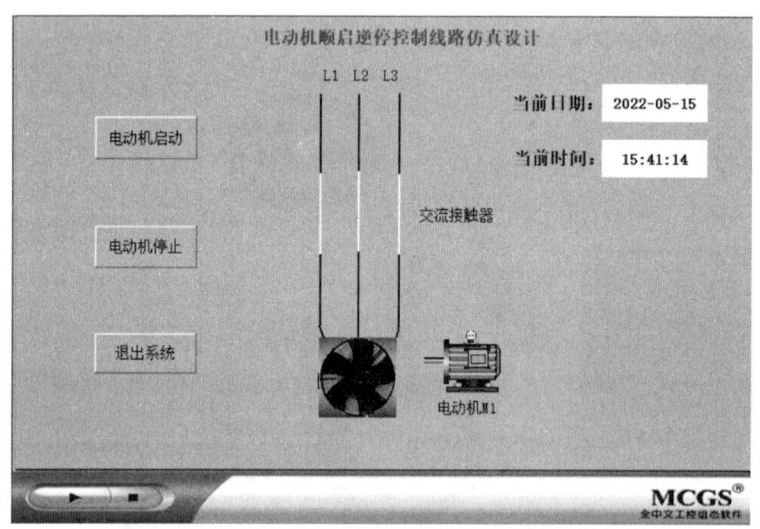

图1-10 电动机启停电气控制线路案例效果图

4. 操作步骤

(1) 建立新工程项目。

双击桌面的"MCGES组态环境"图标,进入MCGS嵌入版组态环境。

① 单击"文件"菜单,从下拉菜单中选择"新建工程",出现"新建工程设置"窗口,选择TPC的类型(根据实际连接的触摸屏类型选择),这里选择TPC7062Ti,单击"确定"按钮(图1-11)。

② 单击"文件"菜单,在下拉菜单中选择"工程另存为"子菜单,系统弹出"保存为"对话框,将文件名改为"电动机启停"(图1-12)。单击"保存"按钮(此时建立的工程文件保存在指定文件夹中),进入"工作台"窗口(图1-13)。

③ 选中工作台中的"用户窗口"选项卡,单击"用户窗口"选项卡中右侧的"新建窗口"按钮,工作台窗口出现新建"窗口0"。

④ 选中"窗口0",单击"窗口属性"按钮,系统弹出"用户窗口属性设置"对话框,在"基本属性"选项卡中,将窗口名称改为"电动机启停"(图1-14),单击"确认"按钮。

项目一　典型电气控制线路工程组态

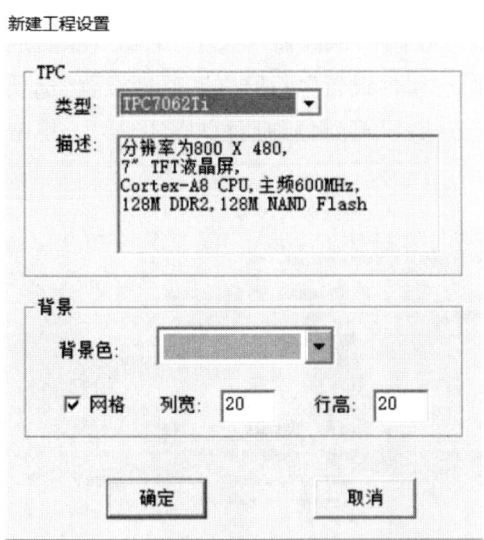

图 1-11　"新建工程设置"对话框

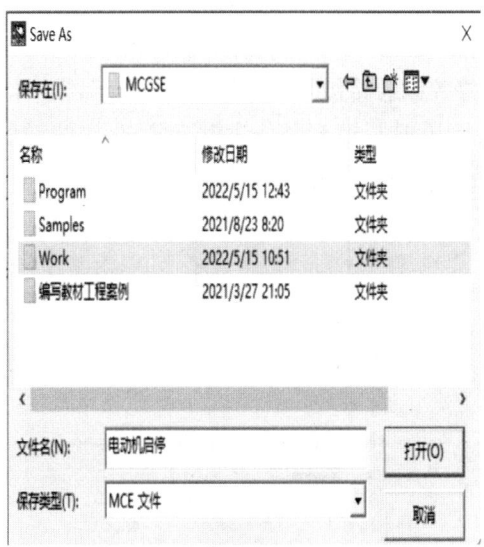

图 1-12　"工程另存为"对话框

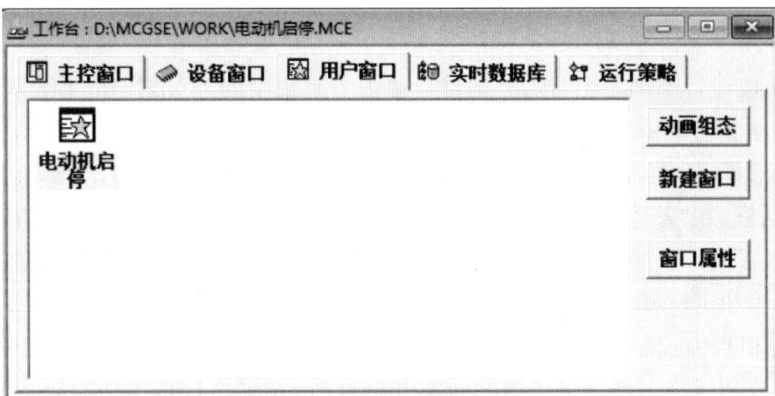

图 1-13　工程"工作台"窗口

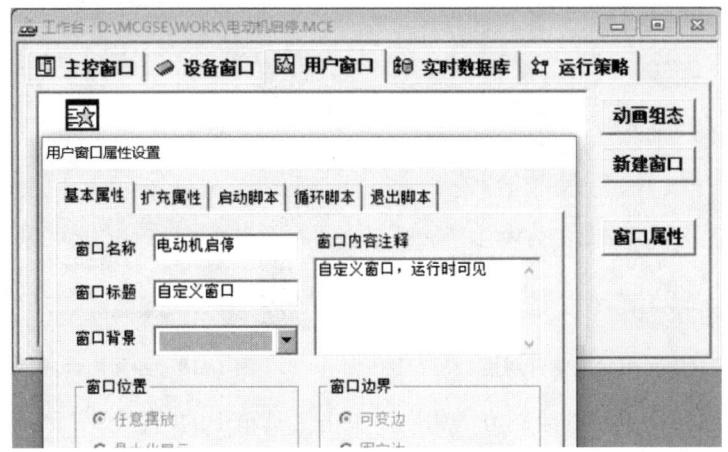

图 1-14　用户窗口名称修改

009

（2）制作图形画面。

① 制作标题。使用工具箱中的"标签" A 构件，在画面顶部输入文字"电动机顺启逆停控制线路仿真设计"。双击文字，在"标签动画组态属性设置"对话框的"属性设置"选项卡中，选择填充颜色为没有填充，边线颜色为没有边线，字符颜色为蓝色（图1-15）。单击 图标可修改字体、字形和大小。

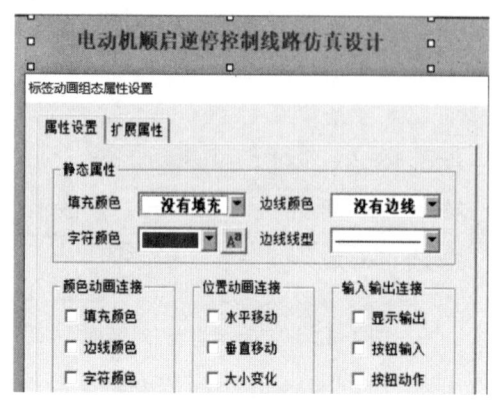 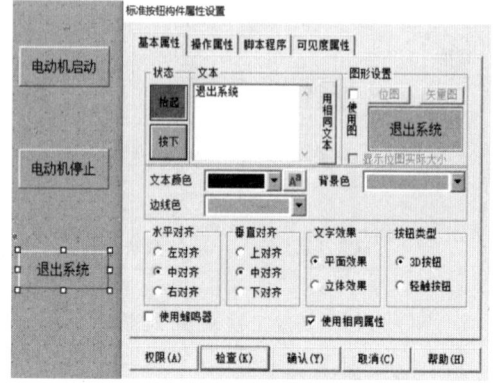

图 1-15　标题制作　　　　　　　　图 1-16　按钮添加

② 制作按钮。添加3个"按钮"构件。单击工具箱中的"标准按钮"构件图标，然后将鼠标指针移动到窗口中（此时鼠标指针变为十字形），单击空白处并拖动鼠标，画出一个适当大小的矩形框，这样就出现"按钮"构件。双击"按钮"构件，系统弹出"标准按钮构件属性设置"对话框，在"基本属性"选项卡中，将按钮标题分别改为"电动机启动""电动机停止""退出系统"（图1-16）。选中所有按钮，使用工具栏的"左边界对齐""纵向等间距""等宽"，对3个按钮进行排列对齐。

③ 电动机启停控制线路的绘制。单击工具箱中的"直线"图元，在画面上绘制电动机顺启逆停主控制线路。绘制交流接触器常开触点时，左键拖选选中所有组成常开触点的图元，单击右键，选择"排列"→"构成图符"，选中的图元组合构成了常开触点（图1-17）。

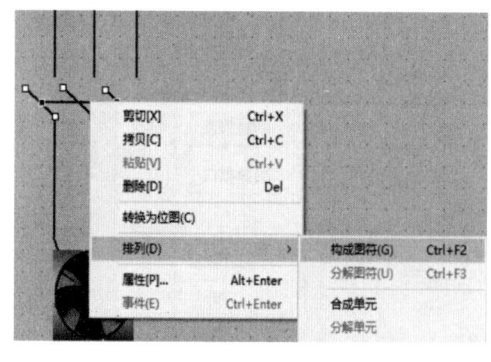 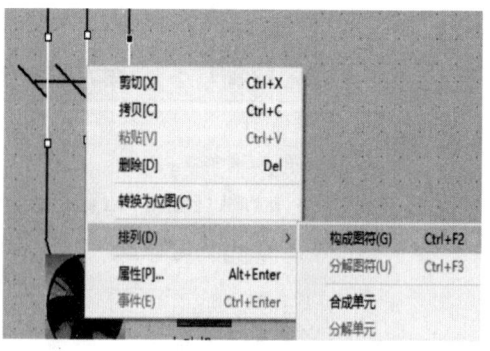

图 1-17　图元组合成常开触点　　　　图 1-18　图元组合成常闭触点

交流接触器常闭触点的绘制方法相同。单击工具箱中的"直线"图元，绘制3条竖线，表示常闭触点，组合构成图符（图1-18）。使用工具箱中的"标签" A 构件，在触点图元旁输入文本文字"交流接触器"。

④ 电动机图形元件添加。单击工具箱中的"插入元件" 按钮,系统弹出"对象元件库管理"对话框,单击选中图形对象库"马达",选择"马达26",单击"确定"按钮添加到窗口画面中(图1-19),并调整合适大小和位置(图1-20)。

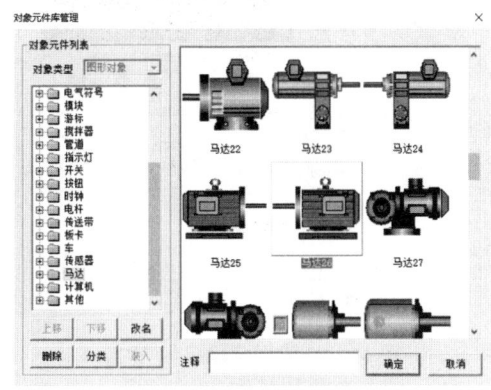

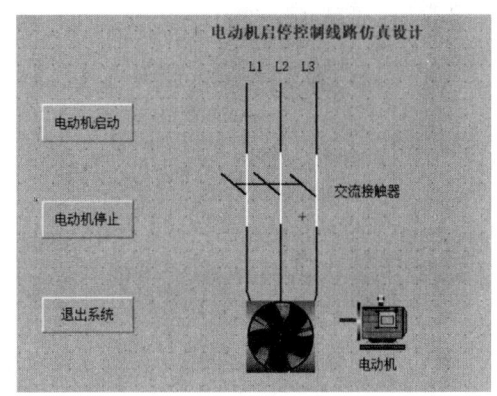

图1-19　电动机图形添加　　　　　图1-20　电动机启停组态画面

⑤ 日期、时间显示构件添加。使用工具箱中的"标签" A 构件,在画面输入文字"当前日期"和"当前时间",利用"标签" A 构件,按住左键分别拖拽出2个对应的方框,双击方框,选择填充颜色为白色,边线颜色为没有边线(图1-21)。

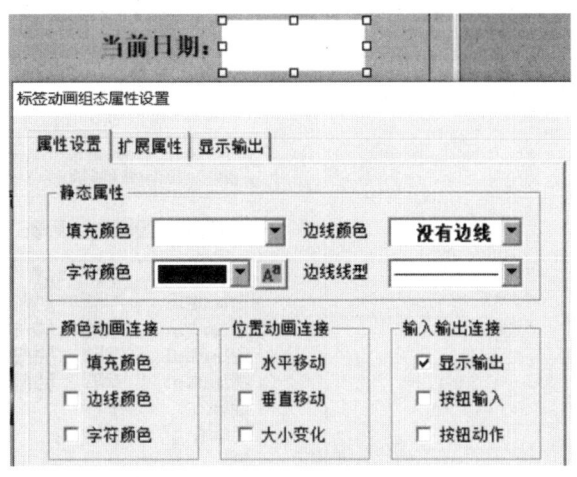

图1-21　日期文本显示属性设置

⑥ 电机旋转扇叶添加。单击工具箱中的"动画显示"构件,在画面上拖住左键添加1个"动画显示"构件,双击构件,系统弹出"动画显示构件属性设置"对话框,选择分段点"0",单击"文字"选项卡,删除文本列表。单击"外形"选项卡,单击"位图"按钮加载图像,系统弹出"对象元件库管理"对话框,单击"装入"按钮,依次添加事先已经准备好的风扇图片"风扇401""风扇411"(图1-22)。选中风扇401,单击"确认"按钮保存,分段点"0"成功插入位图。设置图像大小为"充满按钮"(图1-23)。

1-4　旋转动画工程设计

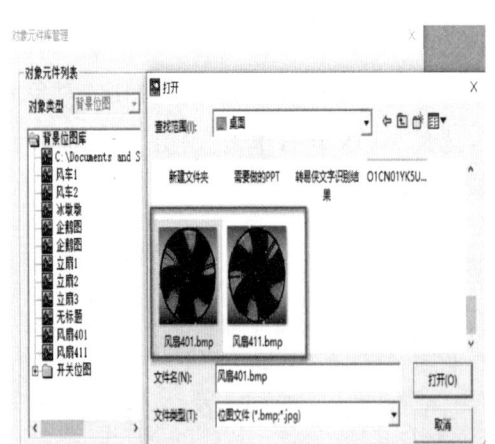

图 1-22 "动画显示"构件添加图片过程

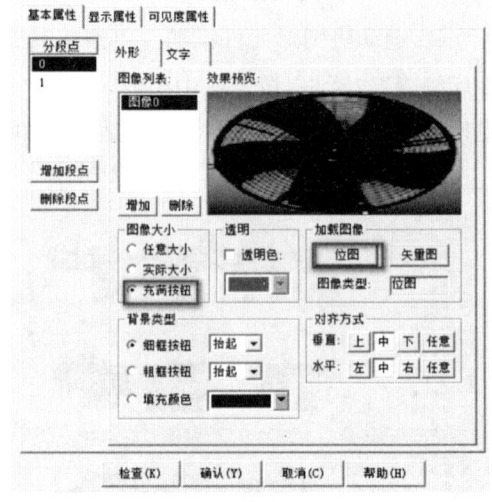

图 1-23 风扇分段点"0"设置

采用同样的方法设置分段点"1",插入另一个风车位图"风扇411"。注意图片格式是BMP或JPG。观察2张风车图片的区别,正是利用2张不同状态的图片交替显示实现旋转效果。

（3）定义数据对象。

选中工作台中的"实时数据库"选项卡,单击"新增对象"按钮,再双击新出现的对象,系统弹出"数据对象属性设置"对话框,在"基本属性"选项卡中,将对象名称改为"电动机",对象类型选"开关型",对象初值为"0"（图1-24）。用同样方法,在实时数据库中定义变量"旋转",对象类型选"开关型"（图1-25）。

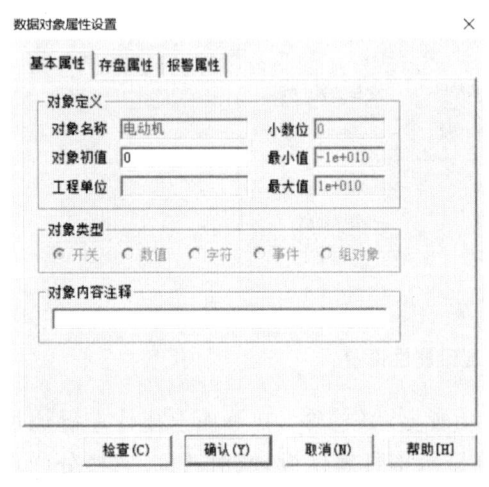

图 1-24 数据对象属性设置

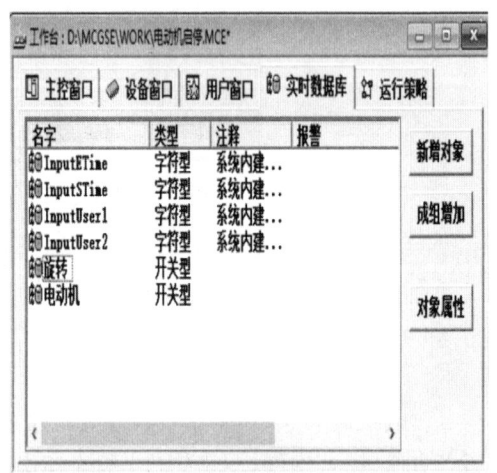

图 1-25 实时数据库添加变量

（4）建立动画链接。

①"电动机启动""电动机停止"按钮动画链接。双击窗口中的"电动机启动"按钮,系统弹出"标准按钮构建属性设置"对话框,在"操作属性"选项卡中,在"抬起功能"一栏勾选

"数据操作对象",单击"▼"选择"置1",单击右侧"?",从数据中心选择"电动机"(图1-26);双击窗口中"电动机停止"按钮,弹出对话框,在"操作属性"选项卡中,在"抬起功能"栏勾选"数据操作对象",单击"▼"选择"清0",单击右侧"?",选择"电动机"(图1-27)。

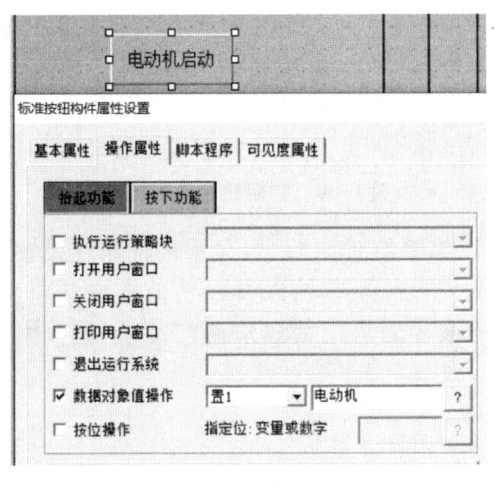

图1-26　启动按钮操作属性设置　　　　图1-27　停止按钮操作属性设置

②"退出系统"按钮动画链接。双击窗口中的"退出系统"按钮,系统弹出"标准按钮构建属性设置"对话框,在"操作属性"选项卡中,单击"抬起功能",勾选"关闭用户窗口",单击"▼"选择"电动机启停"窗口(图1-28)。

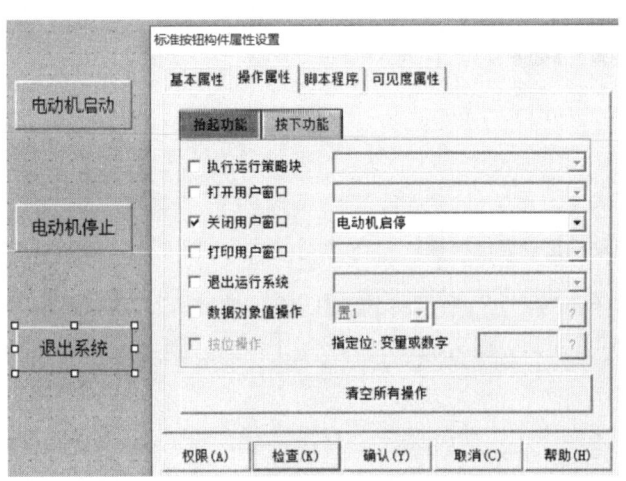

图1-28　"退出系统"按钮动画设置

③主控制线路常开触点和常闭触点动画链接。电动机启动控制线路中,双击交流接触器常开触点图符,系统弹出"动画组态属性设置"对话框,在"可见度"选项卡中,在"表达式"一栏单击右侧"?",从数据中心选择"电动机",下方选择"对应图符不可见"(图1-29)。

双击交流接触器常闭触点图符,在"可见度"选项卡中,在"表达式"栏单击右侧"?",从数据中心选择"电动机",下方选择"对应图符可见"(图1-30)。

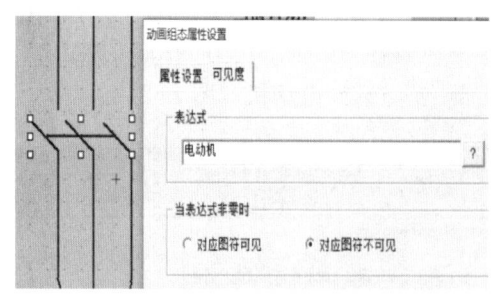
图1-29 常开触点动画设置

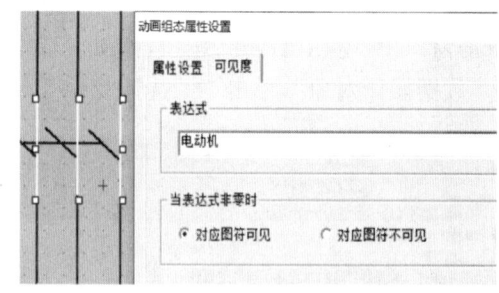
图1-30 常闭触点动画设置

④ 风扇旋转动画链接。画面上双击风扇构件,系统弹出"动画显示构件属性设置"对话框,在"显示属性"选项卡中,选择显示变量"开关,数值型",关联数值型变量定义为"旋转",动画显示方式选择"根据显示变量的值切换显示各幅图像",单击"确认"按钮(图1-31)。

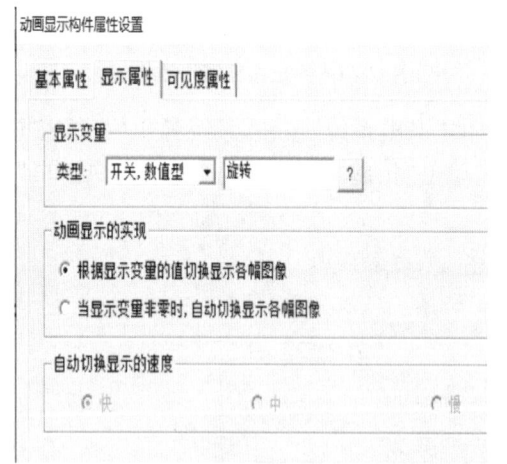
图1-31 电动机正转变量链接

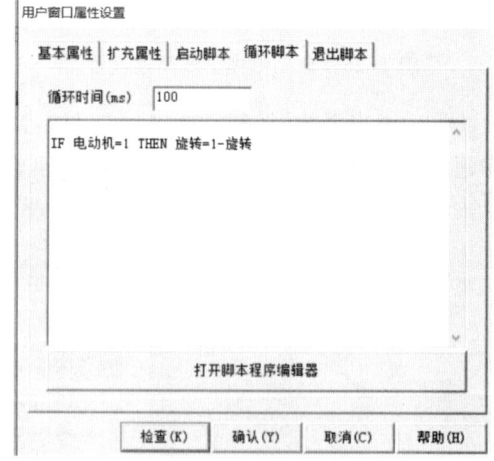
图1-32 电动机正转变量链接

用户窗口右键单击"属性",系统弹出"用户窗口属性设置"对话框,在"脚本程序"选项卡中,循环时间改为100 ms,输入脚本程序(图1-32)。则进入运行环境后,随着"旋转"数据变化产生旋转效果。

⑤ 日期、时间"显示输出"动画链接。双击"当前日期"右侧标签,在弹出的"标签动画组态属性设置"对话框中勾选"显示输出"。单击"显示输出"选项卡,再单击页面中的"属性设置",在弹出的变量选择对话框中,选择"＄Date",输出值类型选择"字符串输出",单击"确认"按钮完成设置(图1-33)。

用同样方法,双击"当前时间"右侧标签,标签动画组态设置对话框相同,只是在输出数据连接时选择"＄Time",输出值类型选择"字符串输出"(图1-34)。

⑥ 电动机变量链接。双击正转电动机图形,打开"单元属性设置"对话框,单击选中"填充颜色",单击右侧"?",从数据中心选择"电动机";单击选中"按钮输入",单击右侧"?",从数据中心选择"电动机";单击"确认"按钮(图1-35)。

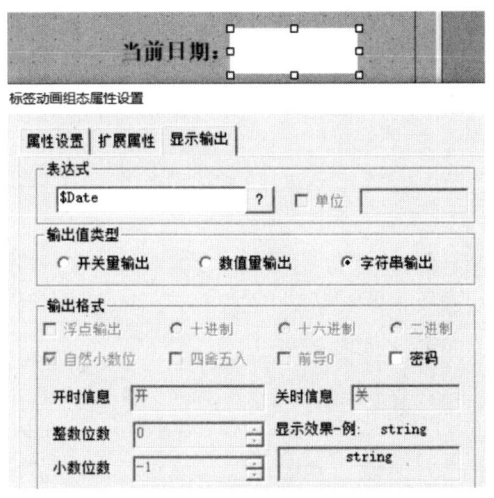
图 1-33 日期显示输出设置

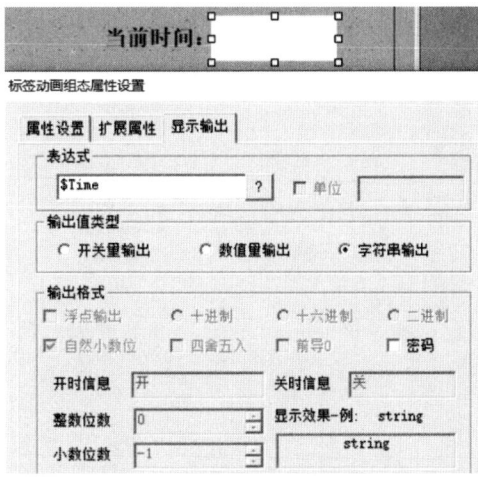
图 1-34 时间显示输出设置

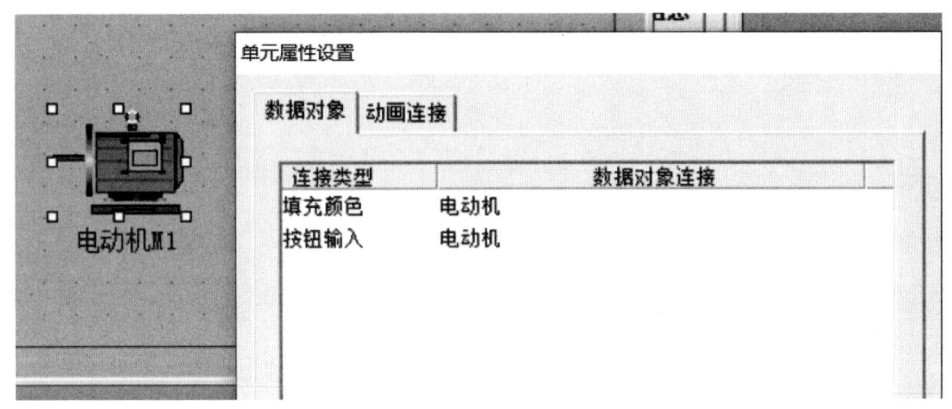
图 1-35 电动机变量链接

5. 调试运行

单击 MCGS 嵌入版组态环境窗口工具栏中的"进入运行环境"按钮或按下键盘上的"F5"键,系统弹出"下载配置"对话框,选中"模拟运行"按钮,再单击"工程下载"按钮。单击对话框中的"启动运行"按钮,运行组态工程。单击"退出系统"按钮,程序停止运行,退出"电动机启停"窗口。工程模拟运行画面如图 1-10 所示。

使用 USB 线(一端为扁平接口,一端为微型接口)将计算机和 TPC7062Ti 触摸屏连接后,在下载设置对话框中,单击"连机运行"按钮,连接方式选择"USB 通讯"*,可事先单击"通讯测试"按钮,通信成功后,再单击"工程下载"按钮,即可将组态工程下载到 TPC 触摸屏中。

---

* 本书中,除直接引用 MCGS 嵌入版软件系统环境中的选项及操作按钮仍保留使用"通讯"外,其余一律用"通信"。

"电动机顺启逆停主电路组态设计"任务书

一、任务计划

根据利用 MCGS 嵌入版组态软件创建电动机顺启逆停模拟监控系统所需的教具耗材、技能知识及工程实施过程制订工作计划。

引导问题1:观看电动机顺启逆停模拟监控系统运行过程,思考 MCGS 嵌入版组态工程组建的一般过程包括哪些环节?

引导问题2:所需教具耗材包括哪些?

引导问题3:根据工程控制要求,需要建立哪些数据对象,对象类型是什么?

引导问题4:参考引用案例,本任务需要添加哪些动画技能点?

二、任务实施

任务一效果如图1-1所示。

(一) 建立新工程项目

进入 MCGS 嵌入版组态环境,单击"文件"菜单,从下拉菜单中选择"新建工程",出现"新建工程设置"窗口,选择 TPC 的类型,单击"确定"按钮。

引导问题1:如果外部 MCGSTPC 触摸屏型号是 TPC7062Ti,新建工程时,类型选哪一个? 新建工程默认的存储路径是哪个盘符下? 文件夹名字是什么?

(二) 窗口组态

1. 新建窗口

选中工作台中"用户窗口",单击工作台"用户窗口"页中右侧的"新建窗口"按钮,工作台窗口出现新建"窗口0"。

2. 窗口属性设置

选中"窗口0",单击"窗口属性"按钮,系统弹出"用户窗口属性设置"对话框,在"基本属性"选项卡中,将窗口名称改为"电动机顺启逆停",单击"确认"按钮(图1-36)。右键单击"电动机顺启逆停"窗口,在弹出的快捷菜单中选择"设置为启动窗口"。

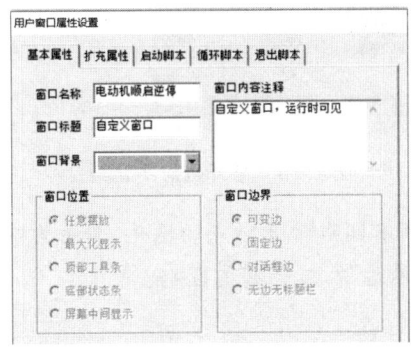

图1-36 用户窗口名称修改

(三) 制作图形画面

1. 制作按钮

单击工具箱中的"标准按钮"构件图标,然后将鼠标指针移动到窗口中(此时鼠标指针变为十字形),单击空白处并拖动鼠标,画出一个适当大小的矩形框,这样就出现"按钮"构件。添加 5 个按钮,双击"按钮"构件,系统弹出"标准按钮构件属性设置"对话框,在"基本属性"选项卡中,依次将按钮标题改为"电动机 M1 启动"等(图 1-37)。

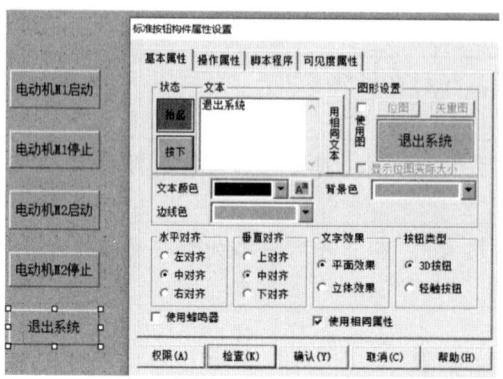

图 1-37 按钮添加

引导问题 2:如何实现这 5 个按钮纵向对齐?等间距、等宽如何操作?

---

2. 电动机顺启逆停主控制线路的绘制

单击工具箱中的"直线"图元,在画面上绘制电动机控制线路。绘制电动机 M1 接触器常开触点,再用工具箱中的"直线"图元绘制 3 条竖线,白色表示常闭触点。选中所有组成常开触点(或常闭触点)的图元进行组合。并使用工具箱中的"标签"**A**构件,在画面上输入文本文字"M1 接触器"(图 1-38)。

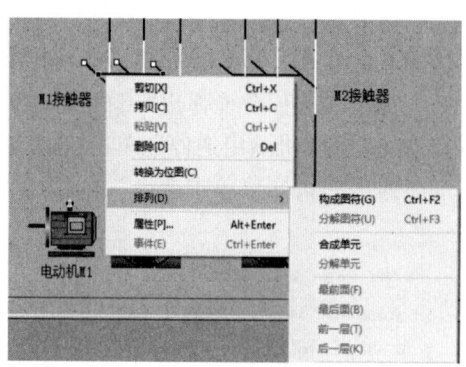

图 1-38 常开触点图元组合

引导问题 3:左键选中所有组成常开触点的图元,单击右键,选择"排列"→_____选择"构成图符"还是"合成单元"?二者有何区别?

3. 电动机图形元件添加

单击工具箱中的"插入元件" 按钮,系统弹出"对象元件库管理"对话框,单击选中图形对象库名称"马达",即可完成添加。

4. 电机旋转扇叶添加

点击工具箱中的"动画显示"构件,在画面上拖住左键添加一个"动画显示"构件,双击构件,系统弹出"动画显示构件属性设置"对话框,选择分段点"0",在"文字"选项卡中,删除文本列表。在"外形"选项卡中,单击"位图"按钮加载图像,系统弹出"对象元件库管理"对话框。添加事先已经准备好的扇叶图片,单击"确认"按钮保存,分段点"0"成功插入位图。设置图像大小为"充满按钮"(图1-39)。分段点"1"设置方法相同。

引导问题4:插入的图片格式是什么?观察两张扇叶图片角度上是否有区别?

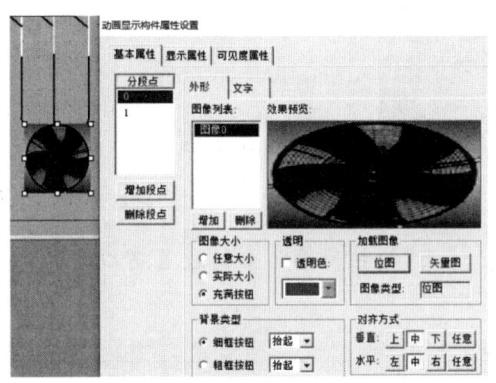
图1-39　电机旋转扇叶动画设置

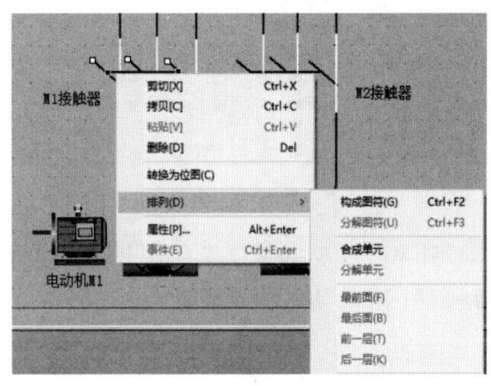
图1-40　当前日期时间文本显示属性设置

5. 当前日期时间显示构件添加

使用工具箱中的"标签" A 构件,在画面上输入文字"当前日期",并按住左键分别画出2个对应的方框,双击方框,选择填充颜色为白色,边线颜色为没有边线(图1-40)。

(四)定义数据对象

在工作台窗口"实时数据库"选项卡中,单击"新增对象"按钮,根据任务要求添加数据对象。表1-2为一种建立的数据对象库变量,大家可以参考。

引导问题5:同学们认为需要建立哪些数据对象?请在表1-2中修改、补全,并写出数据类型。

表1-2　系统变量分配表

变量名	类型	注释
电动机 M1		电动机 M1 运行状态,1 运行,0 停止
电动机 M1		电动机 M2 运行状态,1 运行,0 停止
M1 旋转		电动机 M1 扇叶旋转
M2 旋转		电动机 M2 扇叶旋转

(五)建立动画链接

1. 建立按钮的动画链接

双击窗口中的"电动机 M1 启动"按钮,系统弹出"标准按钮构建属性设置"对话框,在"操作属性"选项卡中,单击"抬起功能",勾选"数据操作对象",单击右侧"▼"选择"置 1",单击右侧"?",从数据中心选择"电动机 M1"(图 1-41);双击窗口中的"电动机 M2 启动"按钮,在"脚本程序"选项卡中,选择"抬起脚本",输入"IF 电动机 M1=1 THEN 电动机 M2=1"(图 1-42)。

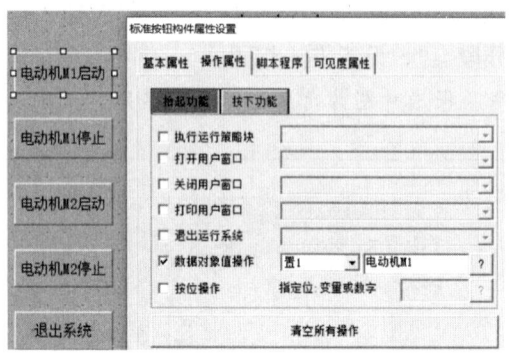 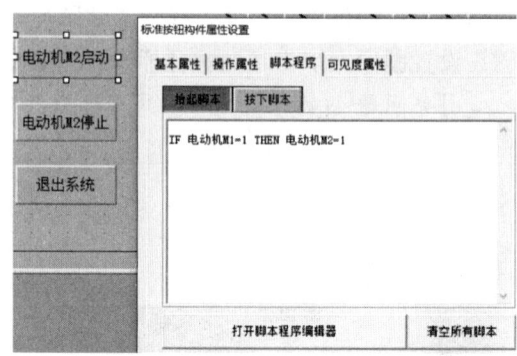

图 1-41 "电动机 M1 启动"按钮设置　　图 1-42 "电动机 M2 启动"按钮设置

引导问题 6:如何设置窗口中的"电动机 M2 停止"按钮动画?如何设置窗口中的"电动机 M1 停止"按钮动画?

_____

_____

2. 建立控制线路常开触点和常闭触点动画

电动机正转控制线路中,双击 M1 接触器常开触点图符,系统弹出"动画组态属性设置"对话框,勾选"可见度"选项,在"可见度"选项卡中,单击右侧"?",从数据中心选择"电动机 M1",下方选择"对应图符不可见"(图 1-43)。

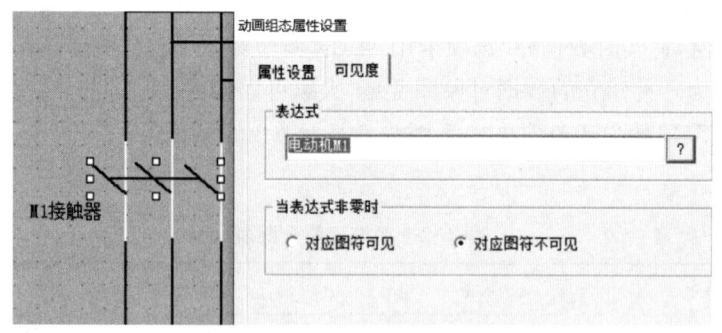

图 1-43 电动机 M1 常开触点动画设置

引导问题 7:电动机 M1 主控制线路中,双击 M1 接触器常闭触点图符,系统弹出"动画组态属性设置"对话框,勾选_____动画链接选项,并从数据中心选择_____变量,下方选择_____。

电动机 M2 控制线路常开触点和常闭触点动画建立过程与电动机 M1 相同。

3. 电机扇叶旋转动画链接

画面上双击电动机 M1 扇叶构件,系统弹出"动画显示构件属性设置"对话框,在"显示属性"选项卡中,选择显示变量"开关,数值型",关联数值型变量定义为"旋转",动画显示方式选择"根据显示变量的值切换显示各幅图像",单击"确认"按钮(图1-44)。电动机 M2 扇叶旋转动画设置方法相同。

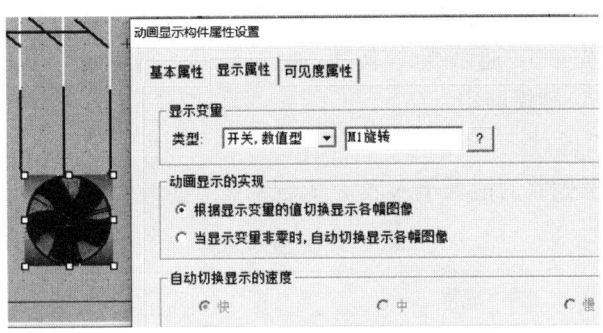

图 1-44　电动机 M1 扇叶显示属性设置

引导问题 8:扇叶旋转的动画是利用两个不同状态的图片交替显示实现旋转效果,则需要编写脚本程序控制"M1 旋转"变量在分段点"0""1"之间切换。请写出窗口循环脚本程序,以实现图片交替显示的旋转效果。

4. 当前日期时间"显示输出"动画链接

双击显示"当前日期时间"的标签,在弹出的"标签动画组态属性设置"对话框中勾选"显示输出"。

引导问题 9:当前日期时间是将当前日期"＄Date"和时间"＄Time"字符变量链接起来用一个标签构件显示,则"显示输出"选项卡表达式输入的日期和时间的字符变量链接格式是什么?(字符串型数据变量链接须用"＋",空格若作为字符变量使用,须在英文输入下加双引号)。当前日期时间显示格式如图 1-45 所示。

图 1-45　当前日期时间显示格式

（六）调试运行

单击 MCGS 嵌入版组态环境窗口工具栏中的"进入运行环境"按钮或按下键盘上的"F5"键，系统弹出"下载配置"对话框，选中"模拟运行"按钮，再单击"工程下载"按钮。单击对话框中的"启动运行"按钮，运行组态工程。单击"退出系统"按钮，程序停止运行，退出"电动机顺起逆停"窗口。工程模拟运行画面如图 1-1 所示。

使用 USB 线（一端为扁平接口，一端为微型接口）或者网线将计算机和 TPC7062Ti 触摸屏连接后，在下载设置对话框中，单击"连机运行"按钮，连接方式选择"USB 通讯"或 TCP/IP 网络，可事先单击"通讯测试"按钮，通信成功后，再单击"工程下载"按钮，即可将组态工程下载到 TPC 触摸屏中。

三、质量检查及验收

请将质量检查及验收的情况填入表 1-3。

表 1-3　检查对比表

学习成果		评分表		
巩固学习内容	总结与订正	小组自评	学生自评	教师评分
实时数据库开关型变量、数值型变量有何区别？举例说明				
在"动画显示构件属性设置"对话框的"显示属性"选项卡中，动画显示的实现的两种方式有何区别？				
选中多个图元，右键→排列→构成图幅→合成单元有何区别？				
字符串型数据变量链接须用什么符号？"＄Date"和"＄Time"连接起来，中间有一个空格，表达式是什么？				
学到的技能点				
出错的地方				

【知识链接】请扫码查看完成任务一电动机顺启逆停主电路组态设计的知识锦囊。

1-5　电动机顺启逆停主电路组态设计

任务二 电动机正反转电气控制线路组态设计

一、情境描述

某开发小组接到任务,要求利用 MCGS 嵌入版组态软件完成电动机正反转控制线路模拟仿真。使用工具箱画出电动机正反转电气控制原理图。设计 3 个按钮,分别用于电动机正转启动、反转启动、停止。要求使用正转按钮、反转按钮可以直接切换电动机正转、反转。为了满足电动机整个反转的控制要求,可以使用按钮脚本程序编程实现。任务效果图如图 1-46 所示。需要说明的是,本项目中的任务都只是利用组态软件模拟监控系统运行,故并不需要真正的电动机和按钮等硬件支持。

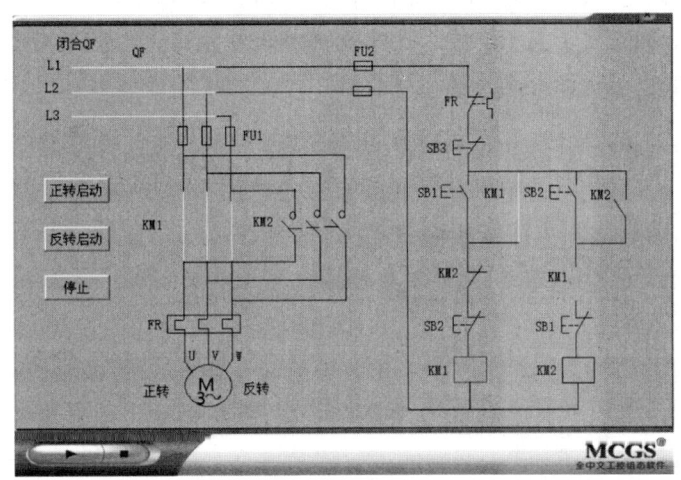

图 1-46 电动机正反转电气控制线路任务效果图

1-6 电动机正反转电气控制线路组态设计演示视频

二、相关知识

(一)新建构件添加到对象元件库

在电动机正反转仿真动画电路中,三极断路器、热继电器、常闭按钮、熔断器及其他所需图片素材等构件在 MCGS 图形库中并不存在,这就要求操作者自己制作或者根据已有构件进行修改。还有一些仪表、按钮的动画组态属性设置中没有"数据对象"或者"动画连接"选项,无法完成动画设置,这就要求修改这些构件的动画组态属性,完成相应的动画效果。

1. 新建构件

以"三极断路器"图形符号自行制作为例,说明将新建构件添加到对象元件库的过程。

新建一个组态工程,名称改为"电动机正反转控制线路"。建立一个用户窗口,窗口名称改为"电动机正反转控制线路"。

点击工具箱中的"直线"图标,绘制三极断路器图形符号,鼠标左键拖动全选后,在图形上右键单击选择"排列"→"构成图符",新的图符就生成了(图 1-47、图 1-48)。

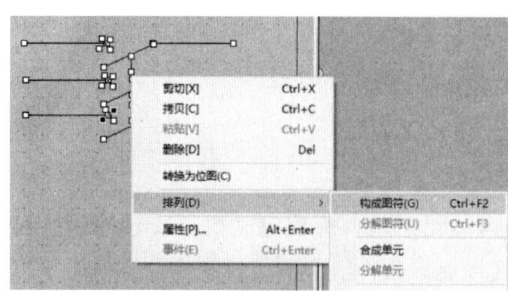
图 1-47　构成图符

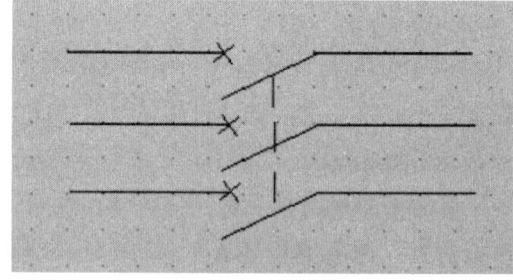
图 1-48　生成新图符

2. 新建构件添加到对象元件库

选择新生成的"三极断路器"图符,单击工具箱中的"保存元件" 按钮,系统弹出询问对话框,单击"确定"按钮。在"对象元件库管理"对话框的图形对象库中找到"新图形",单击"改名"按钮,将符号名称修改为"三极断路器",并单击"确认"按钮即可(图 1-49)。单击"确定"按钮后,三极断路器图符就保存在了图形对象库中,以后可随时调用。

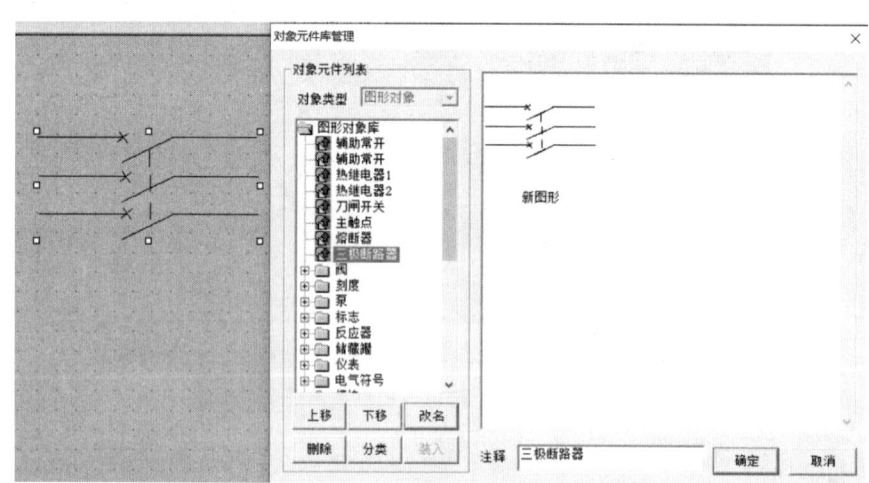
图 1-49　图形对象库生成三极断路器图符

(二) 修改构件添加到对象元件库

在用户窗口中,单击工具箱中的"插入元件" 按钮,系统弹出"对象元件库管理"对话框,选择电气符号中的"符号 35",单击"确定"按钮,将符号放置到用户窗口中。

右键单击"符号 35",在弹出的快捷菜单中选择"排列"→"分解图符"(图 1-50),将分解后的图符修改为熔断器图符(图 1-51)。

全选修改后的图符,再单击绘图编辑条中的"构成图符",新的图符就生成了。选择新生成的图符,单击工具箱中的"保存元件" 按钮,将其保存到"对象元件库"中,并将符号名称修改为"熔断器"。单击"确定"按钮后,熔断器图符就保存在图形对象库中了。

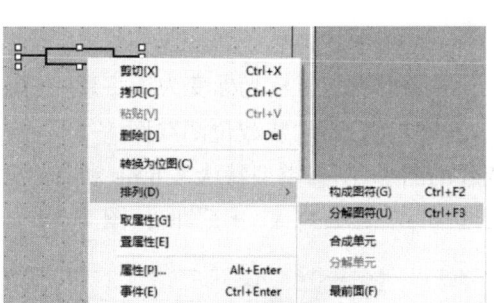
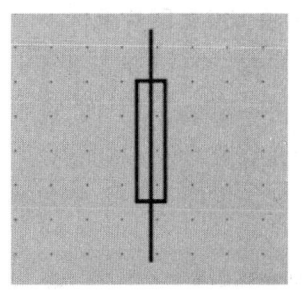

图 1-50 分解图符　　　　图 1-51 修改图符

1-7 图形符号构件修改与制作

（三）修改图形库中元件的动画组态属性设置

以辉光启动器构件为例，将如图 1-52 所示的"符号 51"修改成辉光启动器构件。双击辉光启动器，系统弹出"单元属性设置"对话框，在"数据对象"或者"动画连接"选项卡中没有链接图符，无法完成动画设置。

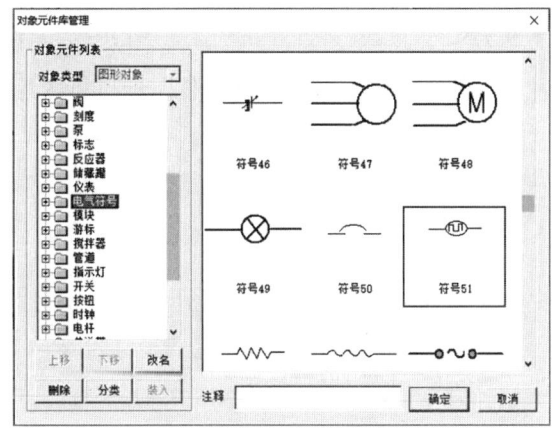

图 1-52 辉光启动器构件

右键单击"符号 5"，在弹出的快捷菜单中选择"排列"→"分解单元"（图 1-53）。然后全选，右键选择"排列"→"构成图符"，或者再双击分解后的图符中的单元符号，系统弹出"动画组态属性设置"对话框（图 1-54）。在这个对话框中，可以设置单元符号的动作。

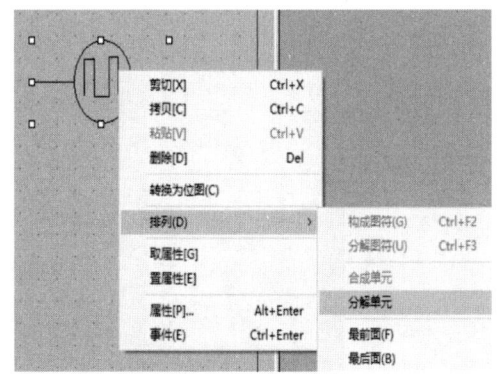
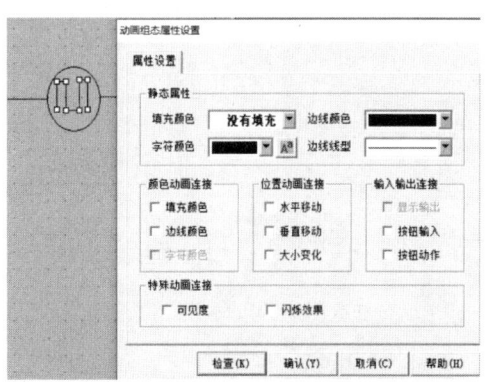

图 1-53 分解单元　　　　图 1-54 "动画组态属性设置"对话框

（四）位图装载图片素材

在用户窗口中，单击工具箱中的"位图"按钮，鼠标光标变为十字形，在窗口画面拖住左键画出一定大小的位图，选中位图，右键单击选择"装载位图"（图 1-55），系统弹出装载图片所在位置的对话框，选择所需装载的图片，图片类型默认是 bmp 和 jpg 文件。其他格式图片文件也可以装载，图片类型处选择"所有文件（*.*）"即可（图 1-56）。

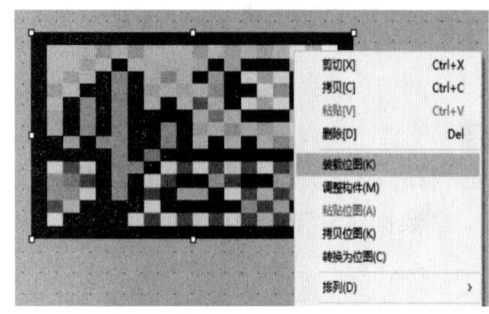
图 1-55　装载位图

图 1-56　选择装载的图片

图片装载到窗口后，右键选中图片选择"调整构件"，即可将图片恢复到原本尺寸。

"电动机正反转电气控制线路组态设计"任务书

一、任务计划

根据利用 MCGS 嵌入版组态软件创建电动机正反转控制线路模拟监控系统所需的教具耗材、技能知识及工程实施过程制订工作计划。

引导问题1：观看电动机正反转控制线路模拟监控系统运行过程，思考所用到的元器件符号包括哪些部分，如何快速制作？

引导问题2：所需教具耗材包括哪些？

引导问题3：根据工程控制要求，需要建立哪些数据对象，对象类型是什么？

引导问题4：参考相关知识，本任务需要添加哪些动画技能点？

二、任务实施

任务二效果如图 1-46 所示。

（一）建立工程项目

工程名称为"电动机正反转控制线路"。建立一个用户窗口，窗口名称为"电动机正反转控制线路"。

（二）制作图形界面

在用户窗口中，双击"电动机正反转控制线路"图标，打开"电动机正反转控制线路"窗口。新建电动机正反转控制线路所需的三极断路器、常开主触点、三相异步电动机、常闭按钮、常开按钮、常开触点、常闭触点等构件，并添加到对象元件库中（图1-57）。

引导问题5：三相异步电动机、常闭触点等新建立的图形构件，构成图形的所有图元是按照"构成图符"还是"合成单元"方式组合的？

单击工具箱中的"插入元件"图标，系统弹出"对象元件库管理"对话框，依次选择控制线路所需的元器件对象，绘制电动机正反转控制线路（图1-58）。

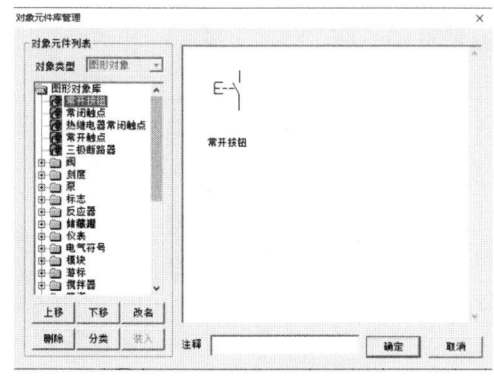
图1-57　添加新图形元件

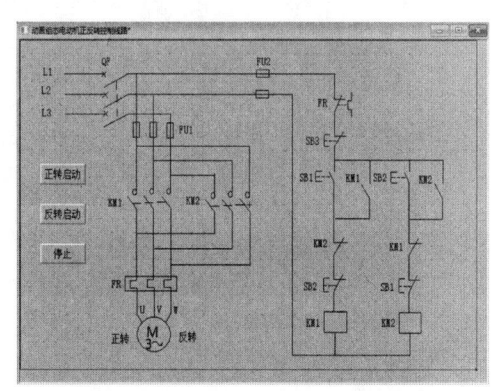
图1-58　电动机正反转控制线路

(三) 定义数据对象

在工作台窗口"实时数据库"选项卡中,单击"新增对象"按钮,根据任务要求添加数据对象。表 1-4 为一种建立的数据对象库变量,大家可以参考。

引导问题 6:同学们认为需要建立哪些数据对象? 请在表 1-4 中修改、补全,并写出数据类型。

表 1-4 系统变量分配表

变量名	类型	注释
电源开关		
电动机正转接触器		电动机运行状态,1 运行,0 停止
电动机正转接触器		
正转启动		
反转启动		
停止		

(四) 建立动画链接

控制线路仿真时,为了表示出断路器、主触点、常开按钮、常开触点吸合的状态,用"白色直线"表示吸合状态。并且全选表示三极断路器、接触器主触点吸合的白色直线,右键单击选择"排列"→"构成图符"(图 1-59)。

1. 三极断路器可见度动画设置

双击"QF 断路器"断开图符,系统弹出"动画组态属性设置"对话框,勾选下方"可见度",在"可见度"选项卡中,"表达式"栏选择"电源开关"变量,"当表达式非零时"选择"对应图符不可见"(图 1-60)。

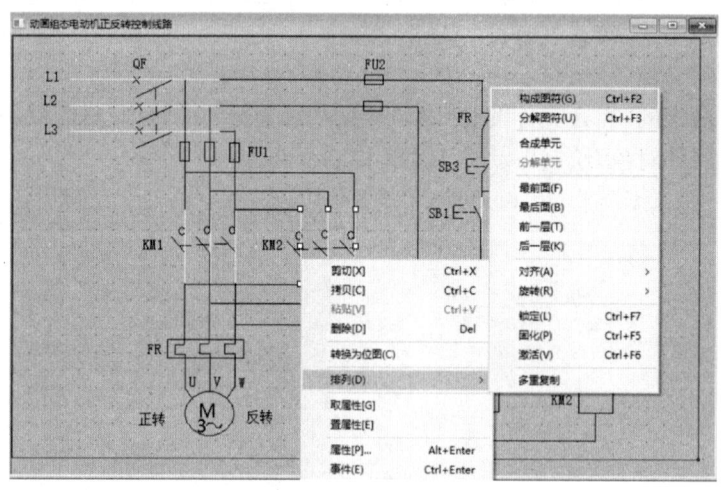

图 1-59 构成图符

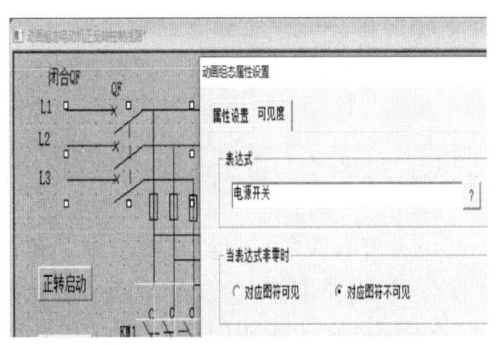
图1-60 QF断路器断开图符可见度设置

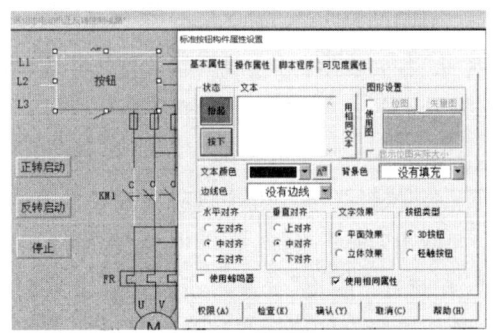
图1-61 透明按钮基本属性设置

引导问题7:"QF处白色吸合线"设置"可见度"动画链接的步骤是什么?

_____

在"QF断路器"处,按一下QF则断路器吸合,再按一下QF则断开。按住左键,在"QF断路器"位置处绘制一个透明的标准按钮,选择背景色为没有填充;边线色为没有边线(图1-61)。

引导问题8:在透明按钮"操作属性"选项卡中,勾选"数据对象值操作",选择哪一个数据变量?对此数据变量如何操作?

_____

仿真时每按下一次"透明"按钮,"电源开关"变量会实现断开、闭合切换。

2. 接触器主触点可见度动画设置

双击"KM1"常开图符,系统弹出"动画组态属性设置"对话框,勾选窗口下方"可见度",在"可见度"选项卡中,"表达式"栏选择"正转接触器"变量,"当表达式非零时"栏选择"对应图符不可见"(图1-62)。同样方法,双击"KM1处白色吸合线",在"可见度"选项卡中,"表达式"处选择"正转接触器"变量,"当表达式非零时"栏选择"对应图符可见"(图1-63)。主触点"KM2"可见度动画设置方法相同。

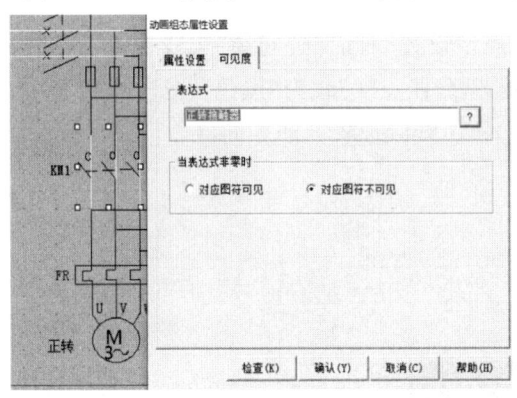
图1-62 主触点图符可见度设置

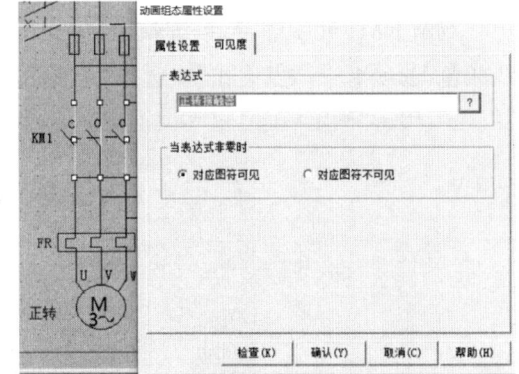
图1-63 主触点"吸合"可见度设置

3. 三个按钮动画设置

分别双击"正转启动""反转启动""停止"按钮,系统弹出"标准按钮构件属性设置"对话框,在"操作属性"选项卡中,勾选"数据对象值操作"。

引导问题9：正转启动和反转启动之间可以直接切换，所以"正转启动""反转启动""停止"按钮在"操作属性"选项卡中勾选"数据对象值操作"，对"抬起功能"选项数据变量如何操作？选择哪一个数据变量？

4. 控制线路常闭按钮动画连接设置

双击"SB3"图符（常开和常闭相同），勾选下方"可见度"，在"可见度"选项卡中，"表达式"栏选择"停止"变量，"当表达式非零时"栏选择"对应图符不可见"。SB1、SB2常开按钮处表示吸合的直线设置方法同断路器表示吸合的直线设置方法相同（图1-64）。SB1、SB2常开按钮图符动画设置方法相同。

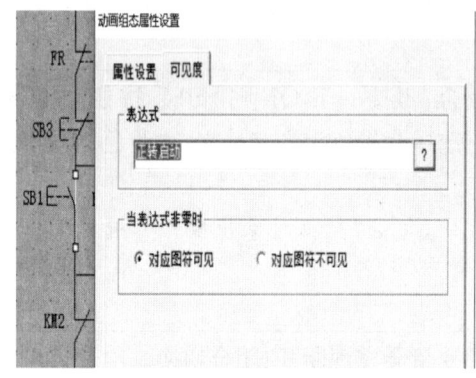

图1-64 常开按钮吸合可见度设置

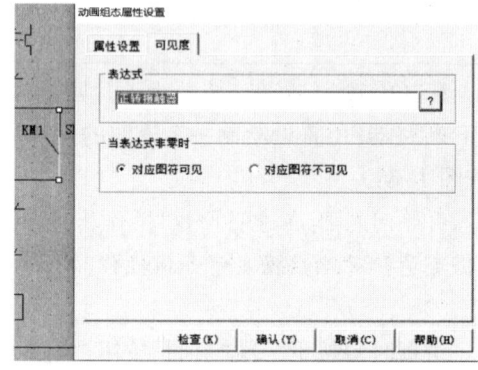

图1-65 常开触点吸合可见度设置

5. 控制线路KM线圈常开、常闭触点动画设置

引导问题10：控制线路KM线圈常开触点吸合可见度设置界面如图1-65所示。"KM1""KM2"线圈的常开和常闭触点图符的"可见度"动画链接如何设置？

6. 控制线路KM线圈得电时，改变边线颜色动画设置

双击KM1线圈图符，系统弹出"动画组态属性设置"对话框，勾选"边线颜色"，在"边线颜色"选项卡中，"表达式"栏选择"正转接触器"，分段点"0"改为"黑色"，分段点"1"改为"红色"，单击"确定"按钮完成设置（图1-66）。KM2线圈设置方法相同。

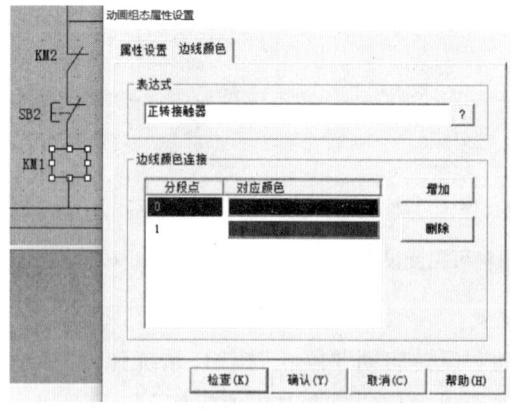

图1-66 边线颜色动画设置

(五) 脚本程序编写

在用户窗口中,进入"电动机正反转控制线路"窗口。右键单击或左键双击窗口,选择"属性",在"循环脚本"对话框中,将"循环时间(ms)"栏改为 100;打开脚本程序编辑器,写入控制工作流程的脚本程序。

引导问题 11:根据控制要求写出控制脚本程序。

```
```

(六) 调试运行

保存工程。将"电动机正反转控制线路"窗口设置为启动窗口,单击组态环境窗口工具条中的"进入运行环境" 按钮或按下键盘上的"F5"键,将工程下载后,首先点击闭合 QF 断路器,再按下正转按钮或反转按钮使电动机正、反转线圈得电,控制线路对应触点元器件同步动作,常开触点吸合,常闭触点断开;按下停止按钮,所有触点恢复原状态,线圈失电,QF 断路器断开。仿真运行画面如图 1-46 所示。

三、质量检查及验收

请将质量检查及验收的情况填入表 1-5。

表 1-5 检查对比表

学习成果		评分表		
巩固学习内容	总结与订正	小组自评	学生自评	教师评分
图片素材通过工具箱中的哪个构件功能装载到用户窗口中?				
新修改和制作的图形元素如何添加到对象元件库?				
正转启动和反转启动按钮可以互相复位对方,在"标准按钮构件属性设置的操作属性"选项卡中如何设置?				
学到的技能点				
出错的地方				

【知识链接】请扫码查看完成任务二电动机正反转电气控制线路组态设计的知识锦囊。

1-8　电动机正反转电气控制线路组态设计

任务三　电动机星三角降压启动主电路组态设计

一、情境描述

某开发小组接到任务,要求利用 MCGS 嵌入版组态软件完成电动机星三角降压启动控制线路模拟仿真。使用工具箱画出电动机星三角降压启动电气控制原理图。设计 2 个按钮,分别用于电动机正转启动、停止。要求按下启动按钮,直接启动电动机正转接触器,星形接触器得电。电动机扇叶慢速旋转,5 秒后星形接触器失电,转换为三角形接触器得电,电动机扇叶快速旋转;按下停止按钮,所有常闭触点断开,电动机扇叶停止旋转。为了满足电动机星三角降压启动运行的控制要求,需要使用运行策略或者用户窗口脚本程序编程。任务效果图如图 1-67 所示。需要说明的是,本项目中的任务都只是利用组态软件模拟监控系统运行,故并不需要真正的电动机和按钮等硬件支持。

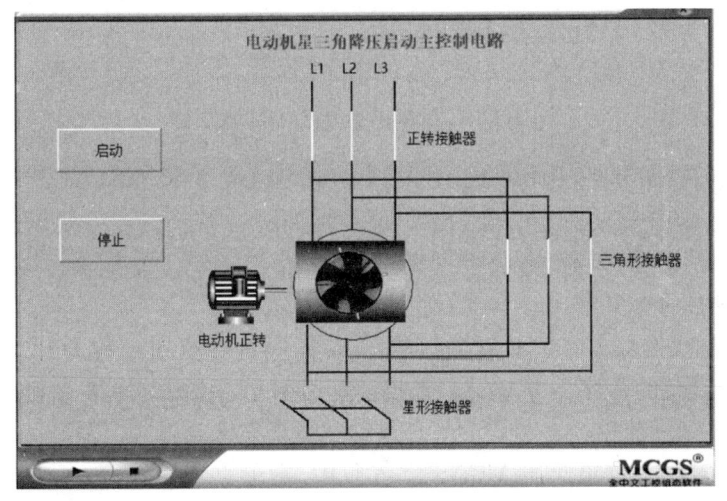

1-9　电动机星三角降压启动主电路组态设计演示视频

图 1-67　电动机星三角降压启动主电路任务效果图

二、相关知识

(一) MCGS 嵌入版实时数据库组态

实时数据库是 MCGS 系统的核心,它相当于一个数据处理中心,同时也起到公用数据交换区的作用。MCGS 用实时数据库来管理所有实时数据,外部设备采集的实时数据将被送入实时数据库,系统其他部分操作的数据也来自实时数据库。实时数据库自动完成对实时数据的报警处理和存盘处理,同时还能根据需要把有关信息以事件的形式发送给系统的其他部分,以便触发相关事件,进行实时处理。因此,实时数据库所存储的单元,不单单是变量的数值,还包括变量的特征参数(属性)及对该变量的操作方法(报警属性、报警处理和存盘处理等)。

1. 定义数据对象

对于新建工程,"实时数据库"选项卡中会显示系统内建的 4 个字符型数据对象,分别是 Input ETime、Input STime、Input User1 和 Input User2。若单击"新增对象"按钮,则会在选中的对象之后增加一个新的数据对象;如果不指定位置,则会在对象表的最后增加一个新的数据对象。

为了快速生成多个相同类型的数据对象,可以单击"成组增加"按钮,在弹出的"成组增加数据对象"对话框中一次定义多个数据对象(图 1-68)。

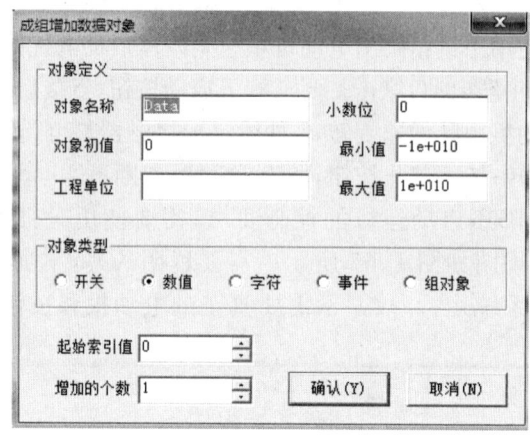

图 1-68 "成组增加数据对象"对话框

成组增加的数据对象,其名称由主体名称和索引代码 2 部分组成。其中,"对象名称"指该组对象名称的主体部分,而"起始索引值"则指第一个成员的索引代码;其他数据对象的主体名称相同,索引代码依次递增。

2. 数据对象的类型

(1) 开关型数据对象。记录开关信号(0 或非 0)的数据对象称为开关型数据对象,它通常与外部设备的数字 n 量输入/输出通道相链接,用来表示某一设备当前所处的状态。

(2) 数值型数据对象。在 MCGS 嵌入版中,数值型数据对象的数值范围是:负数 $-3.402823e38 \sim -1.401298e-45$,正数 $1.401298e-45 \sim 3.402823e38$。数值型数据对象除了存放数值及参与数值运算外,还提供报警信息,并能够与外部设备的模拟量输入/输出通道相链接。数值型数据对象有最大值和最小值属性,其值不会超过设定的数值范围。当对象的值小于最小值或大于最大值时,对象的值分别取最小值或最大值。

数值型数据对象有限值报警属性,可同时设置下下限、下限、上限、上上限、上偏差和下偏差 6 种报警限值。当对象的值超过设定的限值时,启动报警;当对象的值在所设的限值之内时,报警结束。

(3) 字符型数据对象。字符型数据对象是存放文字信息的单元,它用于描述外部对象的状态特征,其值为多个字符组成的字符串,字符串长度最长可达 64KB。字符型数据对象没有工程单位、最大值、最小值属性,也没有报警属性。

(4) 事件型数据对象。事件型数据对象用来记录和标识某种事件产生或状态改变的时间信息。例如,开关量的状态发生变化、用户有按键动作、有报警信息产生等,都可以看成是一种事件发生。事件发生的信息可以直接从某种类型的外部设备获得,也可以由内部对应的策略构件提供。事件型数据对象的值是由19个字符组成的定长字符串,用来保留当前最近一次事件所产生的时刻:"年,月,日,时,分,秒"。年用4位数字表示,月、日、时、分、秒分别用2位数字表示,之间用逗号分隔。如"1997,02,03,23,45,56",即表示该事件产生于1997年2月3日23时45分56秒。事件型数据对象没有工程单位、最大值、最小值属性,没有限值报警,只有状态报警。

(5) 组对象。组对象用于把相关的多个数据对象集合在一起,作为一个整体来定义和处理。例如在实际工程中,描述一个锅炉的工作状态要用到温度、压力、流量、液面高度等多个物理量。为便于处理,可以定义"锅炉"为一个组对象,其内部成员则包括上述物理量对应的数据对象。这样,在对"锅炉"对象进行处理(如组态存盘、曲线显示、报警显示)时,只需指定组对象的名称"锅炉",就包括了对其所有成员的处理。

把一个对象的类型定义成组对象后,还必须定义组对象所包含的成员。在"数据对象属性设置"对话框内有"组对象成员"选项卡,用来定义组对象的成员(图1-69)。"数据对象属性设置"对话框的左侧为所有数据对象的列表,右侧为组对象成员列表。单击"增加"按钮,可以把左侧指定的数据对象增加到组对象成员列表中;单击"删除"按钮,则可以删除右侧指定的组对象成员。

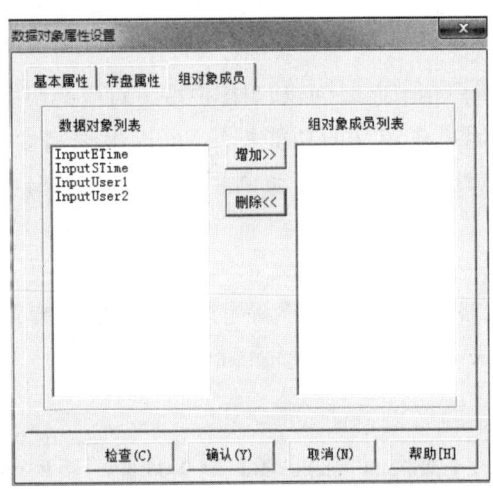

图1-69 定义组数据对象

(二) MCGS 嵌入版运行策略组态

运行策略是指对监控系统运行流程进行控制的方法和条件,它能够对系统执行某项操作和实现某种功能进行有条件的约束。运行策略由多个复杂的功能模块组成,称为"策略块",用来完成对系统运行流程的自由控制,使系统能按照设定的顺序和条件操作实时数据库,控制用户窗口的打开、关闭以及控制设备构件的工作状态等一系列工作,从而实现对系统工作过程的精确控制及有序的调度管理。

1. 运行策略分类

根据运行策略的作用和功能不同,MCGS嵌入版把运行策略分为启动策略、退出策略、循环策略、报警策略、事件策略、热键策略和用户策略7种。每种策略都由一系列功能模块组成。MCGS嵌入版运行策略窗口中,启动策略、退出策略、循环策略为系统固有的3个策略块,其余的则由用户根据需要自行定义。

(1) 启动策略。在MCGS嵌入版进入运行时,首先由系统自动调用执行1次。一般在该策略中完成系统初始化功能,如给特定的数据对象赋不同的初始值和调用硬件设备的初始化程序等,具体需要何种处理,由用户组态设置。

(2) 退出策略。在MCGS嵌入版退出运行前,由系统自动调用执行1次。一般在该策略中完成系统善后处理功能,例如,可在退出时把系统当前的运行状态记录下来,以便下次启动时恢复本次的工作状态。

(3) 循环策略。在运行过程中,循环策略由系统按照设定的循环周期自动循环调用,循环体内所需执行的操作由用户设置。由于该策略块是由系统循环扫描执行,故可把大多数关于流程控制的任务放在此策略块内处理。系统按先后顺序扫描所有的策略行,如策略行的条件成立,则处理策略行中的功能块。在每个循环周期内,系统都进行1次上述处理工作。

(4) 报警策略。由用户在组态时创建,当指定数据对象的某种报警状态产生时,报警策略将被系统自动调用1次。

(5) 事件策略。由用户在组态时创建,当对应表达式的某种事件状态产生时,事件策略将被系统自动调用1次。

(6) 热键策略。由用户在组态时创建,当用户按下对应的快捷键时执行1次。

(7) 用户策略。是用户自定义的功能模块,可以根据需要定义多个,分别用来完成不同的任务。用户策略系统不能自动调用,需要在组态时指定调用用户策略的对象。

2. 创建运行策略

在工作台的"运行策略"窗口中,单击"新建策略"按钮,选择策略类型为"用户策略",即可新建一个用户策略块(窗口中增加一个策略块图标,如图1-70所示)。

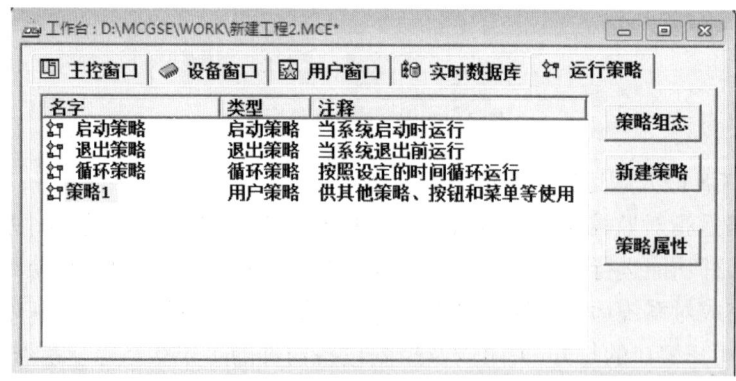

图1-70 新建用户策略块

3. 设置策略属性

在工作台的"运行策略"窗口中,选中新建的"策略1",单击"策略属性"按钮,即可弹出如图1-71所示的"策略属性设置"对话框。

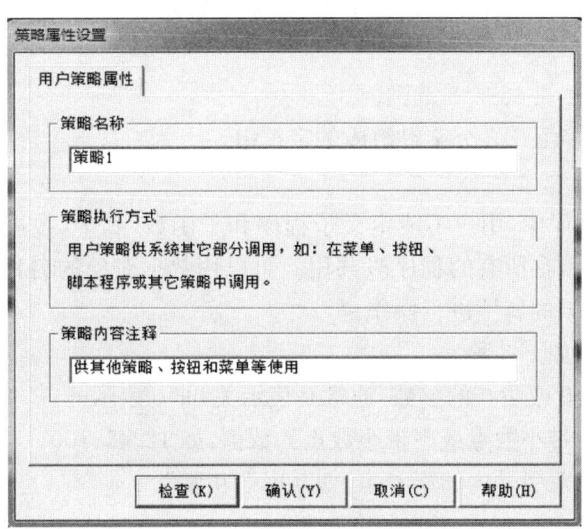

图 1-71 用户策略属性设置

4. 策略行条件部分

策略行条件部分在运行策略中用来控制运行流程。在每一策略行内,只有当策略条件部分设定的条件成立时,系统才能对策略行中的策略构件进行操作。通过对策略行条件部分的组态,用户可以控制在什么时候、什么条件和什么状态下,对实时数据库进行操作,对报警事件进行实时处理,打开或关闭指定的用户窗口,完成对系统运行流程的精确控制。

在"运行策略"窗口中,双击"策略块",打开"策略组态"窗口,单击工具栏上的"工具箱" 按钮,打开"策略工具箱",在"策略组态"窗口单击右键,选择"新增策略行",增加一行策略构件(图 1-72)。

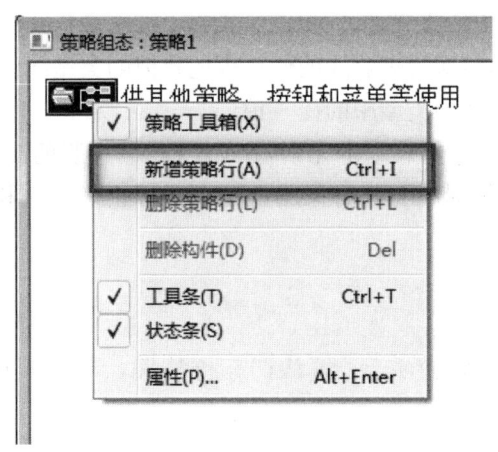

图 1-72 新增策略行

(三)脚本程序语言要素

1. 数据类型

MCGS 脚本程序语言使用的数据类型有如下 3 种。

1-10 脚本程序语言要素

(1) 开关型:表示开或者关的数据类型,通常 0 表示关,非 0 表示开。也可以作为整数使用。

(2) 数值型:值在 3.4e±38 范围内。

(3) 字符型:最多由 512 个字符组成的字符串。

2. 变量、常量

(1) 变量脚本程序中,用户不能定义子程序和子函数,其中,数据对象可以看作是脚本程序中的全局变量,在所有的程序段共用。可以用数据对象的名称来读写数据对象的值,也可以对数据对象的属性进行操作。

(2) 常量类型有如下 3 种。

① 开关型常量:0 或非 0 的整数,通常 0 表示关,非 0 表示开。

② 数值型常量:带小数点或不带小数点的数值,如 12.45、100。

③ 字符型常量:双引号内的字符串,如"OK""正常"。

3. 系统变量

MCGS 系统定义的内部数据对象作为系统内部变量,可在脚本程序中自由使用。在使用系统变量时,变量的前面必须加"＄"符号,如"＄Date"。

4. 系统函数

MCGS 系统定义的内部函数,可在脚本程序中自由使用。在使用系统函数时,函数的前面必须加"!"符号,如"!abs( )"。

5. 表达式

由数据对象(包括设计者在实时数据库中定义的数据对象、系统内部数据对象和系统函数)、括号和各种运算符组成的运算式称为表达式,表达式的计算结果称为表达式的值。

当表达式中包含逻辑运算符或比较运算符时,表达式的值只可能为 0(条件不成立,假)或非 0(条件成立,真),这类表达式称为逻辑表达式;当表达式中只包含算术运算符,表达式的运算结果为具体的数值时,这类表达式称为算术表达式;常量或数据对象是狭义的表达式,这些单个量的值即为表达式的值。表达式值的类型即为表达式的类型,必须是开关型、数值型和字符型 3 种类型中的任一种。

表达式是构成脚本程序的最基本元素,在 MCGS 嵌入版的部分组态中,也常常需要通过表达式来建立实时数据库与其对象的链接关系。正确输入和构造表达式是 MCGS 嵌入版组态的一项重要工作。

6. 运算符

(1) 算术运算符。

∧——乘方;＊——乘法;/——除法;\——整除;＋——加法;－——减法;Mod——取模运算。

(2) 逻辑运算符。

AND——逻辑与;NOT——逻辑非;OR——逻辑或;XOR——逻辑异或。

(3) 比较运算符。

＞——大于;＞＝——大于等于;＝——等于;＜＝——小于等于;＜——小于;＜＞——不等于。

7. 运算符优先级

按照优先级从高到低的顺序,各个运算符排列如下。

( )

∧

*、/、\、Mod

+、-

<、>、<=、>=、=、<>

NOT

AND、OR、XOR

(四)脚本程序基本语句

由于 MCGS 脚本程序是为了实现某些多分支流程的控制及操作处理,因此包括了 4 种最简单的语句,即赋值语句、条件语句、退出语句和注释语句;另外,为了提供一些高级的循环和遍历功能,还提供了循环语句。所有的脚本程序都可由这 5 种语句组成,当需要在一个程序行中包含多条语句时,各条语句之间须用":"分开。程序行也可以是没有任何语句的空行。大多数情况下,一个程序行只包含一条语句,赋值程序行中根据需要可在一行上放置多条语句。

1-11 脚本程序基本语句

1. 赋值语句

赋值语句的形式为:数据对象=表达式。赋值语句用赋值号"="来表示,它的具体含义是:把"="右边表达式的运算值赋给左边的数据对象。赋值号左边必须是能够读写的数据对象,如开关型数据、数值型数据以及能进行写操作的内部数据对象,而组对象、事件型数据对象、只读的内部数据对象、系统函数以及常量,均不能出现在赋值号的左边,因为不能对这些对象进行写操作。赋值号的右边为表达式,表达式的类型必须与左边数据对象值的类型相符合,否则系统会提示"赋值语句类型不匹配"的错误信息。

2. 条件语句

条件语句有如下 3 种形式。

IF[表达式] THEN[赋值语句或退出语句]

IF[表达式] THEN
[语句]
ENDIF

IF[表达式] THEN
[语句]
ELSE
[语句]
ENDIF

条件语句中的 4 个关键字"IF""THEN""ELSE"和"ENDIF"不区分大小写。如拼写不正确,检查程序会提示出错信息。

条件语句允许多级嵌套,即条件语句中可以包含新的条件语句。MCGS脚本程序的条件语句最多可以有8级嵌套,这为编制多分支流程的控制程序提供了可能。

"IF"语句的表达式一般为逻辑表达式,也可以是值为数值型的表达式。当表达式的值为非0时,条件成立,执行"THEN"后的语句;否则,条件不成立,将不执行该条件块中包含的语句,开始执行该条件块后面的语句。

值为字符型的表达式不能作为"IF"语句中的表达式。

3. 循环语句

循环语句为"WHILE"和"ENDWHILE",其结构如下:

WHILE[条件表达式]

...

ENDWHILE

当条件表达式成立时(非零),循环执行"WHILE"和"ENDWHILE"之间的语句,直到条件表达式不成立(为零)时退出。

4. 退出语句

退出语句为"EXIT",用于中断脚本程序的运行,停止执行其后面的语句。一般在条件语句中使用退出语句,以便在某种条件下停止并退出脚本程序的执行。

5. 注释语句

以单引号"'"开头的语句称为注释语句。注释语句在脚本程序中只起到注释说明的作用,实际运行时,系统不对注释语句作任何处理。

项目一 典型电气控制线路工程组态

"电动机星三角降压启动主电路组态设计"任务书

一、任务计划

根据利用 MCGS 嵌入版组态软件创建电动机星三角降压启动控制线路模拟监控系统所需的教具耗材、技能知识及工程实施过程制订工作计划。

引导问题 1：观看电动机星三角降压启动控制线路模拟监控系统运行过程，思考所用到的元器件符号包括哪些部分，如何快速制作？

引导问题 2：所需教具耗材包括哪些？

引导问题 3：根据工程控制要求，需要建立哪些数据对象，对象类型是什么？

引导问题 4：参考相关知识，本任务需要添加哪些动画技能点？

二、任务实施

任务三效果如图 1-67 所示。

（一）建立工程项目

工程名称为"电动机星三角降压启动"。建立一个用户窗口，窗口名称为"电动机星三角降压启动"。

（二）制作图形界面

在"用户窗口"选项卡中，双击"电动机星三角降压启动"图标，打开用户窗口。新建电动机星三角启动主控制线路所需的电动机正转接触器、星形接触器、三角形接触器的常开主触点和常闭主触点，添加启动按钮、停止按钮等构件，并用标签构件标注说明文字（图 1-73）。

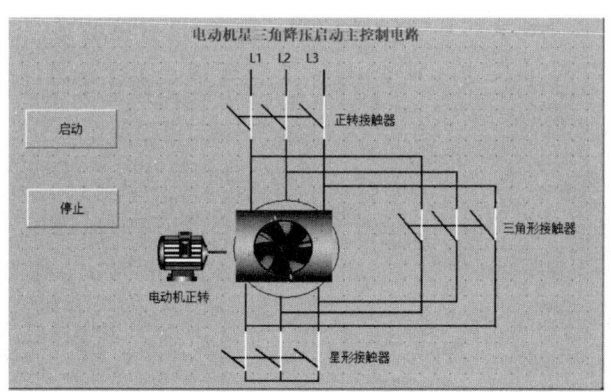

图 1-73 电动机星三角降压启动转控制线路图

引导问题 5：窗口控制线路中新建立的常开主触点、常闭主触点图形构件，构成图形的所有图元是按照"构成图符"还是"合成单元"方式组合的？

窗口绘制电动机旋转扇叶,工程切换到运行系统时,扇叶不旋转;按下启动按钮后,扇叶开始慢速旋转,5秒后转为快速旋转;按下停止按钮,扇叶停止旋转(图1-73)。

引导问题6:这里需要使用工具箱中的哪一个构件功能?按照控制要求需要添加几个构件?

(三)定义数据对象

在工作台的"实时数据库"选项卡中,单击"新增对象"按钮,根据任务要求添加数据对象。表1-6为一种建立的数据对象库变量,大家可以参考。

引导问题7:同学们认为需要建立哪些数据对象?请在表1-6中修改、补全,并写出数据类型。

表1-6 系统变量分配表

变量名	类型	注释
正传接触器		
星形接触器		
三角形接触器		
星形旋转		
三角形旋转		
启动		
停止		

(四)建立动画链接

1. 状态表示

控制线路仿真时,为了表示出正转接触器主触点、星形接触器、三角形接触器常开触点吸合的状态,用"白色直线"表示吸合状态,并且全选表示接触器主触点吸合的白色直线,右键单击选择"排列"→"构成图符"(图1-74)。

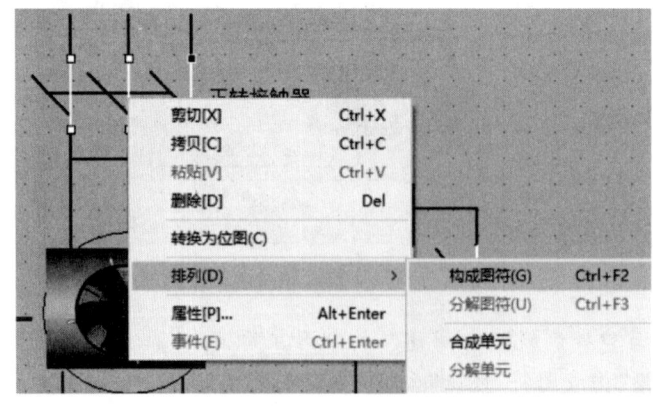

图1-74 构成图符

2. 接触器主触点可见度动画设置

双击"正转接触器"常开图符,系统弹出"动画组态属性设置"对话框,勾选窗口下方"可见度",在"可见度"选项卡中,"表达式"栏选择"正转接触器"变量,"当表达式非零时"选择"对应图符不可见"(图1-75)。同样方法,双击"正转接触器"处白色吸合线,在"可见度"选项卡中,"表达式"栏选择"正转接触器"变量,"当表达式非零时"栏选择"对应图符可见"(图1-76)。星形接触器、三角形接触器主触点可见度动画设置方法相同。

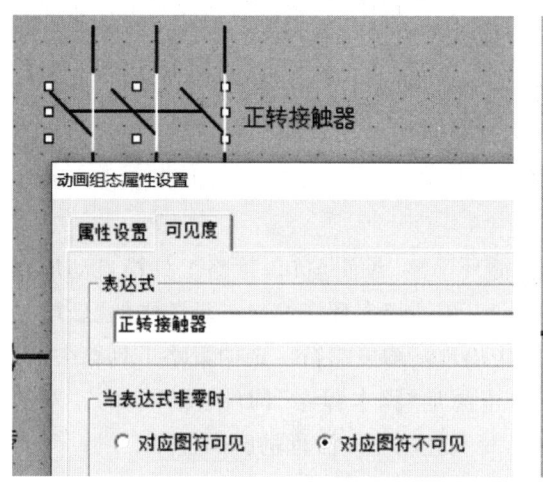
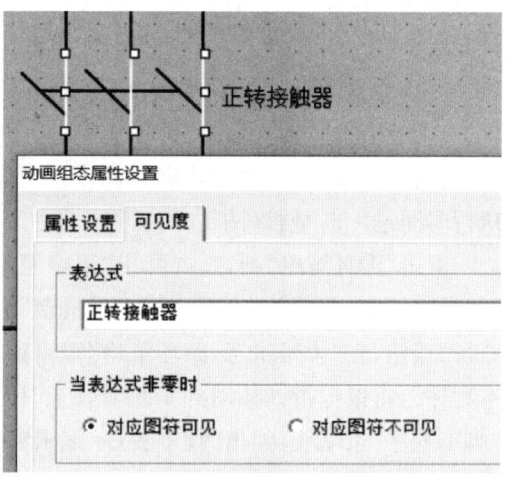

图1-75 主触点"断开"图符可见度设置　　图1-76 主触点"吸合"可见度设置

3. 电动机旋转扇叶添加

点击工具箱中的"动画显示"构件,在画面上拖住左键添加一个"动画显示"构件,双击构件,系统弹出"动画显示构件属性设置"对话框,选择分段点"0",在"文字"选项卡中,删除文本列表。在"外形"选项卡中,单击"位图"按钮加载图像,系统弹出"对象元件库管理"对话框,添加事先已经准备好的扇叶图片,单击"确认"按钮保存,分段点"0"成功插入位图。设置图像大小为"充满按钮"(图1-77)。分段点"1"设置方法相同。

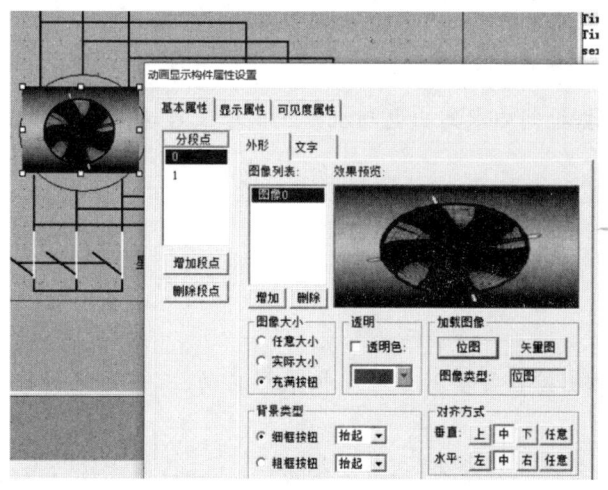

图1-77 扇叶动画显示构件添加

引导问题8:此处包含的电动机停止、星形启动和三角形运行3种扇叶静止和旋转状态,需要添加几个"动画显示"构件?如何填写"动画显示"构件中的"可见度属性"选项卡表达式?

(五) 脚本程序编写

方法1:用户窗口"属性"脚本程序的设置

在"电动机星三角降压启动"窗口中,右键单击或左键双击窗口,选择"属性",在"循环脚本"对话框中,将"循环时间(ms)"栏改为100。打开脚本程序编辑器,写入控制工作流程的脚本程序。

方法2:循环策略脚本程序的设置

在工作台的"运行策略"选项卡中,选中"循环策略",单击右侧"策略属性"按钮,弹出"策略属性设置"对话框;在"定时循环执行,循环时间"一栏中填入100,即脚本程序循环执行时间是100毫秒(图1-78)。

双击"循环策略"项,系统弹出"策略组态:循环策略"编辑窗口,策略工具箱自动加载(如果未加载,右键单击选择"策略工具箱"命令)。单击组态环境窗口工具条中的"新增策略行"按钮,在"策略组态:循环策略"编辑窗口中出现新增策略行。选中策略工具箱中"脚本程序",将鼠标指针移动到策略块图标上,单击添加"脚本程序"构件(图1-79)。双击"脚本程序"策略块,弹出"脚本程序"编辑窗口,写入控制工作流程的脚本程序。

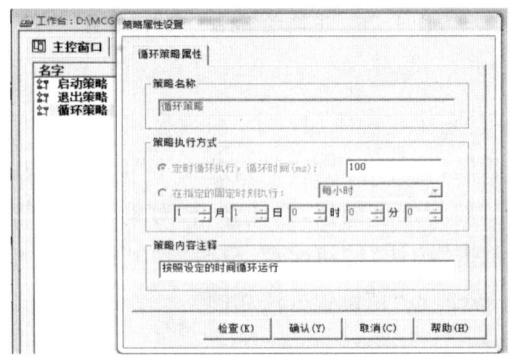
图1-78 循环策略属性设置

图1-79 循环策略脚本程序组态

引导问题9:根据控制要求写出电动机星三角降压启动控制脚本程序。

引导问题10:根据控制要求写出电动机星形启动、三角形运行的扇叶慢速和快速旋转脚本程序。

提示:三角形旋转脚本程序为"三角形旋转=1-三角形旋转",而星形旋转可以在"三角形旋转=1"的条件下,在"0"和"1"之间切换。

（六）调试运行

保存工程。将"电动机正反转控制线路"窗口设置为启动窗口，单击组态环境窗口工具条中的"进入运行环境"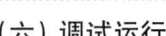按钮或按下键盘上的"F5"键，将工程下载后，首先单击闭合QF断路器，再按下正转按钮或反转按钮使电动机正、反转线圈得电，控制线路对应触点元器件同步动作，常开触点吸合，常闭触点断开；按下停止按钮，所有触点恢复原状态，线圈失电，QF断路器断开。仿真运行画面如图1-67所示。

三、质量检查及验收

请将质量检查及验收的情况填入表1-7。

表1-7 检查对比表

学习成果		评分表		
巩固学习内容	总结与订正	小组自评	学生自评	教师评分
数据对象的类型有哪些？不同类型有何区别？				
在工作台"运行策略"选项卡中，系统固有的3个策略块是什么？				
运算符优先级按从高到低的顺序排列是什么？				
IF［表达式］THEN［赋值语句或退出语句］ 与IF［表达式］THEN［语句］ENDIF有何区别？				
退出语句"EXIT"是什么意思？如何使用？				
学到的技能点				
出错的地方				

【知识链接】请扫码查看完成任务三电动机星三角降压启动主电路组态设计的知识锦囊。

1-12 电动机星三角降压启动主电路组态设计

【边学边练】

1. 立式风扇旋转动画工程设计（图 1-80）。

1-13 立式电风扇正反转动画工程设计演示视频

图 1-80　立式风扇旋转动画效果图

2. 两地控制一盏灯动画工程设计（图 1-81）。

1-14 两地控制一盏灯动画工程设计演示视频

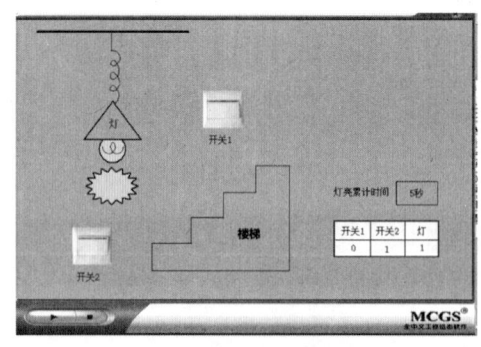

图 1-81　两地控制一盏灯动画效果图

3. 电动机正反转星三角降压启动主电路组态设计（图 1-82）。

1-15 电动机正反转星三角降压启动主电路组态设计演示视频

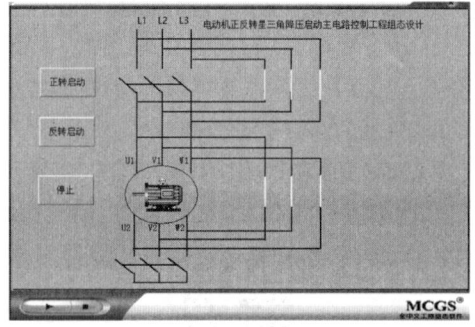

图 1-82　电动机正反转星三角降压启动主电路组态设计效果图

项目二

轨道运动工程组态

 教学目标

知识目标

1. 熟悉组态软件工具箱和"对象元件库管理"功能的使用;
2. 掌握水平移动、垂直移动动画链接,按钮构件的设置方法;
3. 掌握图元的直线、斜线、弧线轨迹运动的设置方法;
4. 掌握 MCGS 嵌入版实时数据库中开关型、数值型及字符型数据对象的定义;
5. 掌握运行策略与脚本程序的编程方法。

能力目标

1. 能够设置水平移动、垂直移动动画链接;
2. 能够实现图元的直线、斜线、弧线轨迹运动;
3. 能够使用运行策略编写脚本语言程序控制工程运行流程;
4. 能够完成 MCGSTPC 嵌入式触摸屏与 PLC 设备通信接线;
5. 能够按照操作步骤进行组态工程设计并正确下载到触摸屏。

素质目标

1. 培养学生在生活中发现问题、学习知识、独立设计、信息收集和归纳的能力;
2. 培养学生的交往沟通能力和团队合作精神,培养学生精益、专注、创新的工匠素养;
3. 培养学生努力学习、积极进取的学习精神;
4. 培养学生遵守劳动纪律及操作规程,增强环保和安全意识;
5. 培养学生努力钻研、克服困难、解决问题的毅力;
6. 培养学生为国货自豪的爱国主义情怀;
7. 培养学生在工程设计中规范操作、严谨细致的良好职业作风。

项目背景

现代人机界面产品不仅需要亮眼的色彩,还需要通过逼真的动画效果把设备的运行状态模拟出来,使得整个产品的品质再提升一个档次。昆仑通态的 MCGSTPC 产品凭借优质的硬件特性和强大的软件功能,能够为用户提供完整的动画解决方案。

复杂动作是简单动作的联合运用,生活中的简单动作大都可归为闪烁、移动、旋转、大小变化等。这几种简单的动画结合起来就可以把工业设备的动作表现得生动、逼真。MCGS 嵌入版组态软件提供丰富的图形库,而且几乎所有的构件都可以设置动画属性,移动、大小变化、闪烁等效果只需要在属性对话框进行相应的设置即可。

任务一 彩球三角形轨道运动组态设计

一、情境描述

某开发小组接到任务,要求利用 MCGS 嵌入版组态软件仿真彩球沿着三角形轨道运动的动画工程。打开工具箱中的"常用符号"构件,选中"三维圆球"图元,在窗口中添加圆球;使用工具箱中的矩形构件绘制矩形轨道。彩球从原点开始沿着三角形轨道逆时针运行,运行 1 周后回到原点,即完成 1 个周期运动。每换一段轨道运行,彩球都会变色,然后循环此轨道运动过程。为了满足轨道运动控制要求,需要使用脚本程序编程。任务效果图如图 2-1 所示。需要说明的是,本项目中的任务都只是利用组态软件模拟监控系统运行,故并不需要硬件支持。

2-1 三角形轨道组态设计演示视频

图 2-1 彩球三角形轨道运动任务效果图

二、相关知识

由图形对象搭制而成的图形界面是静止不动的,只有对这些图形对象进行动画设计,真实地再现外界对象的状态变化,才能达到过程实时监控的目的。MCGS 嵌入版实现图形动画设计的主要方法是将用户窗口中的图形对象与实时数据库中的数据对象建立相关的链接,并设置相应的动画属性,用数据对象的值来驱动图形对象的状态改变,进而产生形象逼真的动画效果(图 2-2)。

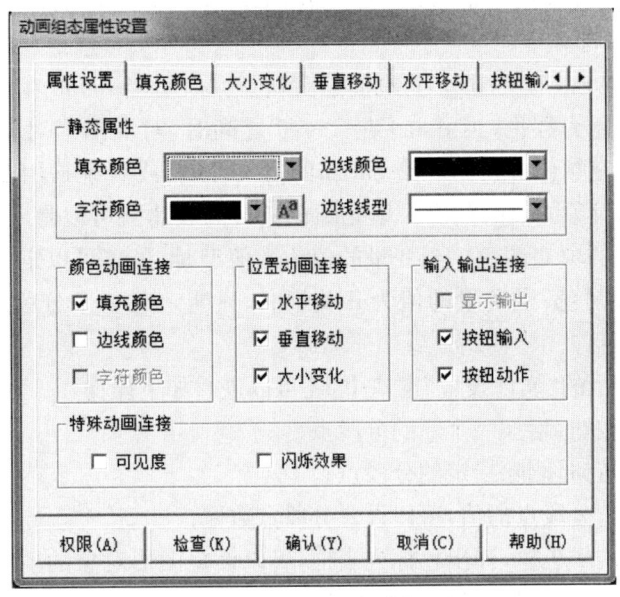

图 2-2　动画组态属性设置

MCGS 提供的图元、图符对象所包含的动画链接方式有 4 类共 11 种:
(1) 颜色动画链接:
① 填充颜色;
② 边线颜色;
③ 字符颜色。
(2) 位置动画链接:
① 水平移动;
② 垂直移动;
③ 大小变化。
(3) 输入输出链接:
① 显示输出;
② 按钮输入;
③ 按钮动作。
(4) 特殊动画链接:
① 可见度;
② 闪烁效果。

(一) 颜色动画链接

颜色动画链接,是指将图形对象的颜色属性与数据对象的值建立相关性关系,使图元、图符对象的颜色属性随数据对象值的变化而变化,从而实现颜色不断变化的动画效果。

颜色属性包括填充颜色、边线颜色和字符颜色 3 种。只有"标签"图元对象才有字符颜色动画链接,"位图"图元对象无须定义颜色动画链接。如图 2-3 所示的设置,定义了图形对象的填充颜色和数据对象"data0"之间的动画链接运行后,图形对象的颜色随 data0 的值的变化情况如下:

当 data0 小于 0 时,对应图形对象的填充颜色为绿色;当 data0 在 0~5 之间时,对应图形对象的填充颜色为红色;当 data0 在 5~10 之间时,对应图形对象的填充颜色为黑色。图形对象的填充颜色由数据对象 data0 的值来控制,或者说是用图形对象的填充颜色来表示对应数据对象的值的范围。填充颜色链接的表达式可以是一个变量,用变量的值来决定图形对象的填充颜色。当变量的值为数值型时,最多可以定义 32 个分段点,每个分段点对应 1 种颜色;当变量的值为开关型时,只能定义 2 个分段点,即 0 或非 0 这 2 种不同的填充颜色。

在如图 2-3 所示的"属性设置"窗口中,还可以进行如下操作:

(1) 按"增加"按钮,增加一个新的分段点;

(2) 按"删除"按钮,删除指定的分段点;

(3) 用鼠标双击分段点的值,可以设置分段点数值;

(4) 用鼠标双击颜色栏,弹出色标列表框,可以设定图形对象的填充颜色。边线颜色和字符颜色的动画链接与填充颜色动画链接相同。

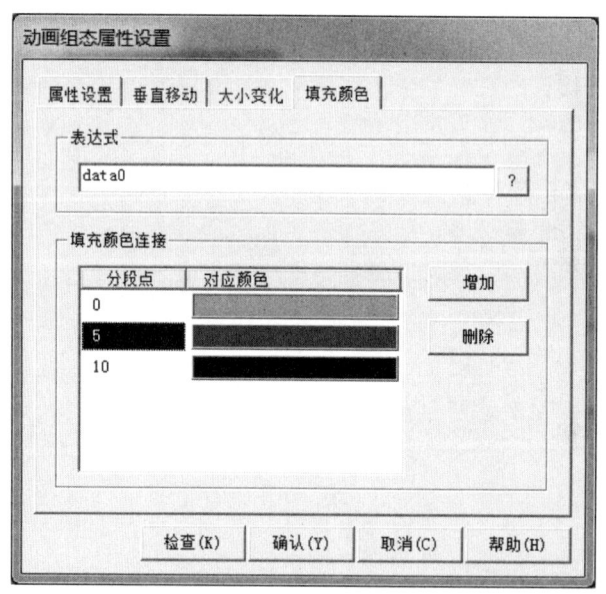

图 2-3 颜色动画设置

需要注意的是,我们在构建 4 层电梯的监控时,没有用到颜色动画链接,而是画一个矩形框在矩形框里填充颜色,用来代替实际中电梯开门后里面的颜色。

(二) 位置动画链接

位置动画链接包括图形对象的水平移动、垂直移动和大小变化 3 种属性,通过设置这

3种属性可以使图形对象的位置和大小随数据对象值的变化而变化。只要控制数据对象值的大小和值的变化速度,就能精确地控制所对应图形对象的大小、位置及其变化速度。如果组态时没有对一个标签进行位置动画链接设置,可通过脚本函数在运行时设置该构件。

1. 水平移动

平行移动的方向包含水平和垂直2个方向,其动画链接的方法相同(图2-4)。首先要确定对应链接对象的表达式,然后再定义表达式的值所对应的位置偏移量。以图中的组态设置为例,当表达式Data0的值为0时,图形对象向右移动0点(即不动);当表达式Data0的值为100时,图形对象向右移动100点;当表达式Data0的值为其他值时,利用线性插值公式即可计算出相应的移动位置。偏移量是以组态时图形对象所在的位置为基准(初始位置),单位为像素点,向左为负方向,向右为正方向(在垂直移动中,向下为正方向,向上为负方向)。当把图中最大移动偏移量的100改为-100时,则随着Data0值从小到大的变化,图形对象从基准位置开始向左移动100点。

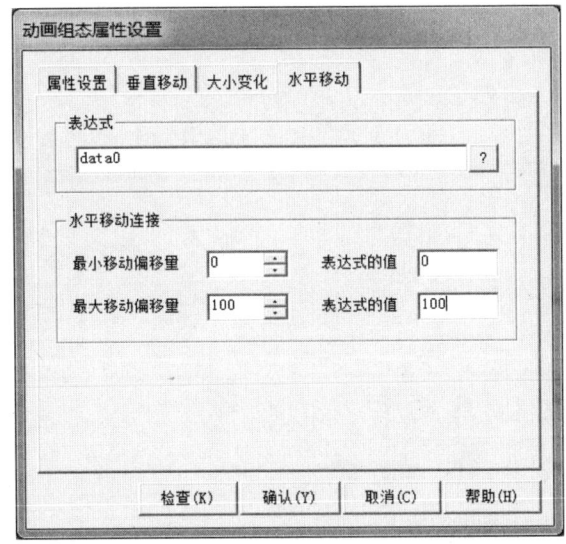

2-2 位置动画链接——水平移动

图2-4 水平移动设置

2. 垂直移动

其动画链接的方法与水平移动相同。在垂直移动中,向下为正方向,向上为负方向。

2-3 位置动画链接——垂直移动

"彩球三角形轨道运动组态设计"任务书

一、任务计划

根据利用 MCGS 嵌入版组态软件创建彩球三角形轨道运动动画工程所需的教具耗材、技能知识及工程实施过程制订工作计划。

引导问题 1:观看彩球三角形轨道运动过程,思考所用到的图元包括哪些部分,如何添加?

引导问题 2:所需教具耗材包括哪些?

引导问题 3:根据工程控制要求,需要建立哪些数据对象,对象类型是什么?

引导问题 4:参考相关知识,本任务需要添加哪些动画技能点?

二、任务实施

任务一效果如图 2-1 所示。

(一) 建立工程项目

工程名称为"彩球三角形轨道运动"。建立一个用户窗口,窗口名称为"彩球三角形轨道运动"。

(二) 制作图形界面

在"用户窗口"选项卡中,双击"彩球三角形轨道运动"图标,打开用户窗口。为了使组态画面更美观,在组态画面之前,先定好整个画面的风格及色调,以便在组态时更好地设置其他构件的颜色。

设置窗口背景。在窗口中添加一个背景"位图",在窗口右下方状态栏设置位图的坐标为"(0,0)大小为 800 * 480"(图 2-5)。

引导问题 5:准备好背景图片,如何进行位图装载?

窗口界面添加三角形。单击工具箱中的"常用符号"构件,系统弹出常用图符对话框。单击"等腰三角形"符号,在用户窗口中绘制一个"300 * 200"的等腰三角形。单击等腰三角形,在动画组态属性设置中,设置填充色为浅紫色,单击"确认"按钮。单击"三维圆球"符号,3 个不同颜色的三维圆球大小均为"50 * 50",放置在等腰三角形的 3 个角上(图 2-6)。3 个不同颜色的小球绕着等腰三角形边框按逆时针周而复始地连续运动。

引导问题 6:"等腰三角形"的大小调整为"300 * 200",三维圆球大小均为"50 * 50"如何设置?

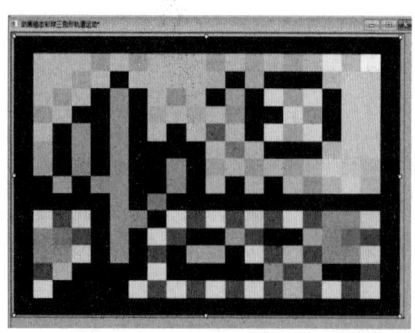
图 2-5 添加位图及大小设置

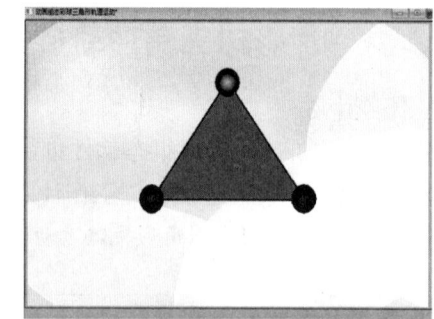
图 2-6 彩球三角形轨道画面

(三) 定义数据对象

在工作台的"实时数据库"选项卡中,单击"新增对象"按钮,根据任务要求添加数据对象。表 2-1 为一种建立的数据对象库变量,大家可以参考。

引导问题 7:同学们认为需要建立哪些数据对象?请在表 2-1 中修改、补全,并写出数据类型。

表 2-1 系统变量分配表

变量名	类型	注释
红球移动		
蓝球移动		
黄球移动		
移动标志 1		
移动标志 2		
移动标志 3		

(四) 建立动画链接

1. 红色小球的动画组态属性设置

双击三角形左侧角上的三维圆球,系统弹出"动画组态属性设置"对话框,选择填充颜色为红色,并勾选"水平移动"和"可见度"(图 2-7)。

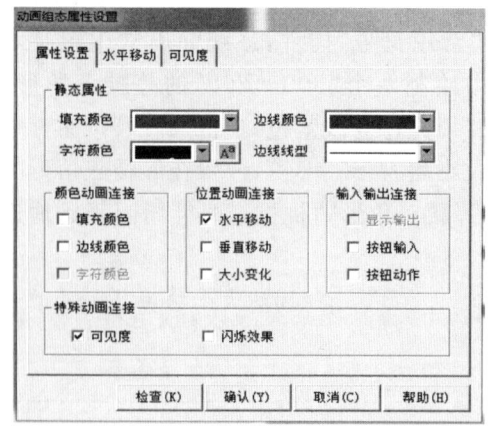
图 2-7 红球的动画组态属性设置

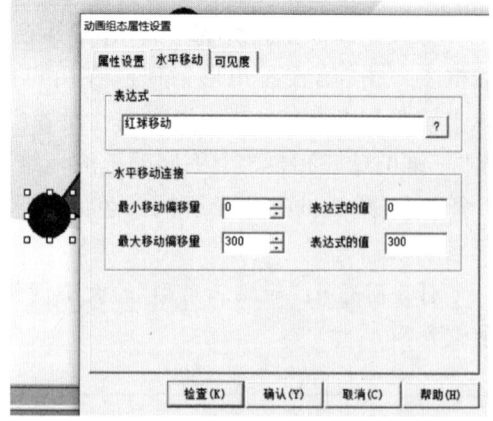
图 2-8 红球的水平移动设置

单击"水平移动",在弹出的对话框中设置红色小球的水平移动链接:单击"?"选择表达式的链接变量"红球移动",设置"最小移动偏移量""最大移动偏移量""表达式的值""表达式的值"(图 2-8)。

单击"可见度",系统弹出"变量选择"对话框,选择"从数据中心选择|自定义"。选择事先已经建立的数据"移动标志 1",单击"确认"按钮,完成红色小球的可见度表达式数据链接(图 2-9)。

2. 蓝色小球的动画组态属性设置

单击三角形右侧角上的三维圆球,系统弹出"动画组态属性设置"对话框,选择填充颜色为蓝色,并勾选"水平移动""垂直移动"和"可见度"(图 2-10)。单击"水平移动",在弹出的对话框中设置蓝色小球的水平移动链接(图 2-11)。

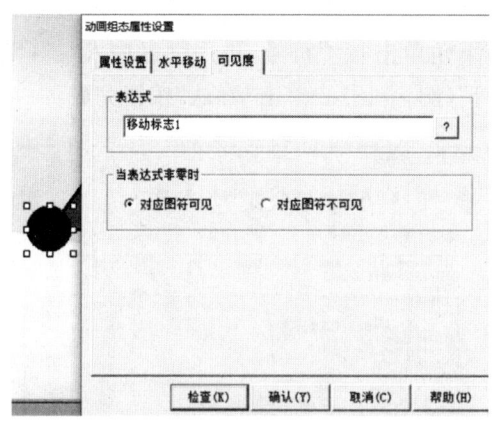

图 2-9　红球的可见度数据链接

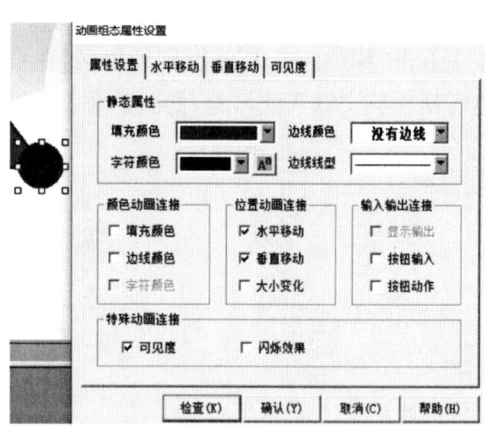

图 2-10　蓝球的动画组态属性设置

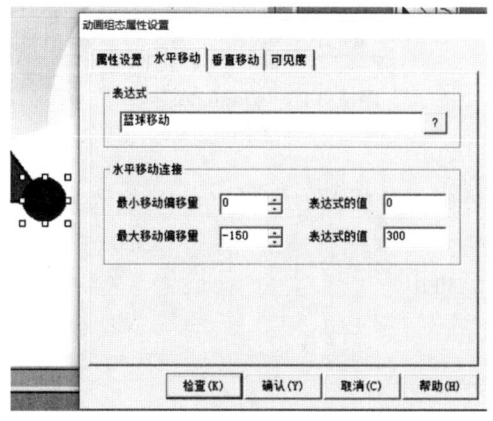

图 2-11　蓝球的水平移动设置

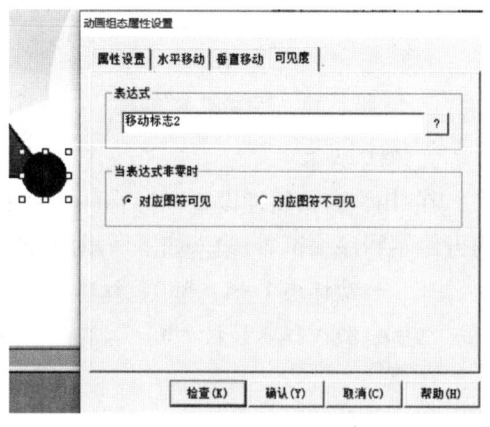

图 2-12　篮球的可见度数据链接

引导问题 8:根据三角形高度,在蓝球"垂直移动"选项卡中,"最大移动偏移量"是多少像素点?符号是"+"还是"-"?

单击"可见度",系统弹出"变量选择"对话框,选择"从数据中心选择|自定义"。选择事先已经建立的数据"移动标志 2",单击"确认"按钮,完成蓝色小球的可见度表达式数据

链接(图 2-12)。

3. 黄色小球的动画组态属性设置

单击三角形顶角上的三维圆球,系统弹出"动画组态属性设置"对话框,模仿蓝色小球的设置,选择"填充颜色"为"黄色",并勾选"水平移动""垂直移动"和"可见度"。

引导问题 9:完成黄色小球"水平移动""垂直移动"和"可见度"动画设置。

(五) 脚本编程编写

1. 启动脚本

在用户窗口中,单击空白处(不要单击背景图片),在弹出的菜单中选择"属性",系统弹出"用户窗口属性设置"对话框。单击"启动脚本",打开脚本程序编辑器,在右侧数据对象中双击"移动标志 1"添加到编辑区,在页面右下角单击"="符号,再用键盘输入"1"(键盘切换为英文输入法),编写完成"移动标志 1=1"(图 2-13)。单击"确认"按钮完成。

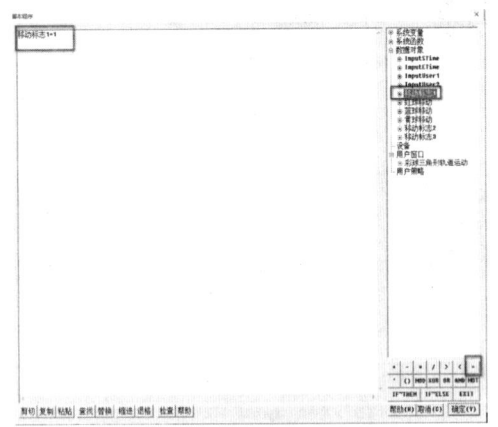 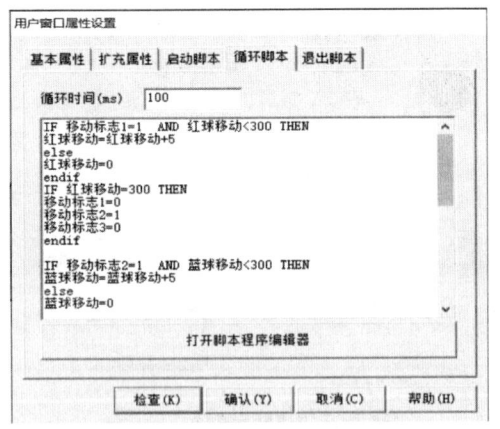

图 2-13 "启动脚本"编写　　　　图 2-14 "循环脚本"编写

2. 循环脚本

在"用户窗口属性设置"对话框中,单击"循环脚本",将"循环时间(ms)"栏改为 100。打开脚本程序编辑器,输入如下所示的程序:

IF　移动标志 1=1　AND　红球移动<300　THEN

红球移动 = 红球移动 + 5

ELSE

红球移动 = 0

ENDIF

IF 红球移动 = 300 THEN

移动标志 1 = 0

移动标志 2 = 1

移动标志 3 = 0

ENDIF

IF 移动标志2=1 AND 蓝球移动<300 THEN

蓝球移动 = 蓝球移动 + 5

ELSE

蓝球移动 = 0

ENDIF

IF 蓝球移动 = 300 THEN

移动标志1 = 0

移动标志2 = 0

移动标志3 = 1

ENDIF

IF 移动标志3=1 AND 黄球移动<300 THEN

黄球移动 = 黄球移动 + 5

ELSE

黄球移动 = 0

ENDIF

IF 黄球移动 = 300 THEN

移动标志3 = 0

移动标志1 = 1

移动标志2 = 0

ENDIF

单击"确认"按钮完成(图2-14)。

(六) 调试运行

保存工程。将"彩球三角形轨道运动"窗口设置为启动窗口,单击组态环境窗口工具条中的"进入运行环境" 按钮或按下键盘上的"F5"键,将工程下载后,仿真运行画面如图2-1所示。

三、质量检查及验收

请将质量检查及验收的情况填入表2-2。

表2-2 检查对比表

学习成果		评分表		
巩固学习内容	总结与订正	小组自评	学生自评	教师评分
水平轨道移动动画中怎样使用"最大位移偏移量"表示左移或右移?				
垂直轨道移动动画中怎样使用"最大位移偏移量"表示上移或下移?				

(续表)

学习成果		评分表		
巩固学习内容	总结与订正	小组自评	学生自评	教师评分
斜线轨道运动时,需要设置哪些动画链接?如何设置?				
在"用户窗口属性设置"对话框中,启动脚本和退出脚本的脚本程序如何运行?				
学到的技能点				
出错的地方				

【知识链接】请扫码查看完成任务一彩球三角形轨道运动组态设计的知识锦囊。

2-4 彩球三角形轨道运动组态设计

任务二　彩球矩形轨道运动组态设计

一、情境描述

某开发小组接到任务,要求利用MCGS嵌入版组态软件仿真彩球沿着矩形轨道运动的动画工程。打开工具箱中的"常用符号"构件,选中"三维圆球"图元,在窗口中添加一个圆球,使用工具箱的矩形构件绘制矩形轨道。设计2个按钮,分别用于启动和停止彩球轨迹运动。要求按下启动按钮,彩球从原点开始沿着矩形轨道逆时针运行,运行1周后,沿矩形对角线轨道向上运行到达顶部,再沿矩形对角线轨道向下运行回到原点,即完成1个周期运动。为了满足轨道运动控制要求,需要使用脚本程序编程。任务效果图如图2-15所示。需要说明的是,本项目中的任务都只是利用组态软件模拟监控系统运行,故并不需要硬件支持。

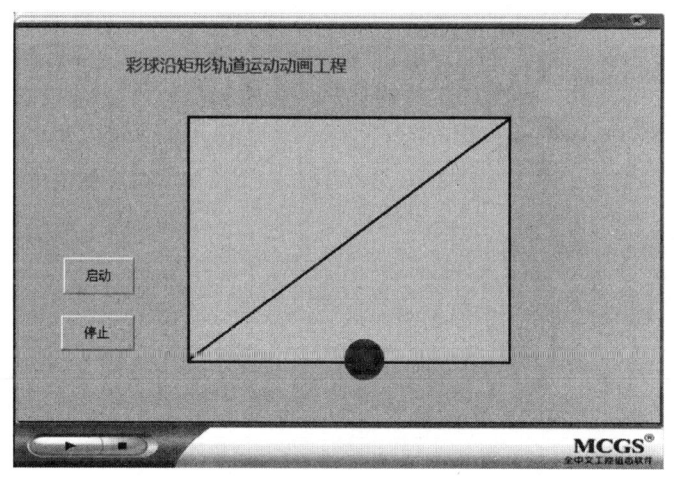

2-5　彩球矩形轨道运动组态设计演示视频

图2-15　彩球矩形轨道运动任务效果图

二、相关知识

窗口界面文字水平循环移动动画制作。触摸屏上电后屏幕上方的标题文字向右(或向左)循环移动。循环移动文字框组态方法如下。

(1)选择"工具箱"内的"标签"**A**构件,拖曳到窗口上方中心位置,根据需要绘制出一个大小适合的矩形。输入文字"只争朝夕,不负韶华!"。

(2)静态属性设置如下:文字框的背景颜色为没有填充;文字框的边线颜色为没有边线;字符颜色为深蓝色、文字字体为楷体、字形为粗体;大小为1号。

(3)为了使文字循环移动,在"位置动画连接"选项中勾选"水平移动",这时在对话框上端就增添了"水平移动"窗口标签。水平移动属性设置如图2-16所示,设置要点如下。

① 触摸屏图形对象所在的水平位置定义如下:

以左上角为坐标原点,单位为像素点,向左为负方向,向右为正方向。TPC7062Ti分辨率是 800 * 480,文字串为"只争朝夕,不负韶华!",长度为 400 像素点,在窗口中居中放置。向右全部移出的偏移量约为 600 像素,故水平移动属性页中最大移动偏移量为 600。文字循环移动的策略是,如果文字串向右全部移出,则返回 -600 的坐标重新向右移动。

② 实现"水平移动"的方法如下:

首先建立一个与水平移动量相关的数值变量。在实时数据库中,定义一个数值量的内部数据对象"移动",它与文字对象的位置之间关系是线性关系,如当文字对象的最大移动量为 600 时,表达式的值为 120。

接着是使数值变量"移动"按一定规律变化,这可以通过编写一个循环脚本程序实现。在"用户窗口属性设置"窗口中,单击"循环脚本"选项卡,在出现的脚本程序框中输入使文字循环移动的脚本,并将循环时间改为 100(图 2-17)。

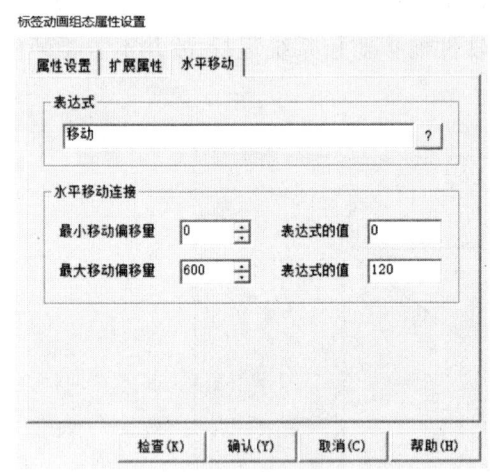

图 2-16 水平移动属性设置

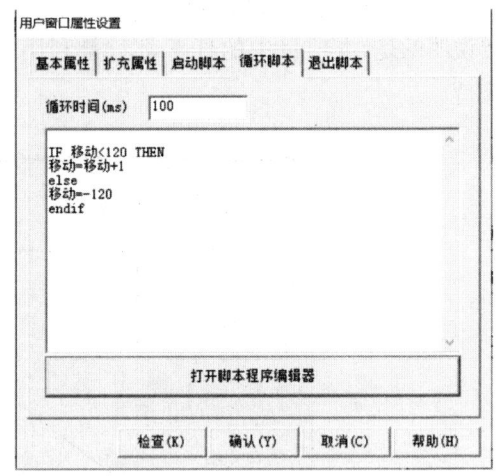

图 2-17 编写循环脚本

"彩球矩形轨道运动组态设计"任务书

一、任务计划

根据利用MCGS嵌入式组态软件创建彩球矩形轨道运动动画工程所需的教具耗材、技能知识及工程实施过程制订工作计划。

引导问题1：观看彩球矩形轨道运动过程，思考所用到的图元包括哪些部分，如何添加？

_____

引导问题2：所需教具耗材包括哪些？

_____

引导问题3：根据工程控制要求，需要建立哪些数据对象，对象类型是什么？

_____

引导问题4：参考相关知识，本任务需要添加哪些动画技能点？

_____

二、任务实施

任务二效果如图2-15所示。

（一）建立工程项目

工程名称为"彩球矩形轨道运动"。建立一个用户窗口，窗口名称为"彩球矩形轨道运动"。

（二）制作图形界面

1. 窗口界面添加标题

在用户窗口中，双击"彩球三角形轨道运动"图标，打开用户窗口。为了使组态画面更生动、美观，在窗口中添加一个循环移动的文字标题"彩球沿矩形轨道运动动画工程"（图2-18）。

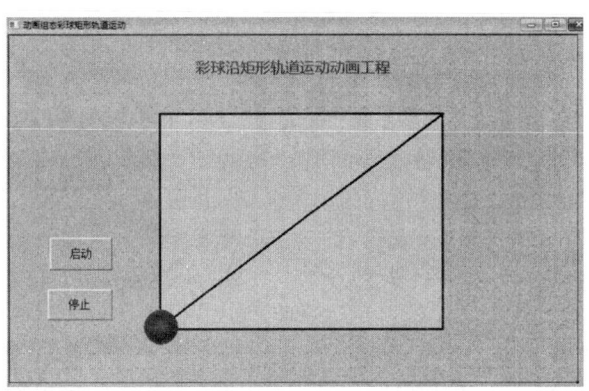

图2-18　添加循环移动的文字标题

2. 窗口界面添加矩形

单击工具箱中的"矩形"符号，在用户窗口中绘制一个"400＊300"的矩形，并绘制对角线。单击矩形，在动画组态属性设置中，设置填充颜色为湖蓝色，单击"确认"按钮完成。单击工具箱中的"常用符号"构件，单击"三维圆球"符号，将一个"50＊50"的三维圆球放置在矩形的左下角上（图2-18）。小球绕着矩形边框按逆时针运行1个周期后沿对角线上移再下移回到原点,周而复始地连续运动。

3. 制作按钮

单击工具箱中的"标准按钮"构件,然后将鼠标指针移动到窗口中(此时鼠标指针变为十字形),单击空白处并拖动鼠标,画出一个适当大小的矩形框,这样就出现了"按钮"构件。添加2个按钮,双击"按钮"构件,系统弹出"标准按钮构件属性设置"对话框,在"基本属性"选项卡中,依次将按钮标题改为"启动""停止"。

(三) 定义数据对象

在工作台的"实时数据库"选项卡中,单击"新增对象"按钮,根据任务要求添加数据对象。表2-3为一种建立的数据对象库变量,大家可以参考。

引导问题5:同学们认为需要建立哪些数据对象?请在表2-3中修改、补全,并写出数据类型。

表 2-3 系统变量分配表

变量名	类型	注释
水平移动		
垂直移动		
循环移动		
启动		
斜边向上标志1		
斜边向下标志2		

(四) 建立动画链接

1. 小球的动画组态属性设置

单击矩形左下角上的三维圆球,系统弹出"动画组态属性设置"对话框,设置填充颜色为红色,并勾选"水平移动"和"垂直移动"(图2-19)。

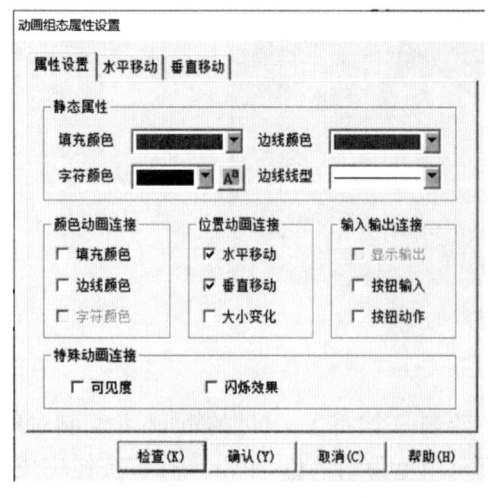 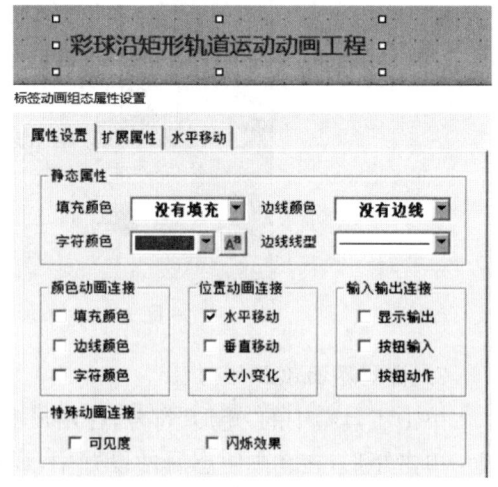

图 2-19 彩球的动画组态属性设置　　　　图 2-20 文字标题水平移动设置

在"水平移动"选项卡中,设置红色小球的水平移动链接:单击"?"选择表达式的链接变量"水平移动",设置"最小移动偏移量""最大移动偏移量""表达式的值""表达式的值"。

引导问题6:一个彩球完成整个轨道运动,矩形轨道水平移动参数如何设置?

___

在"垂直移动"选项卡中,设置红色小球的垂直移动链接:单击"?"选择表达式的链接变量"垂直移动",设置"最小移动偏移量""最大移动偏移量""表达式的值""表达式的值"。

引导问题7:一个彩球完成整个轨道运动,矩形轨道垂直移动参数如何设置?

___

2. 双击窗口的文字标题"彩球沿矩形轨道运动动画工程",勾选位置动画链接中的"水平移动"(图2-20)。在"水平移动"选项卡中,表达式选择:单击"?"选择表达式的链接变量"循环移动",设置"最小移动偏移量""最大移动偏移量""表达式的值""表达式的值"。

引导问题8:根据相关知识,设置循环移动的文字标题"彩球沿矩形轨道运动动画工程"水平移动中的"最小移动偏移量""最大移动偏移量""表达式的值""表达式的值"参数,并在"用户窗口属性设置"对话框的"循环脚本"选项卡中写出脚本程序。

___

3. 建立"按钮"的动画链接

双击窗口中的"启动"按钮,系统弹出"标准按钮构建属性设置"对话框,在"操作属性"选项卡中,单击"抬起功能",勾选"数据操作对象",单击"▼"选择"置1",单击"?"从数据中心选择"启动"。

引导问题9:按下"停止"按钮时,彩球复位到原点(矩形左下角),则在"标准按钮构件属性设置"对话框的"脚本程序"选项卡中,写出彩球复位原点的脚本程序。

___

(五)脚本编程编写

在"用户窗口属性设置"对话框中,单击"循环脚本",将"循环时间(ms)"栏改为100。打开脚本程序编辑器,输入如下所示的程序:

```
IF 启动 = 1  AND 水平移动<400 THEN
```

水平移动 = 水平移动 + 5
ENDIF
IF 水平移动 = 400 AND 垂直移动<300 THEN
启动 = 0
垂直移动 = 垂直移动 + 5
ENDIF
IF 垂直移动 = 300 AND 水平移动>0 THEN
水平移动 = 水平移动 − 5
ENDIF
IF 水平移动 = 0 AND 垂直移动>0 THEN
垂直移动 = 垂直移动 − 5
IF 垂直移动 = 0 THEN
斜边向上标志1 = 1
ENDIF
ENDIF
IF 斜边向上标志1 = 1 THEN
水平移动 = 水平移动 + 4
垂直移动 = 垂直移动 + 3
IF 水平移动 = 400 THEN
斜边向上标志1 = 0
斜边向下标志2 = 1
ENDIF
ENDIF
IF 斜边向下标志2 = 1 THEN
水平移动 = 水平移动 − 4
垂直移动 = 垂直移动 − 3
IF 水平移动 = 0 THEN
启动 = 1
斜边向下标志2 = 0
ENDIF
ENDIF

单击"确认"按钮完成。

(六) 调试运行

保存工程。将"彩球矩形轨道运动"窗口设置为启动窗口,单击组态环境窗口工具条中的"进入运行环境"按钮或按下键盘上的"F5"键,将工程下载后,首先按下"启动"按钮,彩球从原点(左下角)沿着矩形轨道逆时针运动,回到原点后沿着对角线向上运动,到达矩形右上角位置后再沿着对角线向下运动回到原点,完成1个周期轨道运动,按下"停止"按钮彩球回到原点。仿真运行画面如图 2-15 所示。

三、质量检查及验收

请将质量检查及验收的情况填入表 2-4。

表 2-4 检查对比表

学习成果		评分表		
巩固学习内容	总结与订正	小组自评	学生自评	教师评分
"文字"循环移动利用哪一个位置动画链接实现？				
在动画构件属性设置的位置动画链接中，如何实现水平移动或者垂直移动？				
对于水平移动或垂直移动，如何通过改变表达式的值能否改变移动方向？				
学到的技能点				
出错的地方				

【知识链接】请扫码查看完成任务二彩球矩形轨道运动组态设计的知识锦囊。

2-6 彩球矩形轨道运动组态设计

【边学边练】

1. 彩球椭圆轨道运动动画工程设计(图2-21)。

2-7 彩球椭圆轨道运动动画工程设计演示视频

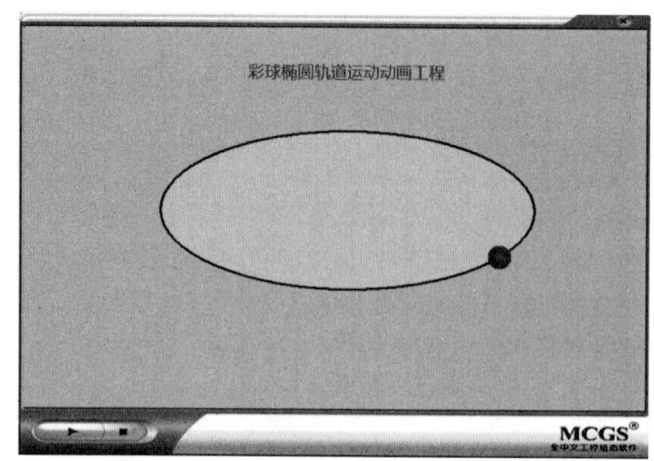

图2-21 彩球椭圆轨道运动动画效果图

2. 彩球圆形＋椭圆形轨道运动动画工程设计(图2-22)。

2-8 彩球圆形＋椭圆形轨道运动动画工程设计演示视频

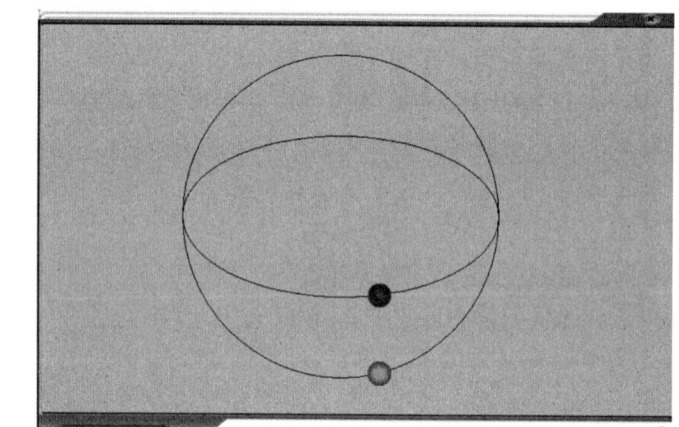

图2-22 彩球图形＋椭圆形轨道运动动画效果图

项目三

楼宇灯光控制工程组态

 教学目标

知识目标

1. 掌握组态策略内容和常用构件的使用方法；
2. 掌握大小变化、闪烁效果动画链接的设置方法；
3. 掌握运行策略构件定时器的设置方法；
4. 掌握运行策略与脚本程序的编程方法。

能力目标

1. 能够设置大小变化、闪烁效果动画链接；
2. 能够运用定时器策略构件实现工程定时控制；
3. 能够使用运行策略编写脚本语言程序控制工程运行流程；
4. 能够完成 MCGSTPC 嵌入式触摸屏与 PLC 设备的通信接线；
5. 能够按照操作步骤进行组态工程设计并正确下载到触摸屏。

素质目标

1. 培养学生在生活中发现问题、独立设计、解决问题的能力；
2. 培养学生的交往沟通能力和团队合作精神；
3. 培养学生努力学习、积极进取的学习精神；
4. 培养学生遵守劳动纪律及操作规程,增强环保和安全意识；
5. 培养学生努力钻研、克服困难、解决问题的毅力；
6. 培养学生精益、专注、创新的工匠素养；
7. 培养学生在工程设计中规范操作、严谨细致的良好职业作风。

项目背景

随着人们生活环境的不断改善和美化,各种装饰彩灯、广告牌彩灯、楼宇亮化工程越来越多地出现在城市道路、楼宇上。广告牌彩灯的控制就是将广告牌上一系列有颜色的灯连在一起,然后按一定次序点亮和熄灭。

任务一 广告牌彩灯组态设计

一、情境描述

某开发小组接到任务,通过 MCGS 嵌入版组态软件和触摸屏模拟楼宇广告牌彩灯的运行,按一下"启动按钮"实现从第一个彩灯起每隔 1 秒点亮下一个彩灯,所有彩灯都点亮后一齐熄灭,再重新点亮第一个彩灯,如此循环;彩灯点亮的同时,由彩灯围绕的"欢迎您!"字样不停闪烁。再按一下"启动按钮",彩灯全部熄灭,文字停止闪烁。任务效果图如图 3-1 所示。通过本任务的学习,学生可以掌握组态策略内容和常用构件的使用方法,达到能使用 MCGS 运行策略构件定时器和脚本程序进行系统设计的能力。为了满足控制要求,需要使用运行策略中脚本程序和定时器构件编程辅助实现。需要说明的是,本项目中的任务都只是利用组态软件模拟监控系统运行,故并不需要硬件支持。

3-1 广告牌彩灯组态设计演示视频

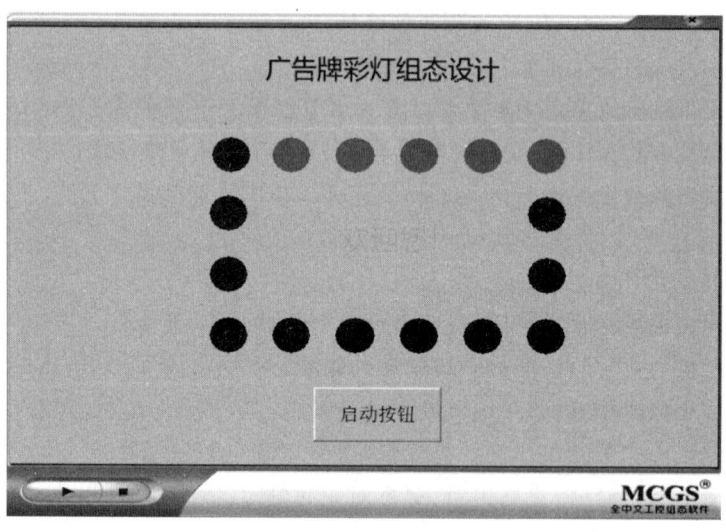

图 3-1 广告牌彩灯任务效果图

二、相关知识

(一)运行策略功能构件

MCGS 嵌入版中的运行策略构件以功能块的形式来实现对实时数据库的操作、用户窗口的控制等功能,它充分利用面向对象的技术,把大量的复杂操作和处理封装在构件的内部,而提供给用户的只是构件的属性和操作方法,用户只需在策略构件的属性页中正确设置属性值和选定构件的操作方法,就可满足大多数工程项目的需要;而对于复杂的工程,只需定制所需的策略构件,然后将它们添加到系统中来即可。

MCGS嵌入版为用户提供了8种最基本的策略构件,包括"策略调用"(调用指定的用户策略)、"数据对象"(数据值读写、存盘和报警处理)、"设备操作"(执行指定的设备命令)、"退出策略"(用于中断并退出所在的运行策略块)、"脚本程序"(执行用户编制的脚本程序)、"定时器"(用于定时)、"计数器"(用于计时)、"窗口操作"(打开、关闭、隐藏和打印用户窗口)。

对彩灯的控制可以通过编写监控程序来实现。在MCGS嵌入版中,编写程序主要采用策略组态的形式。其中,定时器构件可以实现定时功能,脚本程序用于实现系统运行流程控制。

(二) 运行策略构件定时器的设置

1. 在策略中添加定时器构件

单击屏幕左上角的"工作台"图标,系统弹出"工作台"窗口;单击"运行策略"选项卡,进入"运行策略"页;选中"循环策略",单击右侧的"策略属性"按钮,系统弹出"策略属性设置"对话框;在"定时循环执行,循环时间"一栏中填入100(图3-2),单击"确认"按钮。选中"循环策略",单击右侧的"策略组态"按钮,系统弹出"策略组态:循环策略"对话框;单击"工具箱"按钮,系统弹出"策略工具箱";在工具栏单击"新增策略行"按钮,在循环策略窗口出现了一条新策略。在"策略工具箱"中选中"定时器",鼠标光标变为小手形状。单击新增策略行末端的方块,定时器被添加到该策略(图3-3)。

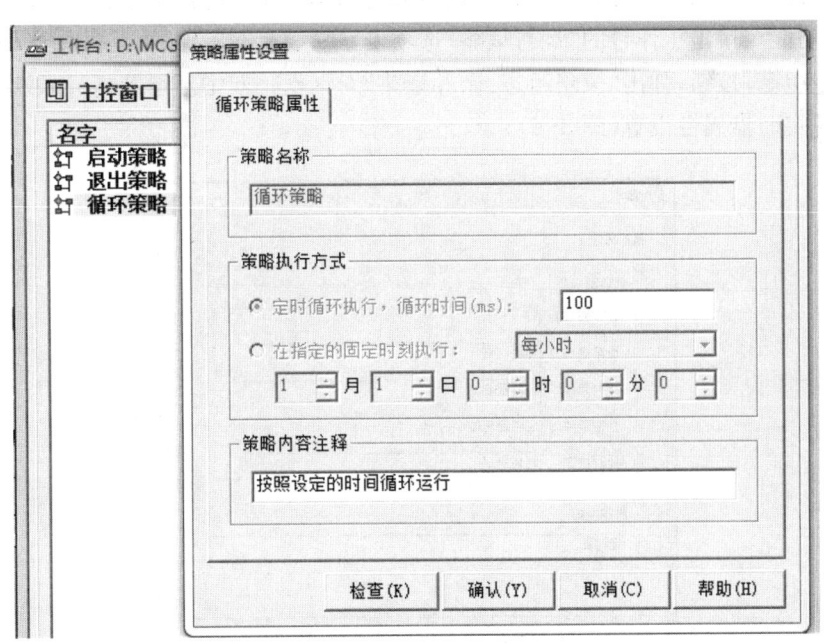

图3-2 策略属性设置

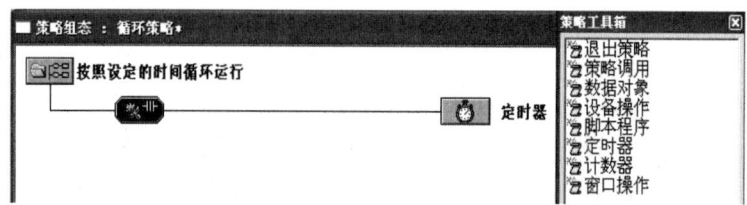

图 3-3 策略组态

2. 定时器有关变量定义

为了更好地控制定时器的运行,需要添加 4 个变量(表 3-1)。参照前面的方法,把变量添加到实时数据库中,注意变量类型。

表 3-1 定时器相关变量

变量名	类型	注释
计时时间	数值	代表定时器计时时间的当前值
定时器启动	开关	控制定时器的启停,1 启动,0 停止
定时器复位	开关	控制定时器复位,1 复位
时间到	开关	定时器定时时间到为 1,否则为 0

3. 定时器属性设置

属性设置的目的是使定时器和相关的变量建立联系,实现它应具有的启动、计时、状态报告等功能。单击工作台的"运行策略"选项卡,进入"运行策略"页。选中"循环策略",单击"策略组态"按钮,弹出"策略组态:循环策略"对话框。双击新增策略行末端的定时器方块,出现定时器属性设置(图 3-4)。

3-2 定时器策略构件

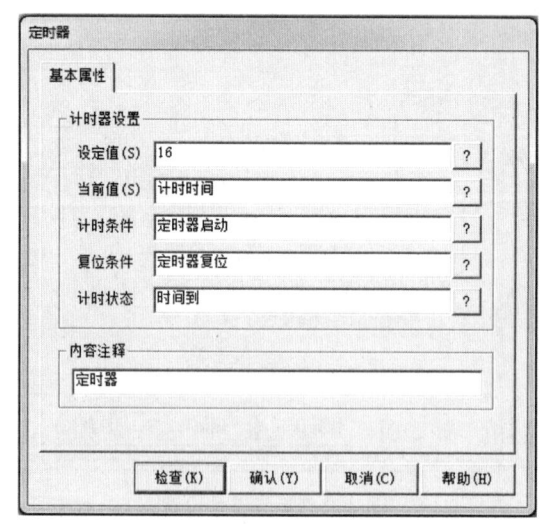

图 3-4 定时器属性设置

设置定时器基本属性"设定值"为16（这里"16"是常数,也可以为数据变量）,代表设定时间为16秒（例如用于彩灯控制,则每个彩灯亮1秒,16个彩灯共16秒）。设置"当前值"为"计时时间"变量,"计时条件"为"定时器启动"变量。当"定时器启动"变量为1时,定时器开始计时;为0时,停止计时。设置"复位条件"为"定时器复位"变量,代表该变量为1时,定时器当前值复位;为0时,定时器才能正常计时。当需要重新开始计时时,先要让定时器复位。设置"计时状态"为"时间到"变量,计时时间超过设定时间时,"时间到"变量将变为1,否则为0。

"广告牌彩灯组态设计"任务书

一、任务计划

根据利用 MCGS 嵌入版组态软件创建广告牌彩灯动画工程所需的教具耗材、技能知识及工程实施过程制订工作计划。

引导问题 1：观看广告牌彩灯工作过程，思考所用到的图元包括哪些部分，如何添加？

引导问题 2：所需教具耗材包括哪些？

引导问题 3：根据工程控制要求，需要建立哪些数据对象，对象类型是什么？

引导问题 4：参考相关知识，本任务需要添加哪些动画技能点？

二、任务实施

任务一效果如图 3-1 所示。

（一）建立工程项目

工程名称为"广告牌彩灯"。建立一个用户窗口，窗口名称为"广告牌彩灯"。

（二）制作图形界面

设计思路：MCGS 嵌入版对象元件库中没有彩灯元件，只能使用自制的元件。可以使用椭圆工具绘制 2 个填充不同颜色的圆形叠加在一起，利用特殊动画链接的"可见度"功能，实现 2 个圆的显示控制达到模拟点亮效果。彩灯的点亮必须按照一定的顺序，并且有相应的时间要求，可以利用运行策略组态里的脚本程序和定时器构件实现。利用特殊动画链接的"闪烁效果"功能，可以实现"欢迎您！"字样的闪烁效果。

利用"标签" A 构件，写入文字"广告牌彩灯监控系统"，调整大小及位置。

利用"标签" A 构件，写入文字"欢迎您！"，然后选中该字，设置字体颜色为红色、字体为宋体、字形为粗体、大小为 1 号，并移动到合适位置。

利用"椭圆" ⬭ 工具，画一个圆作为彩灯，设置无边线，填充颜色为黑色（代表彩灯灭），调整合适大小。复制另一个圆，填充颜色改为红色（代表彩灯亮）。

双击黑色圆，系统弹出"动画组态属性设置"对话框，在"属性设置"选项卡中，选中"可见度"，窗口中会多出一个"可见度"选项页（图 3-5）。按照同样的方法，对红色圆进行"可见度"设置。

引导问题 5：完成以上设置后，移动红色圆重叠到黑色圆上，框选 2 个圆，选择工具栏对齐方式为"中心对齐"。把 2 个圆组合成 1 个彩灯图符，单击鼠标右键，选择"排列"，组合方式选择哪一种（图 3-6）？

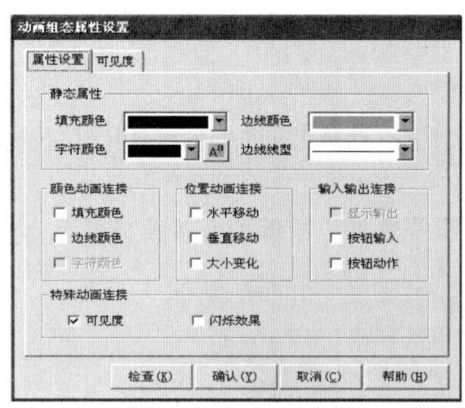

图 3-5　选择可见度

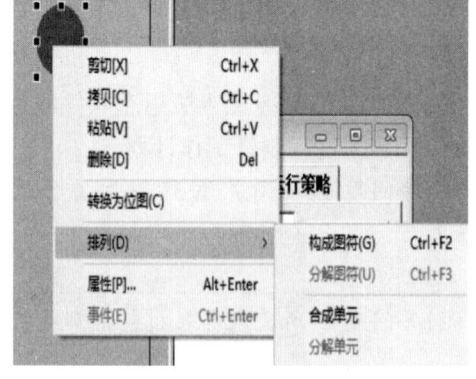

图 3-6　2 个圆组合方式

复制上步合成的彩灯图符,再粘贴 15 个。粘贴完成后,参照图 3-1 所示,围绕"欢迎您!"字样排列这 16 个彩灯。这时可以使用 MCGS 嵌入版的"编辑条"工具。单击工具栏中的"编辑条"图标,在工具栏出现辅助工具条。MCGS 嵌入版提供了 20 余种编辑工具,以图标形式显示在工具条上,包括"左对齐""右对齐""上对齐""下对齐""中心对中""横向等间距""纵向等间距"等。当有多个图形对象被选中时,以当前图形对象为基础,使用工具条上的排列和分布按钮,可以对被选中的图形对象进行位置关系的调整。

利用"标准按钮"工具绘制按钮,并设置按钮基本属性"文本"为"启动按钮",调整大小及位置。

(三) 定义数据对象

在工作台的"实时数据库"选项卡中,单击"新增对象"按钮,根据任务要求添加数据对象。表 3-2 为一种建立的数据对象库变量,大家可以参考。

引导问题 6:同学们认为需要建立哪些数据对象?请在表 3-2 中修改、补全,并写出数据类型。

表 3-2　系统变量分配表

变量名	类型	注释
启动按钮		按下启动按钮,系统运行;再按一次,系统停止
灯 1—灯 16		用于 16 个彩灯的控制

(四) 建立动画链接

1. 彩灯动画链接

引导问题 7:双击组合后的彩灯图符,系统弹出"_____"对话框;如何找到黑色圆"可见度"选项卡,单击"?"选择表达式变量,并选择对应图符可见或者不可见?

按照同样的方法,对红色圆"可见度"动画进行表达式变量链接,并选择对应图符可见或者不可见(图 3-7)。

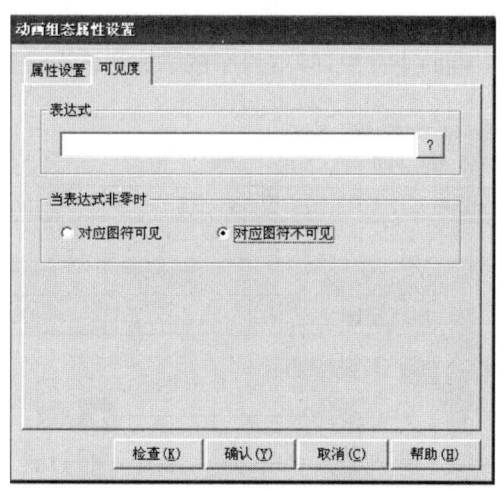

图 3-7 设置可见度动画链接

2. "启动按钮"动画链接

根据任务情境描述,双击窗口中的"启动按钮",系统弹出"标准按钮构件属性设置"对话框,进入"操作属性"选项卡。

引导问题 8:在"抬起功能"处勾选"数据操作对象",单击"▼"选择"＿＿＿＿＿＿",单击"?"从数据中心选择"＿＿＿＿＿＿";完成启动按钮的动画链接。

(五) 脚本编程编写

1. 将"定时器"添加到策略行

进入"运行策略"页,选中"循环策略",单击右侧的"策略属性"按钮,系统弹出"策略属性设置"对话框;在"定时循环执行,循环时间"栏中填入 100(图 3-8),单击"确认"按钮。单击工具栏的"新增策略行"按钮,在循环策略窗口出现了一条新策略。在"策略工具箱"中选中"定时器",鼠标光标变为小手形状。单击新增策略行末端的方块,定时器被添加到该策略行。

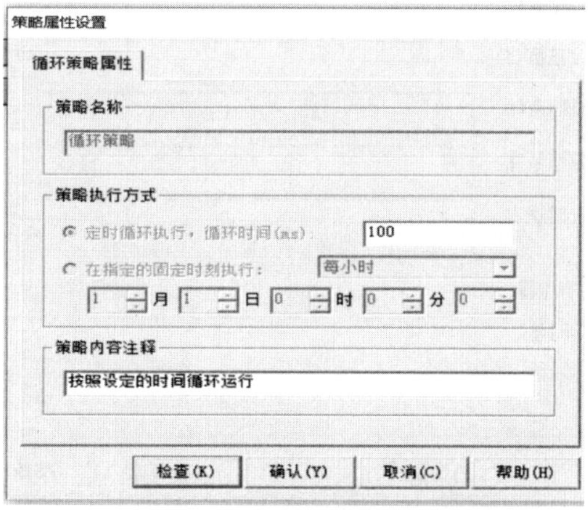

图 3-8 循环策略循环时间设置

在定时器下增加一行新策略;选中"策略工具箱"中的"脚本程序",鼠标光标变为小手形状。单击新增策略行末端的小方块,脚本程序被添加到该策略行(图3-9)。

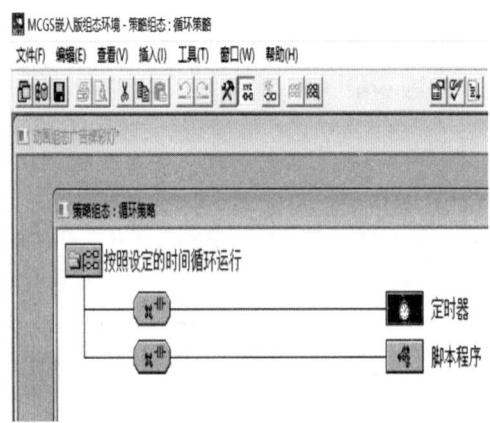

图3-9　循环策略中添加策略行

2. 定时器基本属性设置

属性设置的目的是使定时器和相关的变量建立联系,实现它应具有的启动、计时、状态报告等功能。在"策略组态:循环策略"对话框中,双击新增策略行末端的定时器方块,出现定时器属性设置(图3-10)。

引导问题9:根据情景描述,在定时器策略构件中,链接计时器的"设定值""当前值""计时条件""复位条件"和"计时状态"数据变量分别是什么?

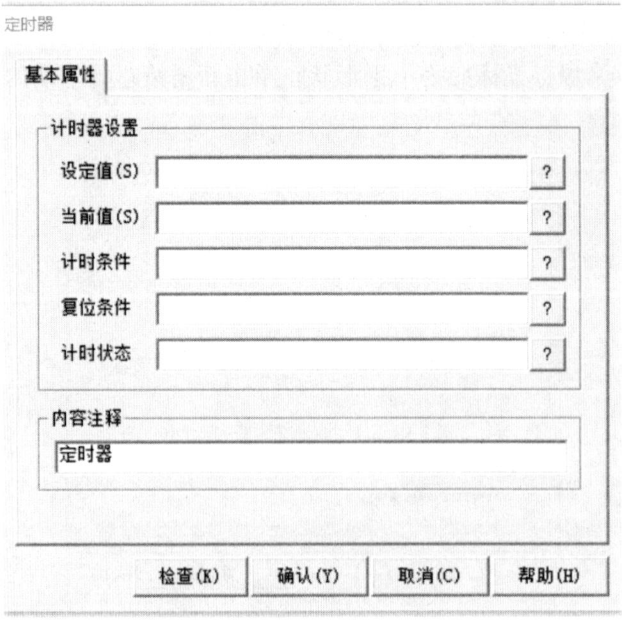

图3-10　定时器属性设置

3. 循环脚本

双击"脚本程序"策略行末端的方块,出现脚本程序编辑窗口,输入如下所示的程序:

IF 启动按钮 = 0 THEN

定时器启动 = 0

定时器复位 = 1

灯 1 = 0

灯 2 = 0

……

灯 16 = 0

ENDIF

IF 启动按钮 = 1 THEN

定时器启动 = 1

定时器复位 = 0

ENDIF

IF 计时时间>0 AND 计时时间< = 1 THEN 灯 1 = 1

IF 计时时间>1 AND 计时时间< = 2 THEN 灯 2 = 1

IF 计时时间>2 AND 计时时间< = 3 THEN 灯 3 = 1

IF 计时时间>3 AND 计时时间< = 4 THEN 灯 4 = 1

IF 计时时间>4 AND 计时时间< = 5 THEN 灯 5 = 1

IF 计时时间>5 AND 计时时间< = 6 THEN 灯 6 = 1

IF 计时时间>6 AND 计时时间< = 7 THEN 灯 7 = 1

IF 计时时间>7 AND 计时时间< = 8 THEN 灯 8 = 1

IF 计时时间>8 AND 计时时间< = 9 THEN 灯 9 = 1

IF 计时时间>9 AND 计时时间< = 10 THEN 灯 10 = 1

IF 计时时间>10 AND 计时时间< = 11 THEN 灯 11 = 1

IF 计时时间>11 AND 计时时间< = 12 THEN 灯 12 = 1

IF 计时时间>12 AND 计时时间< = 13 THEN 灯 13 = 1

IF 计时时间>13 AND 计时时间< = 14 THEN 灯 14 = 1

IF 计时时间>14 AND 计时时间< = 15 THEN 灯 15 = 1

IF 计时时间>15 AND 计时时间< = 16 THEN 灯 16 = 1

IF 时间到 THEN

定时器复位 = 1

灯 1 = 0

灯 2 = 0

……

灯 16 = 0

ENDIF

单击"确认"按钮完成"循环脚本"编写。

(六) 调试运行

保存工程。将"广告牌彩灯"窗口设置为启动窗口,单击组态环境窗口工具条中的"进入运行环境"按钮或按下键盘上的"F5"键,将工程下载后,仿真运行画面如图 3-1 所示。

三、质量检查及验收

请将质量检查及验收的情况填入表 3-3。

表 3-3 检查对比表

学习成果		评分表		
巩固学习内容	总结与订正	小组自评	学生自评	教师评分
策略构件定时器最多需要建立几个变量,都是哪些变量?				
策略构件定时器的当前值计时单位是"ms"还是"s"?				
连接定时器复位的数据变量为1和0时有何区别?				
策略构件定时器满足什么条件时,计时状态的链接变量数值自动改变?				
学到的技能点				
出错的地方				

【知识链接】请扫码查看完成任务一广告牌彩灯组态设计的知识锦囊。

3-3 广告牌彩灯组态设计

任务二　小区自动门组态设计

一、情境描述

某开发小组接到任务,要求利用 MCGS 嵌入版组态软件仿真小区自动门组态运行的动画工程。要求触摸屏开机后自动进入开机界面窗口,开机进度条 6 秒后满进度,自动跳转到小区自动门界面窗口。门卫在警卫室按下开门按钮、关门按钮和停止按钮控制大门。当门卫按下开门开关后,报警灯开始闪烁,门打开,直到门完全打开时,门停止运动,报警灯停止闪烁;当门卫按下关门开关时,报警灯开始闪烁,门关闭,直到门完全关闭时,门停止运动,报警灯停止闪烁。在自动门运动过程中,任何时候只要门卫按下停止开关,门马上停在当前位置,报警灯停闪;开门开关和关门开关可随时互相切换。通过本任务的学习,学生可掌握组态图幅大小变化等动画效果的使用,掌握画面命令语言在工程中的运用。为了满足控制要求,需要使用脚本程序编程。任务效果图如图 3-11 所示。需要说明的是,本项目中的任务都只是利用组态软件模拟监控系统运行,故并不需要硬件支持。

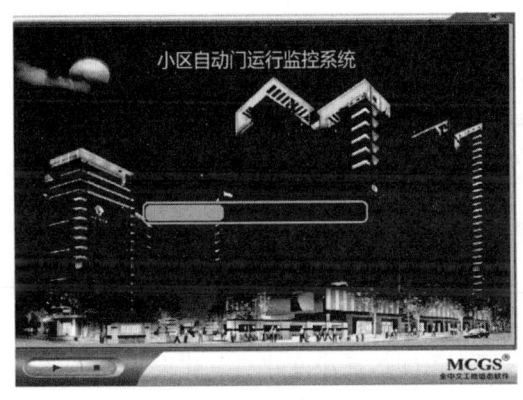 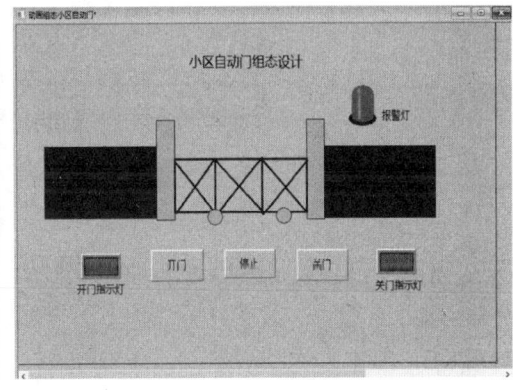 

3-4　小区自动门组态设计演示视频

图 3-11　小区自动门监控系统任务效果图

二、相关知识

(一) 位置动画链接

位置动画链接包括图形对象的水平移动、垂直移动和大小变化 3 种属性,水平移动、垂直移动动画链接前面已经讲解,这里不再介绍。通过设置大小变化属性,可使图形对象的大小随数据对象值的变化而变化。我们只要控制数据对象值的大小和值的变化速度,就能精确地控制所对应图形对象的大小及其变化速度。

(二) 大小变化

图形对象的大小变化以百分比的形式来衡量,组态时图形对象的初始大小被定义为基准(100%即为图形对象的初始大小)。在 MCGS 嵌入版中,图形对象大小变化方式有如下 7 种:

(1) 以中心点为基准,沿 X 方向和 Y 方向同时变化(图 3-12);

(2) 以中心点为基准,只沿 X(左右)方向变化;

(3) 以中心点为基准,只沿 Y(上下)方向变化;

(4) 以左边界为基准,沿着从左到右的方向发生变化;

(5) 以右边界为基准,沿着从右到左的方向发生变化;

(6) 以上边界为基准,沿着从上到下的方向发生变化;

(7) 以下边界为基准,沿着从下到上的方向发生变化。

3-5 位置动画链接——大小变化

图 3-12 大小变化设置

改变图形对象大小的方法有 2 种,一是按比例整体缩小或放大,称为缩放方式;二是按比例整体剪切,显示图形对象的一部分,称为剪切方式。2 种方式都以图形对象的实际大小为基准。

如图 3-12 所示,当表达式 Data10 的值小于等于 0 时,最小变化百分比设为 0,即图形对象的大小为初始大小的 0%,此时,图形对象实际上是不可见的;当表达式 Data10 的值大于等于 100 时,最大变化百分比设为 100%,则图形对象的大小与初始大小相同。不管表达式的值如何变化,图形对象的大小都在最小变化百分比与最大变化百分比之间变化。

在缩放方式下,是通过对图形对象按比例整体缩小或放大来实现大小变化的。当图形对象的变化百分比大于 100% 时,图形对象的实际大小是初始状态放大的结果;当变化百分比小于 100% 时,图形对象的实际大小是初始状态缩小的结果。

在剪切方式下,不改变图形对象的实际大小,只按设定的比例对图形对象进行剪切处理,显示整体的一部分。例如,模拟容器充填物料的动态过程,其具体步骤是:制作 2 个同样的图形对象,完全重叠在一起,使其看起来像 1 个图形对象;将前后 2 层的图形对象设置为不同的背景颜色;定义前一层图形对象的大小变化动画链接,变化方式设为剪切方式。实际运行时,前一层图形对象的大小按剪切方式发生变化,只显示一部分,而另一部分显示的是后一层图形对象的背景颜色,前后层图形对象构成一个整体,看起来如同一个容器内物料慢慢填充,实现逼真的动画效果。

"小区自动门组态设计"任务书

一、任务计划

根据利用 MCGS 嵌入版组态软件创建小区自动门动画工程所需的教具耗材、技能知识及工程实施过程制订工作计划。

引导问题1:观看小区自动门运行过程,思考所用到的图元包括哪些部分,如何添加?

引导问题2:所需教具耗材包括哪些?

引导问题3:根据工程控制要求,需要建立哪些数据对象,对象类型是什么?

引导问题4:参考相关知识,本任务需要添加哪些动画技能点?

二、任务实施

任务二效果如图 3-11 所示。

(一)建立工程项目

工程名称为"小区自动门"。建立一个用户窗口,窗口名称为"开机画面"和"小区自动门",并把"开机画面"窗口设置为启动窗口。

(二)制作图形界面

在"用户窗口"选项卡中,双击"开机画面"图标,打开用户窗口。为了使组态画面更美观,在组态画面之前先定好整个画面的风格及色调,以便在组态时更好地设置其他构件的颜色。首先设置窗口背景。

1. 开机画面窗口图形绘制

(1) 在开机画面窗口中添加一个背景"位图",在窗口右下方状态栏中,设置位图的坐标为"(0,0)大小为 800 * 480"(图 3-13)。

引导问题5:准备好背景图片,如何进行位图装载,并且将装载后的图片置于最底层?

(2) 利用"标签"**A**构件,写入文字"小区自动门运行监控系统",调整大小及位置。

(3) 在窗口中绘制进度条。利用工具箱的"圆角矩形"绘制一长圆角矩形,双击此图形,在"动态属性设置"对话框中,设置填充颜色为没有填充,边线颜色为绿色。再利用"圆角矩形"绘制一长圆角矩形,在"动态属性设置"对话框中,设置填充颜色为绿色,大小调整到正好能添加到无填充的圆角矩形中的百分比(图 3-14)。

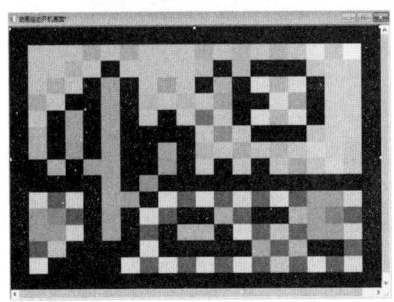

图 3-13　添加位图及大小设置

图 3-14　进度条图形大小位置设置

2. 小区自动门窗口图形绘制

(1) 添加1个"标签"构件。利用工具栏"标签"A构件,写入文字"小区自动门控制系统",调整大小及位置。

(2) 添加"矩形"墙壁图形。利用工具箱中的"矩形"工具,画出大门两侧的墙壁,并双击图形,在"静态属性"一栏中选择适合的填充颜色,并调整大小位置(图3-15)。

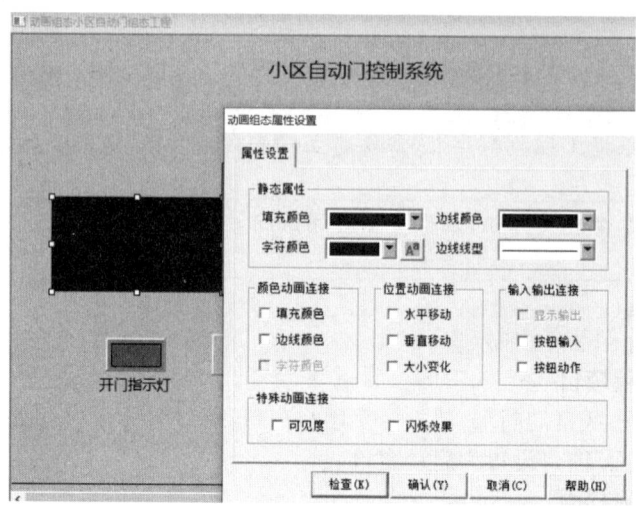

图 3-15　图形填充颜色

(3) 添加自动门图形。利用工具箱中的"矩形""直线"和"椭圆"构件,绘制自动门的组成图形。

引导问题6:选中全部大门组成图形,右键单击选择"排列"→"＿＿＿＿＿＿＿",使组成大门的图素组合成一体(图3-16),调整合适大小。

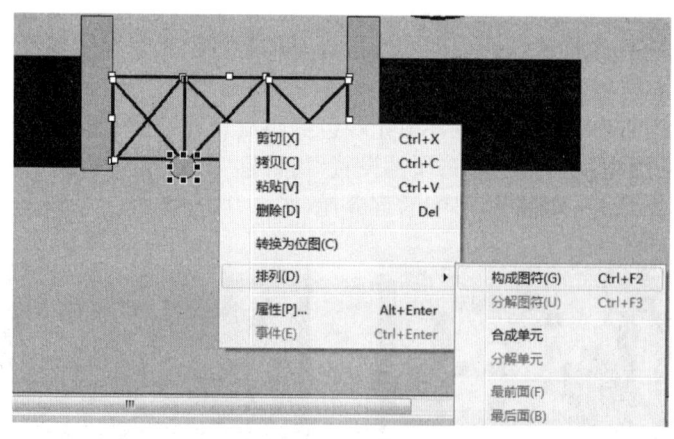

图 3-16　大门构成图符

(4) 添加"按钮"构件。利用工具箱中的"标准按钮"构件,在画面上添加"开门""停止""关门"按钮;可以使用MCGS嵌入版中的"编辑条"工具,使按钮达到"左对齐""右对齐""上对齐""下对齐""中心对中""横向等间距""纵向等间距"等效果。

（5）添加"指示灯"构件。利用工具箱中的"插入元件"构件,在画面上添加"报警灯""开门指示灯""关门指示灯"。利用工具箱"标签"A 构件,添加指示灯说明文字(图 3-17)。

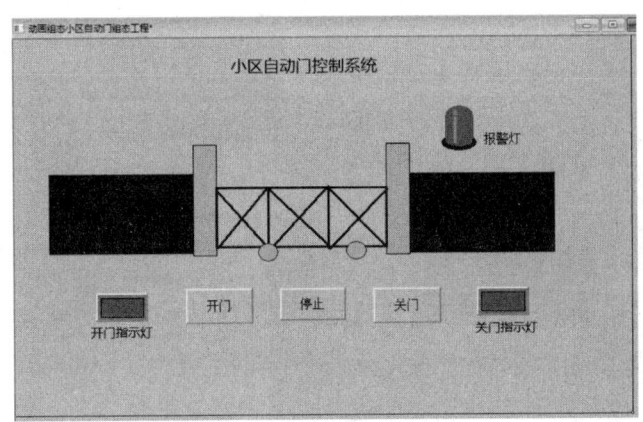

图 3-17 小区自动门图形界面

(三) 定义数据对象

在工作台的"实时数据库"选项卡中,单击"新增对象"按钮,根据任务要求添加数据对象。表 3-4 为一种建立的数据对象库变量,大家可以参考。本任务开机画面进度条 6 秒缩放演示采用定时器控制实现,见表 3-5。

引导问题 7:同学们认为需要建立哪些数据对象? 请在表 3-4、表 3-5 中修改、补全,并写出数据类型。

表 3-4 系统变量分配表

变量名	类型	注释
开门按钮		
关门按钮		
大门缩放		
关门指示灯		
开门指示灯		
报警灯		

表 3-5 定时器相关变量

变量名	类型	注释
当前时间		
定时器启动		
定时器复位		
时间到		

（四）建立动画链接

1. 开机画面进度条动画链接

双击开机画面窗口中绿色的长圆角矩形，在"动画组态属性设置"对话框中，勾选"位置动画连接"栏中的"大小变化"，则出现"大小变化"选项卡（图3-18）。

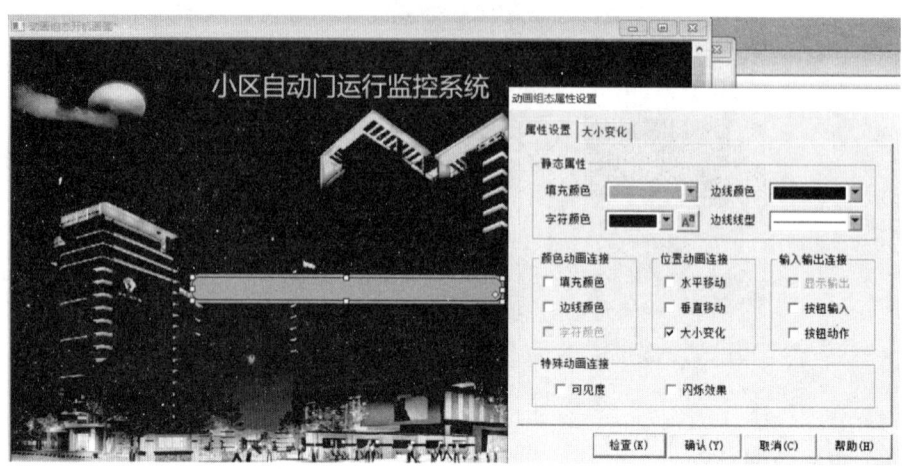

图3-18　选择大小变化动画链接

进度条大小变化由定时器当前值控制，时间是6秒，打开"大小变化"选项卡。

引导问题8：表达式处单击"?"选择_____变量，最小变化百分比对应表达式的值为"0"，则最大变化百分比对应表达式的值为_____。变化方向向右，变化方式为"缩放"（图3-19）。

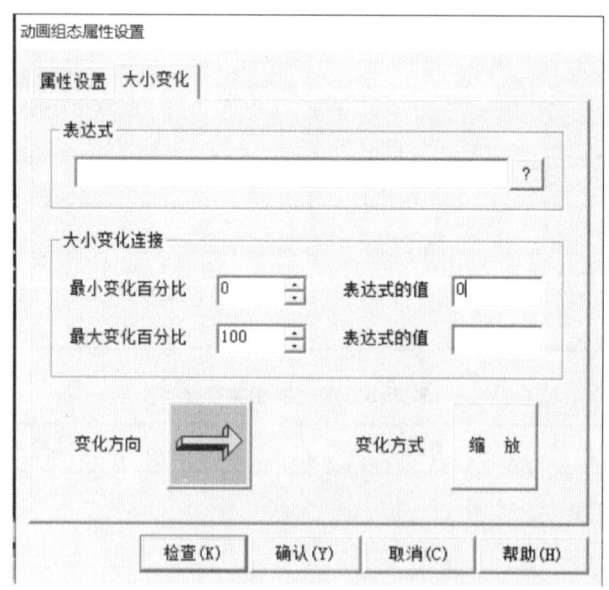

图3-19　大小变化动画链接

2. 自动门的动画链接

双击自动门图形,系统弹出"动画组态属性设置"对话框,选中"位置动画连接"栏中的"大小变化"(图3-20);在"大小变化"选项卡中,在"表达式"栏中选择"大门缩放"变量,在"大小变化连接"栏中左侧百分比是0~100%,对应表达式值是0~100;变化方向选择向右(也可以选择向左),其余默认不变(图3-21)。

引导问题9:在"大小变化连接"栏中,左侧百分比是0~100%,对应表达式值是0~100;此处是否可以把对应的表达式值改为"0~200"?

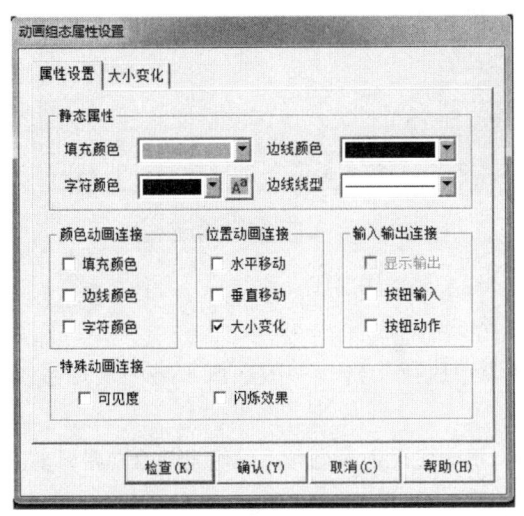

图3-20　大小变化动画链接　　　　图3-21　缩放动画变量设置

3. "按钮"的动画链接

"开门""关门""停止"按钮动画设置。分别双击"开门""关门""停止"按钮,系统弹出"标准按钮构件属性设置"对话框,在"操作属性"选项卡中,勾选"数据对象值操作"。

引导问题10:"开门"和"关门"按钮之间可以直接切换,"开门"按钮按下时关门按钮复位,抬起时再置位"开门"按钮,所以在"开门""关门"按钮"操作属性"选项卡中,勾选"数据对象值操作",在"按下功能"选项卡中,对此数据变量如何操作?选择哪一个数据变量?在"抬起功能"选项卡中,对此数据变量如何操作?选择哪一个数据变量?

引导问题11:双击"停止"按钮,在脚本程序选项卡中,"按下脚本"输入脚本程序。

4. 报警灯、开门、关门指示灯的动画链接

双击报警灯图符,系统弹出"单元属性设置"对话框,在"数据对象连接"选项卡中,单

击"?"选择"报警灯",其余默认即可(图 3-22),单击"确认"按钮完成。开门指示灯、关门指示灯动画链接方式相同(图 3-23)。

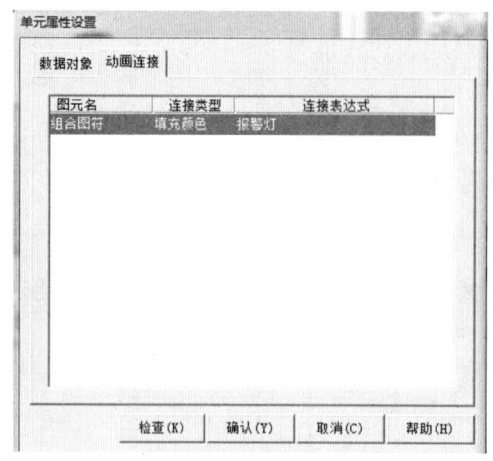

图 3-22　报警灯动画链接　　　　　图 3-23　关门指示灯动画链接

(五) 脚本编程编写

1. 启动策略脚本编写

在 MCGS 嵌入版运行时,首先由系统自动调用执行 1 次。一般在该策略中实现系统初始化功能。此启动策略脚本用于启动定时器。

引导问题 12:双击"启动策略",输入脚本程序,用于实现进入运行系统时自动启动定时器。

---

2. 将"定时器"添加到策略行

进入"运行策略"页,选中"循环策略",单击右侧的"策略属性"按钮,系统弹出"策略属性设置"对话框,在"定时循环执行,循环时间"栏中填入 100,单击"确认"按钮。单击工具栏的"新增策略行" 按钮,在循环策略窗口出现一条新策略。在"策略工具箱"中选中"定时器",单击新增策略行末端的方块,定时器被添加到该策略。

在定时器下增加 2 行新策略,选中"策略工具箱"中的"脚本程序",单击新增策略行末端的方块,脚本程序被添加到该策略(图 3-24)。双击"脚本程序"策略行末端的方块,出现脚本程序编辑窗口。

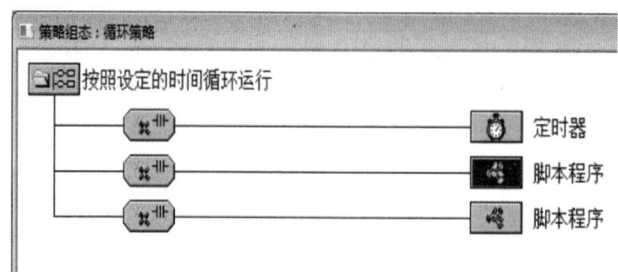

图 3-24　循环策略中添加策略行

3. 定时器基本属性设置

在"策略组态：循环策略"对话框中，双击新增策略行末端的定时器方块，出现定时器属性设置（图3-25）。

引导问题13：根据情景描述，在定时器策略构件中，链接计时器的"设定值""当前值""计时条件""复位条件"和"计时状态"数据变量分别是什么？

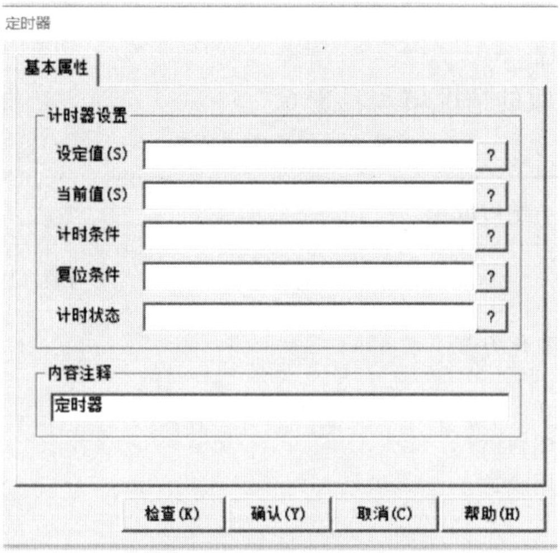

___

图 3-25 定时器属性设置

4. 循环脚本1

编写脚本程序实现定时时间到，从"开机画面"窗口自动切换到"小区自动门"窗口。双击第一个"脚本程序"策略行末端的方块，出现脚本程序编辑窗口。输入如下脚本程序：

IF 时间到 = 1 THEN
定时器启动 = 0
定时器复位 = 1
小区自动门.OPEN( )
ENDIF

5. 循环脚本2

引导问题14：编写脚本程序实现"小区自动门"窗口中开门、关门和指示灯的动画效果。双击第2个"脚本程序"策略行末端的方块，出现脚本程序编辑窗口，输入脚本程序。

___

单击"确认"按钮完成脚本程序编写。

(六)调试运行

保存工程。将"开机画面"窗口设置为启动窗口,单击组态环境窗口工具条中的"进入运行环境"按钮或按下键盘上的"F5"键,将工程下载后,开机画面进度条 6 秒运行满进度后,自动跳转到小区自动门窗口。按下"关门"按钮,大门开始关闭,并且关门指示灯点亮,报警灯闪烁;按下"开门"按钮,大门开始打开,并且开门指示灯点亮,报警灯闪烁。开门和关门按钮可以直接切换。按下"停止"按钮,大门停在当前状态。仿真运行画面如图 3-11 所示。

三、质量检查及验收

请将质量检查及验收的情况填入表 3-6。

表 3-6 检查对比表

学习成果		评分表		
巩固学习内容	总结与订正	小组自评	学生自评	教师评分
在大小变化动画链接中,变化方式缩放与剪切有何区别?				
满足条件后自动打开某个用户窗口的语句是什么?可以使用函数实现吗?				
对于容器液位上升动画效果的制作选用大小变化动画链接的缩放还是剪切变化方式?自行设计试一试				
学到的技能点				
出错的地方				

【知识链接】请扫码查看完成任务二小区自动门组态设计的知识锦囊。

3-6 小区自动门组态设计

项目三　楼宇灯光控制工程组态

【边学边练】

按钮控制彩灯左右循环移位动画工程设计(图 3-26)。

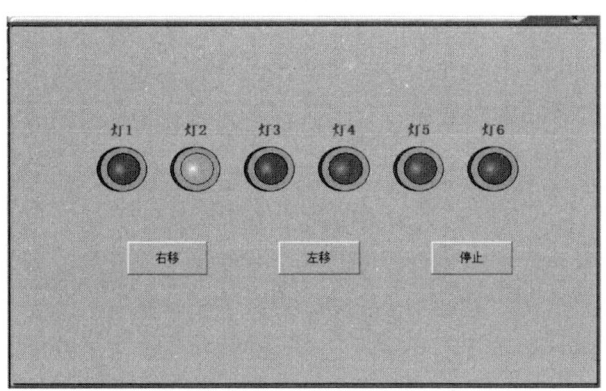

图 3-26　按钮控制彩灯左右循环移位动画效果图

3-7　按钮控制彩灯左右循环移位动画工程设计演示视频

项目四

机电设备控制工程组态

 教学目标

知识目标

1. 掌握组态策略内容和常用构件的使用方法；
2. 掌握水平移动、垂直移动、可见度等动画链接的联合使用；
3. 掌握运行策略构件定时器的设置方法；
4. 掌握运行策略与脚本程序的编程方法。

能力目标

1. 能够运用水平移动、垂直移动、可见度等动画链接完成一个复杂动画工程；
2. 能够运用运行策略构件定时器实现工程定时控制；
3. 能够使用运行策略编写脚本语言程序控制工程运行流程；
4. 能够完成 MCGSTPC 嵌入式触摸屏与 PLC 设备通信接线；
5. 能够按照操作步骤进行组态工程设计并正确下载到触摸屏。

素质目标

1. 培养学生在生活中发现问题、独立设计、解决问题的能力；
2. 培养学生的交往沟通能力和团队合作精神；
3. 培养学生努力学习、积极进取的学习精神；
4. 培养学生遵守劳动纪律及操作规程,增强环保和安全意识；
5. 培养学生努力钻研、克服困难、解决问题的毅力；
6. 培养学生精益、专注、创新的工匠素养；
7. 培养学生在工程设计中规范操作、严谨细致的良好职业作风。

项目背景

我国的机电设备正朝着信息化、集成化、智能化的方向发展，呈现出多功能、高效率、节能环保等特点，高新技术将会是机电行业的新一轮主导力量。小到玩具，大到机器人，机电一体化产品几乎已经涉及社会的各个方面，给人们的生产生活带来了极大便利。面向国家需求、面向人民生命健康，我们要守正创新，科技自立自强，提升我国在全球机电产业链的地位。

任务一　送料小车自动往返组态设计

一、情境描述

某开发小组接到任务，通过 MCGS 嵌入版组态软件和触摸屏模拟送料小车两点自动往返的运行过程。小车上有一个圆形料件，按下"启动"按钮，小车从 A 点出发前进，到 B 点后卸下圆形料件，并在 B 点等待 5 秒，同时 B 点指示灯点亮；然后，小车空车返回 A 点，同时 A 点指示灯点亮，在 A 点等待 5 秒后循环此过程。按下"停止"按钮，小车返回原点位置。任务效果图如图 4-1 所示。通过本任务的学习，学生可以掌握水平移动、垂直移动、可见度等动画链接以及定时器策略构件的联合使用方法，能使用 MCGS 嵌入版运行策略构件定时器和脚本程序进行系统设计。为了满足控制要求，需要使用运行策略中的脚本程序和定时器构件编程。需要说明的是，本项目中的任务都只是利用组态软件模拟监控系统运行，故并不需要硬件支持。

4-1　送料小车自动往返组态设计演示视频

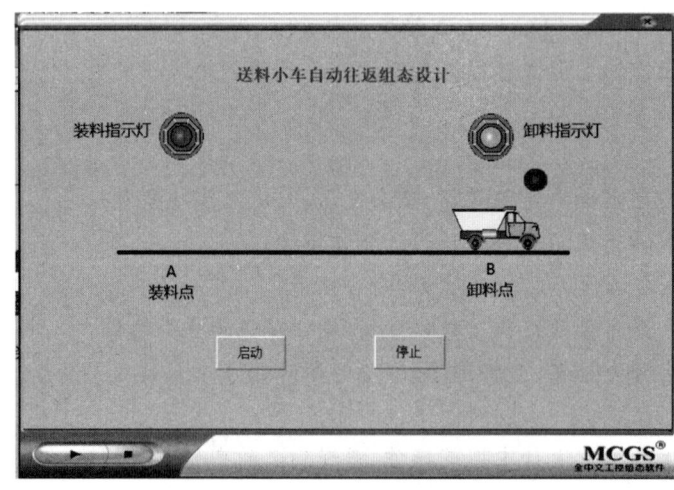

图 4-1　送料小车自动往返任务效果图

二、相关知识

相关知识点参见项目二、项目三的相关知识。

"送料小车自动往返组态设计"任务书

一、任务计划

根据利用 MCGS 嵌入版组态软件创建送料小车自动往返工程所需的教具耗材、技能知识及工程实施过程制订工作计划。

引导问题1:观看送料小车两点往返工作过程,思考所用到的图元包括哪些部分,如何添加?

___

引导问题2:所需教具耗材包括哪些?

___

引导问题3:根据工程控制要求,需要建立哪些数据对象,对象类型是什么?

___

引导问题4:参考相关知识,本任务需要添加哪些动画技能点?

___

二、任务实施

任务一效果如图 4-1 所示。

(一) 建立工程项目

工程名称为"送料小车自动往返"。建立一个用户窗口,窗口名称为"送料小车自动往返"。

(二) 制作图形界面

(1) 利用"标签"**A**构件,写入文字"送料小车自动往返监控系统",然后选中该字,设置字体颜色为蓝色、字体为宋体、字形为粗体、大小为三号,移动到合适位置。

(2) 利用"直线"工具绘制小车行进路线,边线线型选择粗一些。

(3) 利用"标签"**A**构件,在路线两端写出"A 装料点"和"B 装料点"。

(4) 添加 A 点装料、B 点卸料的指示灯构件。利用工具箱中的"插入元件"构件,在画面上添加"指示灯",并利用工具箱中的"标签"**A**构件,添加指示灯说明文字"装料指示灯""卸料指示灯"。

(5) 运料小车图符添加。

引导问题5:在工具箱_____构件中添加运料小车,需要添加_____个运料小车?小车放置的位置在_____,车头是同向还是对向?调整小车大小及位置。

___

(6) 小车货物图形添加。

引导问题6:在工具箱_____构件中添加物料三维图形,物料放置的位置是_____(图 4-2)。

(7) 利用"标准按钮"构件绘制按钮,并设置按钮基本属性"文本"为"启动""停止",调整大小及位置。

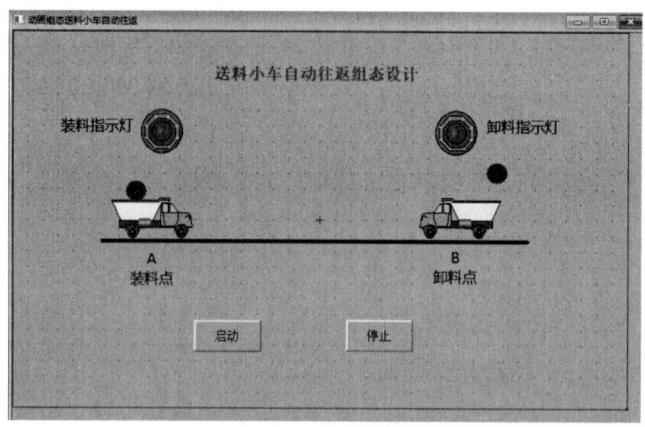

图 4-2　选择可见度

(三) 定义数据对象

在工作台的"实时数据库"选项卡中,单击"新增对象"按钮,根据任务要求添加数据对象。表 4-1 为一种建立的数据对象库变量,大家可以参考。本任务小车定点等待动作采用定时器控制实现,根据任务要求添加相关变量(表 4-2)。

引导问题 7:同学们认为需要建立哪些数据对象?请在表 4-1、表 4-2 中修改、补全,并写出数据类型。

表 4-1　系统变量分配表

变量名	类型	注释
启动		
水平移动 1		
水平移动 2		
指示灯 A		
指示灯 B		
返回移动标志		

表 4-2　定时器相关变量

变量名	类型	注释

(四) 建立动画链接

1. 指示灯动画链接

双击指示灯 A,系统弹出"单元属性设置"对话框,在"数据对象"选项卡中,单击"?"选择表达式变量"指示灯 A",单击"确认"按钮完成。

按照同样的方法,完成指示灯 B 的动画链接。

2. "启动"按钮动画链接

根据任务情境描述,双击窗口中"启动"按钮,系统弹出"标准按钮构件属性设置"对话框,进入"操作属性"选项卡。

引导问题 8:在"抬起功能"处,勾选"数据操作对象",单击"▼"选择"_____",单击"?"从数据中心选择"_____";完成"启动"按钮的动画链接。

3. 运料小车动画链接

双击 A 点处的小车,系统弹出单元属性设置对话框,在"动画连接"选项卡中,选中下面文字行,单击右侧" > ",并勾选"可见度"(图 4-3)。

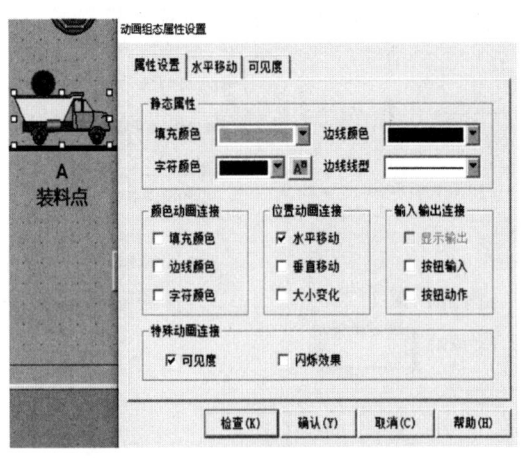

图 4-3　小车的动画组态属性设置

小车从 A 点水平向右移动到 B 点(向右移动方向为"+"),单击"水平移动"选项卡,在弹出的对话框中设置小车的水平移动链接:单击"?"选择表达式的链接变量"水平移动",设置"最小移动偏移量""最大移动偏移量""表达式的值""表达式的值"(图 4-4)。

单击"可见度"选项卡,在弹出的"变量选择"对话框中,选择"从数据中心选择|自定义"。选择事先已经建立的数据"移动标志 1",当表达式非零时选择"对应图符不可见"。单击"确认"按钮,完成 A 点小车的可见度表达式数据链接(图 4-5)。

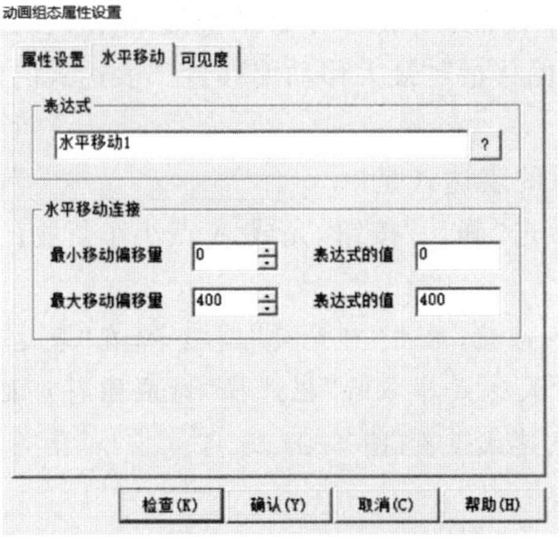

图 4-4　A 点小车水平移动设置 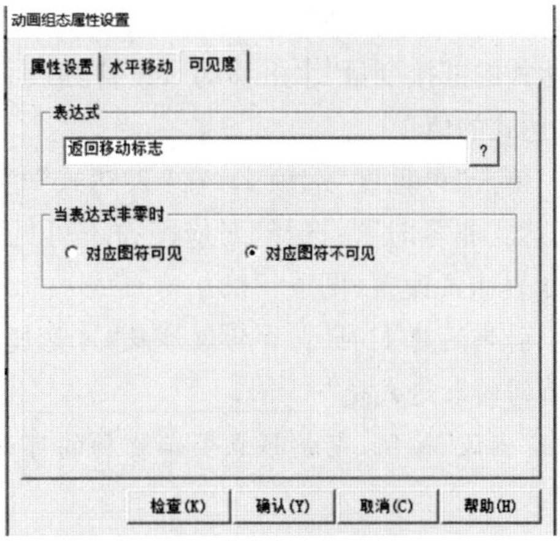　　　　图 4-5　A 点小车可见度表达式设置

双击 B 点处的小车,在弹出的单元属性设置对话框中选择"动画连接"选项卡,选中下面文字行,单击右侧" > ",并勾选"可见度"。

引导问题 9:小车从 B 点水平向左移动到 A 点(向左移动,方向为"—"),单击"水平移动"选项卡,在弹出的对话框中设置小车的水平移动链接:单击"?"选择表达式的链接变量"水平移动",设置"最小移动偏移量"为 0、"最大移动偏移量"为_____、"表达式的值"(上方)为 0、"表达式的值"(下方)为_____(图 4-6)。

单击"可见度"选项卡,在弹出的"变量选择"对话框中,选择"从数据中心选择|自定义"。选择事先已经建立的数据"返回移动标志",在"表达式非零时"栏选择"对应图符可见"。单击"确认"按钮,完成 B 点小车的可见度表达式数据链接(图 4-7)。

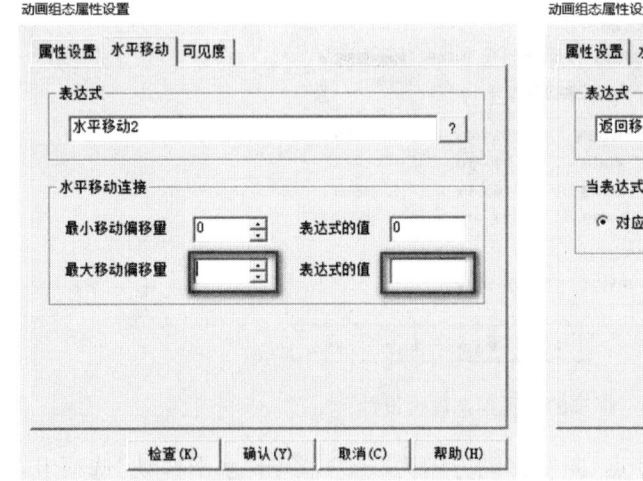 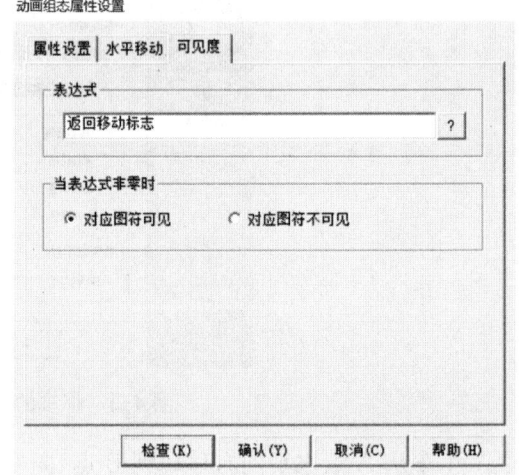

图 4-6　B 点小车水平移动设置　　　　图 4-7　B 点小车可见度表达式设置

4. 小车货物动画链接

双击 A 点处小车上的货物,系统弹出"动画组态属性设置"对话框,勾选"水平移动"和"可见度"。

引导问题 10:如何使 A 点货物与小车同步从 A 点水平向右移动到 B 点?

单击"水平移动"选项卡,在弹出的对话框中设置小车的水平移动链接:单击"?"选择表达式的链接变量"水平移动",设置"最小移动偏移量""最大移动偏移量""表达式的值""表达式的值"。

单击"可见度"选项卡,在"表达式"栏填写的表达式是"_____",在"表达式非零时"栏选择"对应图符不可见"。单击"确认"按钮,完成 A 点小车货物的可见度表达式设置(图 4-8)。

引导问题 11:B 点货物仅涉及"可见度"动画链接,单击"可见度"选项卡,在"表达式"栏填写的表达式是"_____",在"表达式非零时"栏选择"对应图符可见"。单击"确认"按钮,完成 B 点小车货物的可见度表达式设置(图 4-9)。

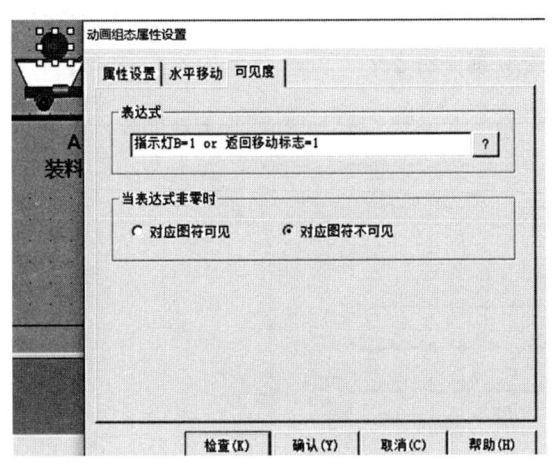
图 4-8　A 点货物可见度表达式设置

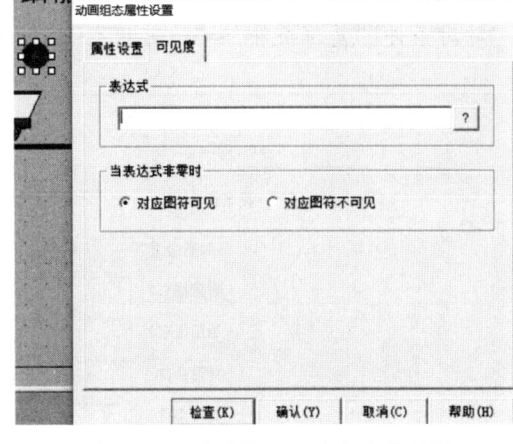
图 4-9　B 点货物可见度表达式设置

(五) 脚本程序编写

1. 将"定时器"添加到策略行

进入"运行策略"页,选中"循环策略",单击右侧的"策略属性"按钮,系统弹出"策略属性设置"对话框,在"定时循环执行,循环时间"栏中填入 100(图 4-10),单击"确认"按钮。单击工具栏中的"新增策略行"按钮,在循环策略窗口出现一条新策略。在"策略工具箱"中选中"定时器",鼠标光标变为小手形状。单击新增策略行末端的方块,定时器被添加到该策略。

在定时器下增加一行新策略;选中"策略工具箱"中的"脚本程序",鼠标光标变为小手形状。单击新增策略行末端的小方块,脚本程序被添加到该策略(图 4-11)。

图 4-10　循环策略循环时间设置

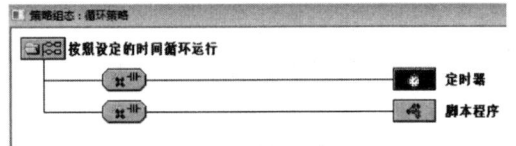
图 4-11　循环策略中添加策略行

2. 定时器基本属性设置

属性设置的目的是使定时器和相关的变量建立联系,实现它应具有的启动、计时、状态报告等功能。在"策略组态:循环策略"对话框中,双击新增策略行末端的定时器方块,出现定时器属性设置(图 4-12)。

引导问题 12:根据情景描述,在定时器策略构件中,连接计时器的"设定值""当前值""计时条件""复位条件"和"计时状态"数据变量分别是什么?

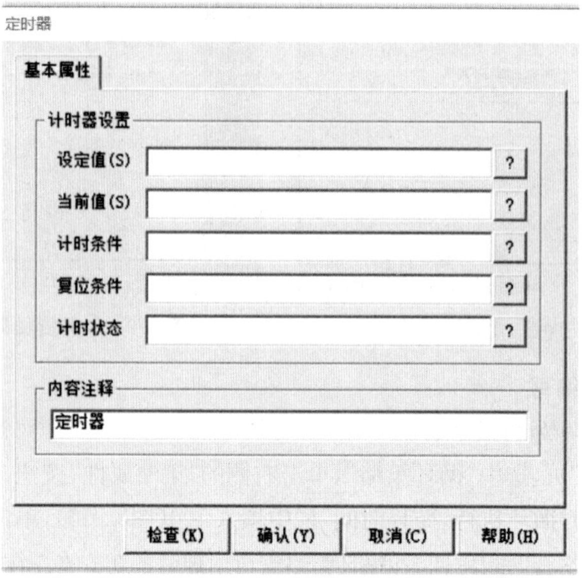

图 4-12 定时器属性设置

3. 循环脚本

双击"脚本程序"策略行末端的方块,出现脚本程序编辑窗口,输入如下所示的程序:
IF 启动 = 1   THEN 水平移动 1 = 水平移动 1 + 5
    IF 水平移动 1 = 400   THEN
    指示灯 B = 1
    启动 = 0
    定时器启动 = 1
    定时器复位 = 0
    IF 时间到 = 1 THEN
        指示灯 B = 0
        返回移动标志 = 1
        定时器启动 = 0
        定时器复位 = 1
        水平移动 1 = 0
    ENDIF
ENDIF
IF 返回移动标志 = 1 THEN   水平移动 2 = 水平移动 2 + 5
    IF 水平移动 2 = 400 THEN
    指示灯 A = 1

```
            返回移动标志 = 0
            定时器启动 = 1
            定时器复位 = 0
            IF 时间到 = 1 THEN
                指示灯 A = 0
                启动 = 1
                定时器启动 = 0
                定时器复位 = 1
    ENDIF
        ENDIF
```

单击"确认"按钮完成"循环脚本"编写。

（六）调试运行

保存工程。将"送料小车自动往返"窗口设置为启动窗口，单击组态环境窗口工具条中的"进入运行环境" 按钮或按下键盘上的"F5"键，将工程下载后，仿真运行画面如图 4-1 所示。

三、质量检查及验收

请将质量检查及验收的情况填入表 4-3。

表 4-3 检查对比表

学习成果		评分表		
巩固学习内容	总结与订正	小组自评	学生自评	教师评分
策略构件定时器在一个工程中可以多次启用吗？				
多个定时器构件在一个工程中可以联合使用吗？				
掌握定时器策略构件与其他的动画连接的综合运用				
学到的技能点				
出错的地方				

【知识链接】 请扫码查看完成任务一送料小车自动往返组态设计的知识锦囊。

4-2 送料小车自动往返组态设计

任务二 机械手组态设计

一、情境描述

某开发小组接到任务,要求利用 MCGS 嵌入版组态软件仿真机械手组态运行的动画工程。要求按下"启动"按钮后,机械手下移 5 秒→夹紧 2 秒→上升 5 秒→右移 10 秒→下移 5 秒→放松 2 秒→上升 5 秒→左移 10 秒,最后回到原始位置,自动循环。按下"复位"按钮,机械手在完成本次操作后回到原始位置,然后停止。通过此任务的学习,学生可掌握水平移动、垂直移动、大小变化、可见度等动画效果的联合使用,掌握画面命令语言在工程中的运用。为了满足控制要求,需要使用脚本程序编程。任务效果图如图 4-13 所示。需要说明的是,本项目中的任务都只是利用组态软件模拟监控系统运行,故并不需要硬件支持。

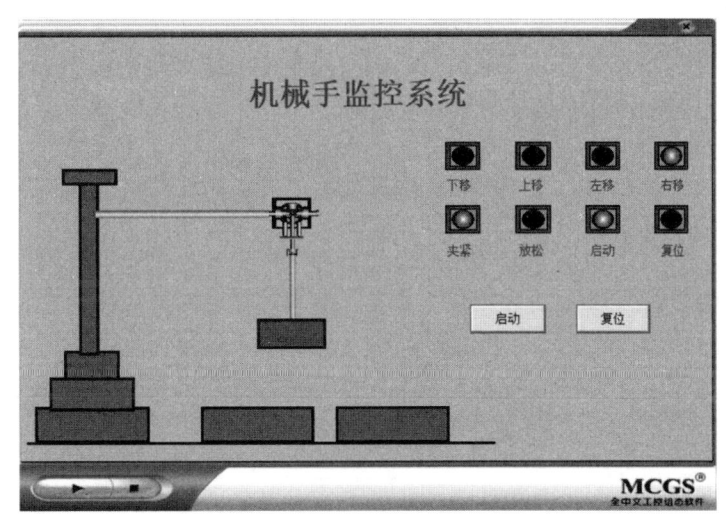

图 4-13 机械手监控系统任务效果图

4-3 机械手组态设计演示视频

二、相关知识

相关知识点参见项目二、项目三的相关知识。

"机械手组态设计"任务书

一、任务计划

根据利用 MCGS 嵌入版组态软件创建机械手运行动画工程所需的教具耗材、技能知识及工程实施过程制订工作计划。

引导问题1:观看机械手运行过程,思考所用到的图元包括哪些部分,如何添加?

_____

引导问题2:所需教具耗材包括哪些?

_____

引导问题3:根据工程控制要求,需要建立哪些数据对象,对象类型是什么?

_____

引导问题4:参考相关知识,本任务需要添加哪些动画技能点?

_____

二、任务实施

任务二效果如图 4-13 所示。

(一)建立工程项目

工程名称为"机械手"。建立一个用户窗口,窗口名称为"机械手"。

(二)制作图形界面

(1)添加"机械手监控系统"文字标题。单击工具箱中的"标签"**A**构件,在画面上输入文字,在属性设置选项卡中,选择填充颜色为没有填充,边线颜色为没有边线,字符颜色为蓝色,设置文字字体为宋体、粗体、小一。

(2)添加"地平线"图形。单击绘图工具箱中的"直线"按钮,在窗口适当位置,按住鼠标左键画出一条一定长度的直线。双击该直线,系统弹出属性设置对话框,在"静态属性"选项卡中,选择边线颜色为黑色,在"边线线型"中,选择合适的线型。调整线的位置、长短和方向,可通过"Shift"键和"↑、↓、←、→"键一起来调整。

(3)添加工件外围轮廓矩形。单击绘图工具箱中的"矩形"□按钮,添加矩形。依次画出 9 个矩形,并参考图 4-14 所示,调整矩形的大小和摆放位置。设置 7 个矩形的填充颜色为蓝色,2 个矩形的填充颜色为红色。

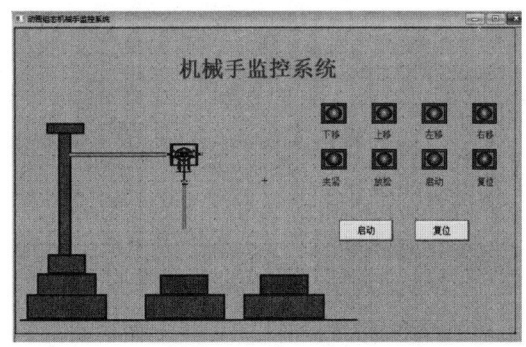

图 4-14 机械手运行组态工程画面

(4) 添加机械手图元构件。单击绘图工具箱中的"插入元件"图标,系统弹出"对象元件管理"对话框,在左侧的"对象元件列表"中,选择"其他→机械手"(图 4-15),单击"确定"按钮。选中机械手后,单击 ![按钮] 按钮,使机械手旋转到合适的角度,再调整到合适的大小和位置。

(5) 添加机械手左侧和下方的长杆图元构件。利用"插入元件"工具,选择"管道"元件库中的"管道 95"和"管道 96"(图 4-16),分别画出 2 个长杆,再调整其大小和位置。

(6) 添加指示灯构件。选用 MCCS 嵌入版元件库中提供的指示灯,这里选择"指示灯 2",并分别标注为启动、复位、上移、下移、左移、右移、夹紧、放松。

(7) 添加按钮构件。单击画图工具箱中的"标准按钮",添加 2 个按钮。调整其大小和位置,并将文本分别修改为"启动"和"复位"。

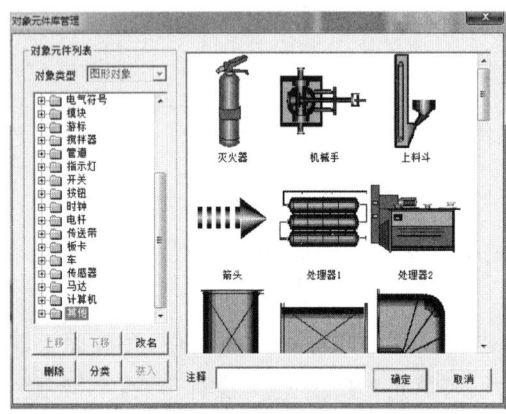

图 4-15　机械手构件选择

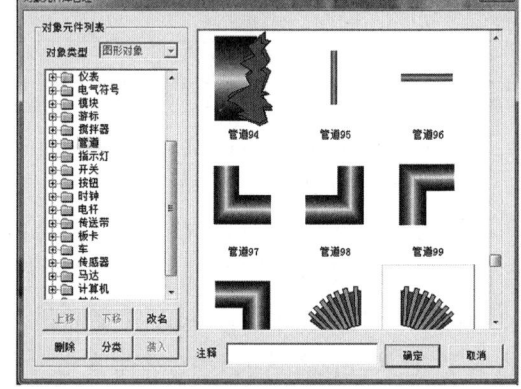

图 4-16　管道构件选择

(三) 定义数据对象

在工作台的"实时数据库"选项卡中,单击"新增对象"按钮,根据任务要求添加数据对象。表 4-4 为一种建立的数据对象库变量,大家可以参考。本任务开机画面进度条 6 秒演示采用定时器控制实现,见表 4-5。

引导问题 5:同学们认为需要建立哪些数据对象?请在表 4-4、表 4-5 中修改、补全,并写出数据类型。

表 4-4　系统变量分配表

变量名	类型	注释
启动		
复位		
上移		
下移		
右移		
左移		

(续表)

变量名	类型	注释
放松		
夹紧		
工件夹紧标志		
水平移动量		
垂直移动量		
大小变化量		

表 4-5　定时器相关变量

变量名	类型	注释
计时时间		
定时器启动		
定时器复位		
时间到		

（四）建立动画链接

1. 按钮的动画链接

双击"启动"按钮，系统弹出"标准按钮构件属性设置"对话框，在"操作属性"选项卡中，选择"抬起功能"，按照图 4-17 所示进行设置。用同样的方法建立"复位"按钮与对应变量之间的动画链接（图 4-18）。

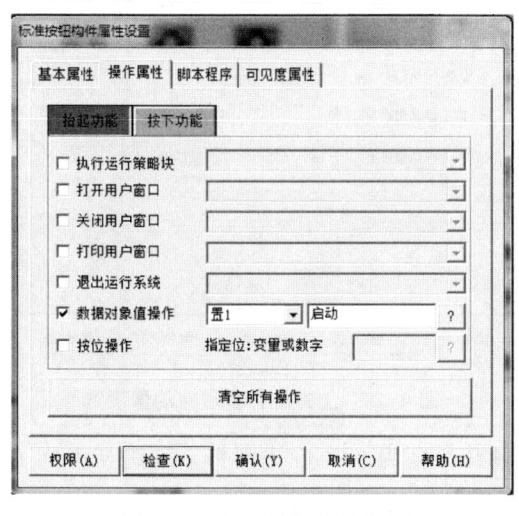

图 4-17　启动按钮属性设置　　图 4-18　复位按钮属性设置

2. 指示灯的动画链接

双击"启动"指示灯，系统弹出"单元属性设置"对话框，在"动画连接"选项卡中进行设置。单击上面的"三维圆球"→" > "按钮,系统弹出"动画组态属性设置"对话框,在"可见度"选项卡中,在"表达式"栏选择数据对象"启动"(也可在这一栏直接输入文字"启动"),在"当表达式非零时"栏选中"对应图符可见"(图 4-19)。同理,选中下面的三维圆球,设置方法完全相同。

按照同样的方法,依次对其他指示灯进行设置。

3. 机械手动画效果

(1) 垂直移动动画链接。单击"查看"菜单,选择"状态条",在屏幕下方出现状态条,状态条左侧文字代表当前操作状态,右侧显示被选中对象的位置坐标和大小。在上方灰色手爪底边与下面红色工件底边之间画出一条直线。根据状态条大小指示可知直线长度,图示案例中为 74 个像素。在机械手监控画面中选中并双击上面工件,系统弹出"动画组态属性设置"对话框,在"位置动画连接"栏选择"垂直移动",单击"垂直移动"选项卡,在"表达式"栏选择"垂直移动量"。在"垂直移动连接"栏填入各项参数(图 4-20)。各参数的意义是:当垂直移动量=0 时,向上移动距离=0;当垂直移动量=25 时,向下移动距离=74。单击"确认"按钮存盘,其中参数计算公式如下:

$$循环次数 = \frac{下移时间}{循环策略执行时间} = \frac{5 \text{ s}}{200 \text{ ms}} = 25 \text{ 次}$$

$$垂直移动量最大值 = 次数 \times 变化率 = 25 \times 1 = 25$$

注:变化率为每执行一次脚本程序垂直移动量的变化,本例中为加 1 或减 1。

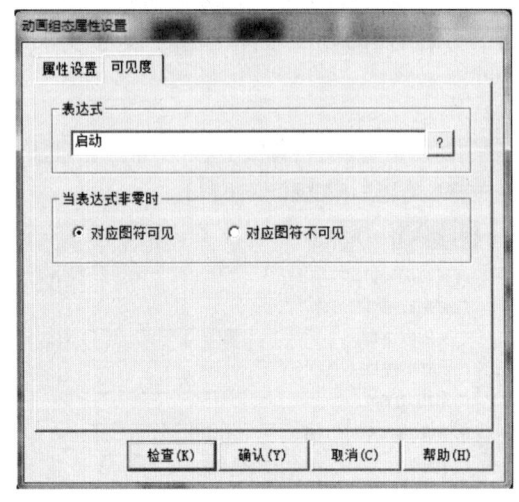

图 4-19 指示灯可见度设置

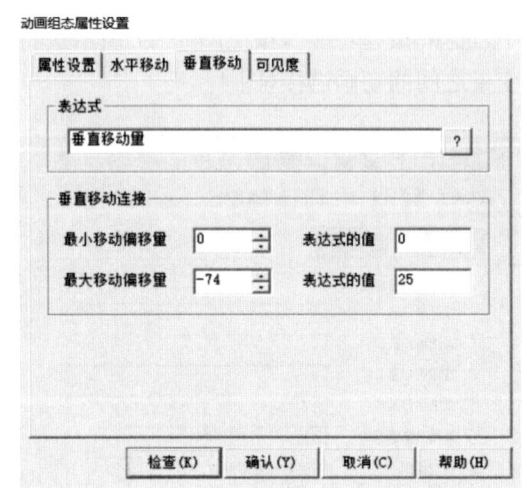

图 4-20 上方工件垂直移动量设置

(2) 垂直缩放动画链接。选中下滑杆,测量其长度为 68。在下滑杆上顶边与下面工件顶边之间画直线,测量其长度为 136。其中参数计算公式如下:

$$垂直缩放比例 = \frac{直线长度}{下滑杆长度} = \frac{136}{68} \times 100\% = 200\%$$

选中并双击下滑杆,系统弹出"动态组态属性设置"对话框,在"大小变化"选项卡中,选择变化方向为"向下",变化方式为"缩放",在"表达式"栏选择"大小变化量"(图4-21)。"大小变化连接"栏中各参数的意义是:当垂直移动量=0时,长度=初值的100%;大小变化量=25时,长度=初值的200%。

(3) 水平移动动画链接。在上面红色工件初始位置和水平移动目的地之间画一条直线。记下状态条大小指示,此参数即为总水平移动距离,本案例移动距离为150。其中,参数计算公式如下:

$$脚本程序执行次数=\frac{左移时间}{循环策略执行时间}=\frac{10 \text{ s}}{200 \text{ ms}}=50 \text{ 次}$$

$$水平移动量最大值=循环次数×变化率=50×1=50$$

当水平移动量=50时,水平移动距离为150,下滑杆水平移动设置如图4-22所示。参数设置的意义是:当水平移动量=0时,向右移动距离为0;当水平移动量=50时,向右移动距离为150。

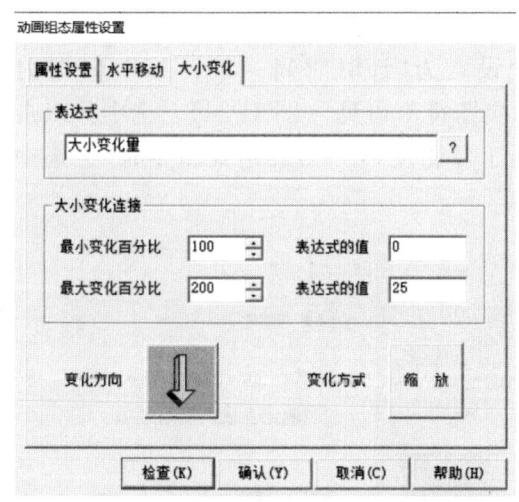
图4-21 下滑杆垂直大小变化设置

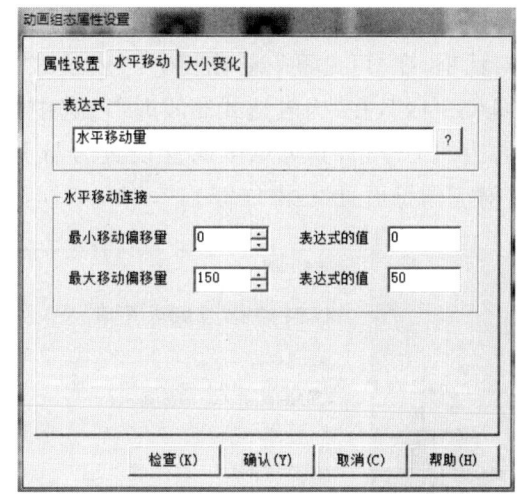
图4-22 下滑杆水平移动设置

同理,对下滑杆、机械手、上工件分别进行水平移动动画设置。

(4) 水平缩放动画链接。参考垂直缩放动画的设置过程,选中并双击左滑杆,系统弹出"动态组态属性设置"对话框,在"大小变化"选项卡中,选择变化方向为"向右",变化方式为"缩放"。左滑杆长为150,其他工件水平移动距离也为150。其中,参数计算公式如下:

$$水平缩放比例=\frac{左滑杆长度+工件右移距离}{左滑杆长度}=\frac{150+150}{150}×100\%=200\%$$

按图4-23所示填入各个参数,并注意变化方向和变化方式选择。当水平移动参数=0时,长度=初值的100%;当水平移动参数=50时,长度=初值的200%。单击"确认"按钮存盘。

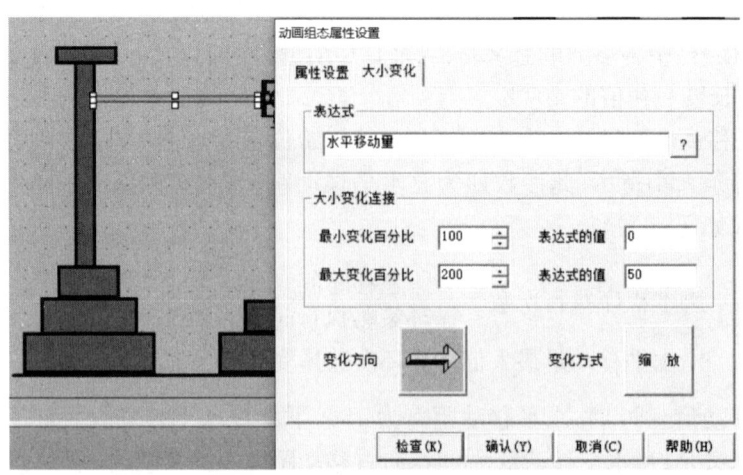

图 4-23 左滑杆水平向右缩放设置

（5）工件移动动画的实现。选中左边红色工件,系统弹出"动画组态属性设置"对话框,在"可见度"选项卡中,"表达式"处设置为"计时时间＞27 AND 计时时间＜＝44",在"当表达式非零时"栏选中"对应图符不可见"（图 4-24）。选中并双击右边的工件,将其可见度属性设置为与下面工件相反,在"当表达式非零时"栏选中"对应图符可见"（图 4-25）。

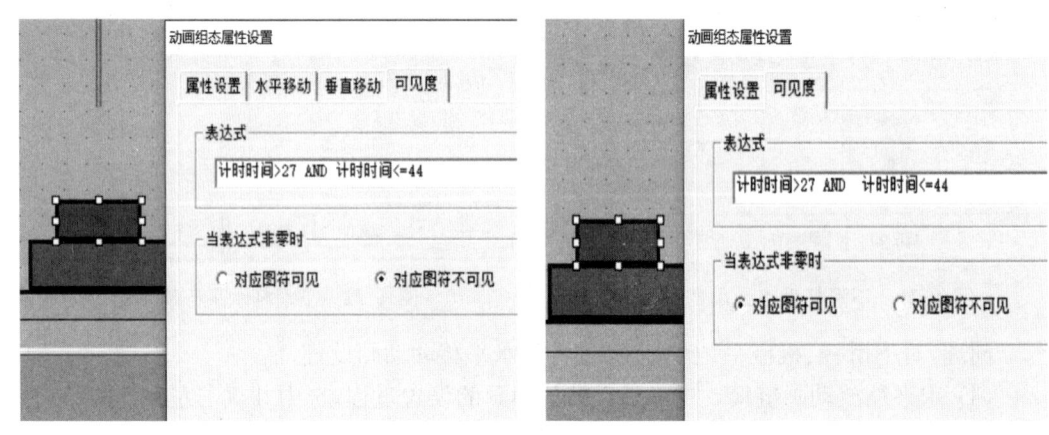

图 4-24 左边工件可见度设置　　　　图 4-25 右边工件可见度设置

（五）运行策略编程

在工作台选择运行策略→循环策略→策略属性→循环策略属性→定时循序执行,在"循环时间(ms)"栏设置为-200。此处的 200 必须与上面计算公式中的循环策略时间一致。在"运行策略"选项卡中,双击"循环策略",系统弹出"策略组态:循环策略"对话框,策略工具箱自动加载（如果未加载,右键单击"策略工具箱"命令）。在"策略组态:循环策略"对话框新增策略行,选中策略工具箱中的"脚本程序",将鼠标指针移动到策略块图标上,单击添加"脚本程序"构件。双击"脚本程序"策略块,进入"脚本程序"编辑窗口,在编辑区输入如下程序:

```
IF 下移 = 1   THEN
    大小变化量 = 大小变化量 + 1
ENDIF
IF 上移 = 1   THEN
    大小变化量 = 大小变化量 - 1
ENDIF
IF 下移 = 1 AND 工件夹紧标志 = 1 THEN
    垂直移动量 = 垂直移动量 - 1
ENDIF
IF 上移 = 1 AND 工件夹紧标志 = 1 THEN
    垂直移动量 = 垂直移动量 + 1
ENDIF
IF 右移 = 1 THEN
    水平移动量 = 水平移动量 + 1
ENDIF
IF 左移 = 1 THEN
    水平移动量 = 水平移动量 - 1
ENDIF
IF 启动 = 1 AND 复位 = 0 THEN
    定时器启动 = 1
    定时器复位 = 0
ENDIF
IF 启动 = 0   THEN
    复位 = 0
    定时器启动 = 0
ENDIF
IF 复位  AND 定时器复位 = 1 THEN
    启动 = 0
ENDIF
IF 定时器启动 = 1   THEN
IF 计时时间 > 0 AND 计时时间 <= 5 THEN
    放松 = 1
    下移 = 1
EXIT
ENDIF
IF 计时时间 > 5 AND 计时时间 <= 7 THEN
    放松 = 0
    夹紧 = 1
```

```
        下移 = 0
EXIT
ENDIF
IF 计时时间>7 AND 计时时间<=12 THEN
        上移 = 1
        工件夹紧标志 = 1
EXIT
ENDIF
IF 计时时间>12 AND 计时时间<=22  THEN
        右移 = 1
        上移 = 0
EXIT
ENDIF
IF 计时时间>22 AND  计时时间<=27 THEN
        下移 = 1
        右移 = 0
EXIT
ENDIF
IF 计时时间>27 AND  计时时间 <= 29 THEN
        夹紧 = 0
        下移 = 0
        放松 = 1
EXIT
ENDIF
IF 计时时间>29 AND 计时时间<=34 THEN
        上移 = 1
        工件夹紧标志 = 0
EXIT
ENDIF
IF 计时时间>34 AND 计时时间 <= 44 THEN
        上移 = 0
        左移 = 1
EXIT
ENDIF
IF 时间到=1 THEN
        左移 = 0
        定时器复位 = 1
        垂直移动量 = 0
```

　　　　水平移动量 = 0
　　　　大小变化量 = 0
EXIT
ENDIF
ENDIF

单击"确认"按钮完成脚本程序编写。

（六）调试运行

保存工程。将"机械手"窗口设置为启动窗口，单击组态环境窗口工具条中的"进入运行环境"  按钮或按下键盘上的"F5"键，将工程下载后，仿真运行画面如图 4-1 所示。

三、质量检查及验收

请将质量检查及验收的情况填入表 4-6。

表 4-6　检查对比表

学习成果		评分表		
巩固学习内容	总结与订正	小组自评	学生自评	教师评分
依据画面像素，分析计算机械手臂、货物移动的像素距离，并思考需要用到哪些动画链接？				
为保证机械手移动货物的生动逼真动画效果，应采用什么样的动画链接？				
机械手工程组态设计须注意的事项有哪些？				
学到的技能点				
出错的地方				

【知识链接】 请扫码查看完成任务二机械手组态设计的知识锦囊。

4-4　机械手组态设计

【边学边练】

送料小车三点自动往返动画工程设计(图 4-26)。

4-5 送料小车三点自动往返动画工程设计演示视频

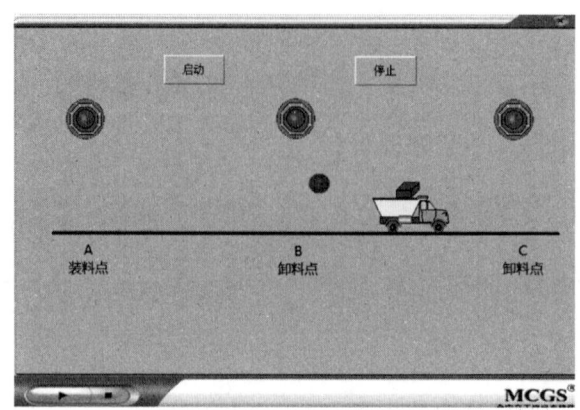

图 4-26 送料小车三点自动往返动画效果图

项目五

水位控制工程组态

 教学目标

知识目标

1. 掌握工具箱常用构件的使用方法;
2. 掌握工具箱流动块、滑动输入器、旋钮输入器的设置方法;
3. 掌握模拟设备的使用方法;
4. 掌握报警显示的设置方法;
5. 掌握报表显示及曲线显示的设置方法;
6. 掌握运行策略与脚本程序的编程方法。

能力目标

1. 能够运用流动块、滑动输入器、旋钮输入器、模拟设备等完成一个复杂动画工程仿真;
2. 能够运用报警显示实现数据对象报警限值显示输出;
3. 能够使用自由报表、历史报表、实时曲线和历史曲线构件实现报表显示和曲线呈现;
4. 能够使用运行策略编写脚本语言程序控制工程运行流程;
5. 能够完成 MCGSTPC 嵌入式触摸屏与 PLC 设备通信接线;
6. 能够按照操作步骤进行组态工程设计并正确下载到触摸屏。

素质目标

1. 培养学生在生活中发现问题、独立设计、解决问题的能力;
2. 培养学生的交往沟通能力和团队合作精神;
3. 培养学生努力学习、积极进取的学习精神;
4. 培养学生遵守劳动纪律及操作规程,增强环保和安全意识;
5. 培养学生努力钻研、克服困难、解决问题的毅力;
6. 培养学生精益、专注、创新的工匠素养;
7. 培养学生在工程设计中规范操作、严谨细致的良好职业作风。

项目背景

本项目将以一个水位控制组态工程为仿真载体,现场采集生产数据,并以动画形式将现场画面直观地显示在监控画面上。组态工程可显示报警信息,生成数据统计报表(包括实时报表和历史报表),将数据的实时变化和历史变化趋势呈现出来。

任务一 水位控制工程组态设计

一、情境描述

某开发小组接到任务,通过 MCGS 嵌入版组态软件和 MCGSTPC 嵌入式触摸屏模拟水位控制系统的运行。要求水罐1液位范围0~10米,水罐2液位范围0~6米。当水罐1液位低于8米时,水泵自动打开,否则水泵自动关闭;当水罐2液位不足1米时,出水阀自动关闭,否则出水阀自动打开;当水罐1液位大于1米且水罐2液位小于4米时,调节阀自动打开,否则调节阀自动关闭。任务效果图如图5-1所示。通过本任务的学习,学生可以掌握流动块、滑动输入器、旋转仪表等构件功能的联合使用,能使用 MCGS 嵌入版运行策略构件脚本程序进行系统设计。为了满足控制要求,需要使用运行策略中的脚本程序编程。需要说明的是,本项目中的任务都只是利用组态软件模拟监控系统运行,故并不需要硬件支持。

5-1 水位控制工程组态设计演示视频

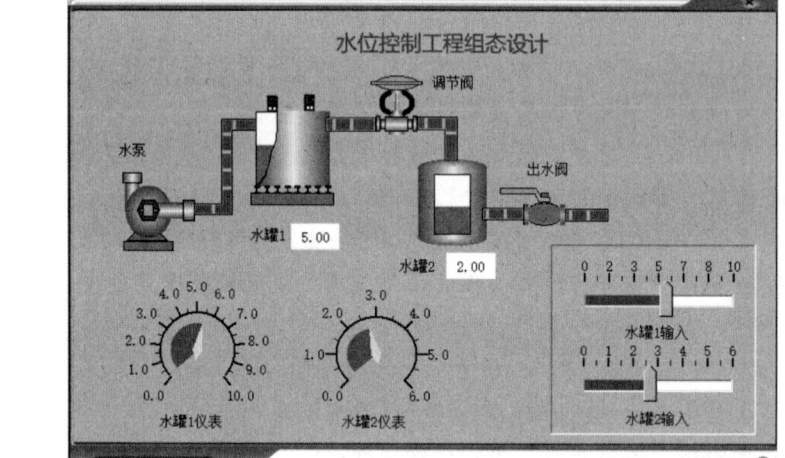

图 5-1 水位控制任务效果图

二、相关知识

(一)流动块构件

流动块构件是模拟管道内液体流动状态的动画图形。它具有流动状态和不流动状态2种工作模式,由该构件属性对话框中的流动属性条件表达式决定。当流动条件表达式被满足时,流动块处于流动状态,将显示液体在管道内流动的状态,流动的速度由系统的闪烁频率决定;反之,流动块处于不流动状态,显示的是管道内液体静止的状态。

流动块构件还具有显示和不显示2种状态,当指定的可见度表达式被满足时,流动块构件将呈现可见的状态,否则处于不可见状态。

组态时用鼠标左键双击流动块构件,系统弹出构件的属性设置对话框。该构件包括基本属性、流动属性和可见度属性3个属性窗口页。

1. 基本属性页

流动块构件的基本属性决定了管道内液体流动的外观特征及流动的方向、速度等。属性设置的具体内容如图5-2所示。

 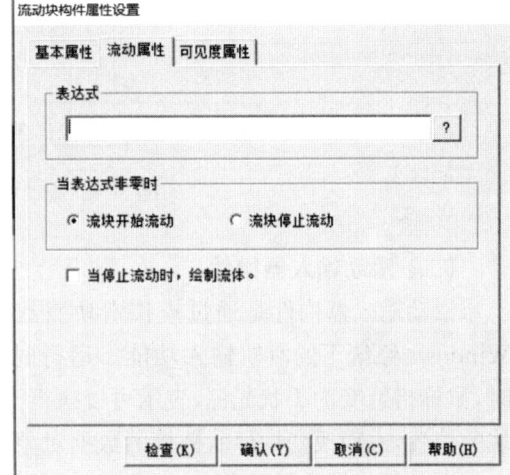

图 5-2 流动块基本属性设置　　　　图 5-3 流动块流动属性设置

① 流动外观:包括流动块的长度、块间间隔、流动块和侧边的距离、流动块的颜色、填充颜色、边线颜色。

② 流动方向:本项设置构件模拟液体流动时的流动方向。

③ 流动速度:流动速度分为快、中、慢3档,每档的实际时间和闪烁速度相同,可在主控窗口属性窗口页中设置。

2. 流动属性页

① 表达式:本项中输入一个表达式,决定液体流动开始和停止的条件。或单击右侧的"?"按钮,从显示的表达式列表中选取。如不组态设置表达式,则流动块构件永远处于停止状态。

② 当表达式非零时:本项确定表达式的值和构件流动的关系。

③ 当停止流动时,绘制流体:勾选此项,则在流动块停止流动时绘制流动块,否则不绘制流动块(图5-3)。

3. 可见度属性页

① 表达式:本项中输入一个表达式,决定流动块构件是否可见。或单击右侧的"?"按钮,从显示的表达式列表中选取。如不设置任何表达式,则运行时构件始终处于可见状态。

② 当表达式非零时：本项确定表达式的值和构件可见度的对应关系(图 5-4)。

5-2 流动块构件

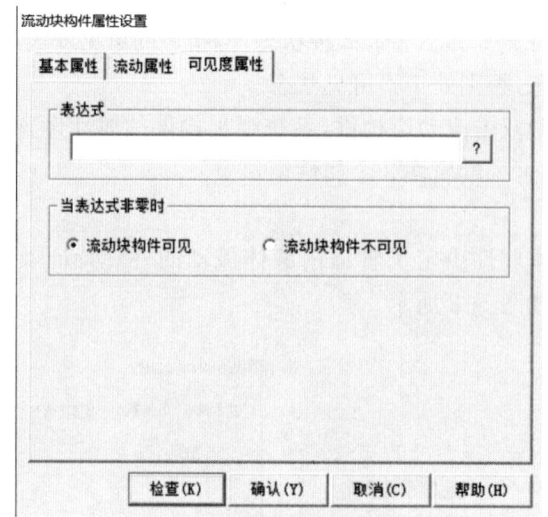

图 5-4 流动块可见度属性设置

(二) 滑动输入器构件

滑动输入器构件是通过模拟滑块直线移动实现数值输入的一种动画图形，可实现 Windows 系统下的滑轨输入功能。运行时，当鼠标经过滑动输入器构件的滑动块上方时，鼠标指针变为手状光标，表示可以执行滑动输入操作；按住鼠标左键拖动滑块，改变滑块的位置，进而改变构件所链接的数据对象的值。

滑动输入器构件具有可见与不可见 2 种状态，当指定的可见度表达式被满足时，滑动输入器构件将呈现可见状态，否则处于不可见状态。

组态时用鼠标双击滑动输入器构件，系统弹出构件的属性设置对话框，该构件包括基本属性、刻度与标液属性、操作属性和可见度属性 4 个属性窗口页。

1. 基本属性页

① 构件外观：本项设置滑块的高度、宽度、颜色以及滑轨的宽度、背景颜色、填充颜色。

② 滑块指向：本项设置滑块的指针方向(图 5-5)。

2. 刻度与标注属性页

① 刻度：本项设置主划线和次划线的数目、颜色、长度和宽度。

② 标注属性：本项设置标注文字的颜色、字体、标注间隔和标注的小数位数。

③ 标注显示：本项设置是否显示标注文字以及标注的位置(图 5-6)。

3. 操作属性页

① 对应数据对象的名称：滑动输入器构件所对应的数据对象一般为数值型，数据对象的值和滑块的位置成一一对应的关系。

② 指针位置和数据对象值的连接：建立滑块位置和所链接的数据对象数值之间的极限关系。运行时，根据滑块实际的位置计算数据对象的值(图 5-7)。

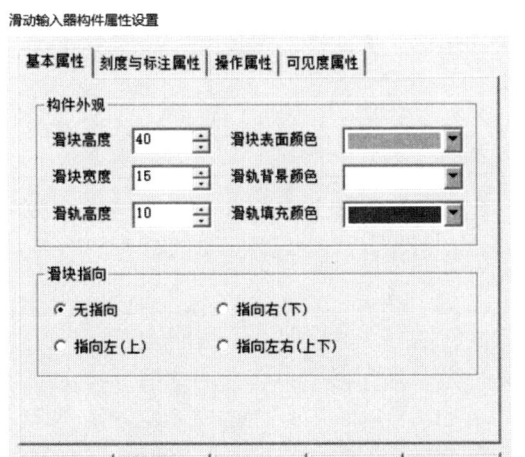

图 5-5　滑动输入器基本属性设置

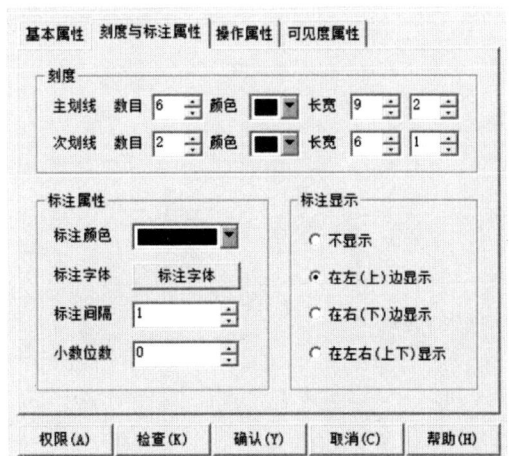

图 5-6　滑动输入器刻度与标注属性设置

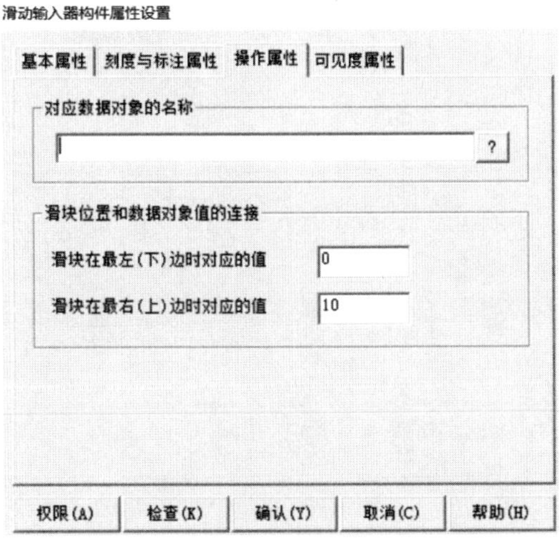

图 5-7　滑动输入器操作属性设置

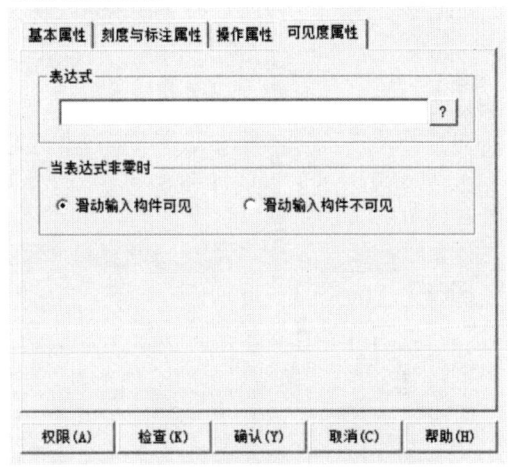

图 5-8　滑动输入器可见度属性设置

4. 可见度属性页

表达式：本项中输入一个表达式，决定滑动输入器构件是否可见。或单击右侧的"?"按钮，从显示的表达式列表中选取。如不设置任何表达式，则运行时构件始终处于可见状态（图 5-8）。

"水位控制工程组态设计"任务书

一、任务计划

根据利用 MCGS 嵌入版组态软件创建水位控制工程所需的教具耗材、技能知识及工程实施过程制订工作计划。

引导问题1:观看水位控制工作过程,思考所用到的图元包括哪些部分,如何添加?

引导问题2:所需教具耗材包括哪些?

引导问题3:根据工程控制要求,需要建立哪些数据对象,对象类型是什么?

引导问题4:参考相关知识,本任务需要添加哪些动画技能点?

二、任务实施

任务一效果如图 5-1 所示。

(一)建立工程项目

工程名称为"水位控制系统"。建立一个用户窗口,窗口名称为"水位控制系统"。

(二)制作图形界面

选中"水位控制"窗口图标,单击"动画组态"(或者双击"水位控制"窗口图标),进入动画组态窗口,开始编辑画面。

1. 制作标题文字

单击工具条中的"工具箱"按钮,打开绘图工具箱。单击"工具箱"内的"标签"构件,在窗口写入文字"水位控制监控系统",双击文字框,设定文字框的背景颜色为没有填充,边线颜色为没有边线;设置文字字体为宋体,字型为粗体,大小为四号,文字颜色为蓝色。

2. 制作水罐、泵、阀

单击绘图工具箱中的插入元件图标,系统弹出对象元件管理对话框。从"储藏罐"类中选取罐17、罐53,从"阀"和"泵"类中分别选取2个阀(阀58、阀44)、1个泵(泵38)。将储藏罐、阀、泵调整为适当大小,放到适当位置,效果参照图5-1所示。

3. 制作流动块

选中工具箱内的"流动块"构件,移动鼠标至窗口的预定位置,单击左键,移动鼠标,在鼠标光标后形成一道虚线,拖动一定距离后再单击左键,生成一段流动块;再拖动鼠标(可沿原来方向,也可垂直于原来方向),生成下一段流动块。当用户想结束绘制时,双击鼠标左键即可。当用户想修改流动块时,选中流动块(流动块周围出现选中标志:白色小方块),鼠标指针指向小方块,按住左键不放,拖动鼠标,即可调整流动块的形状(图5-9)。

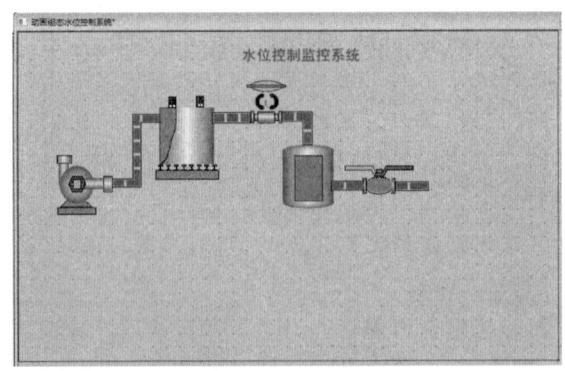

图 5-9 整体画面

4. 制作滑动输入器

引导问题 5：首先绘制背景框。单击工具箱中常用符号 构件，选择哪一个图形？在窗口指定位置绘制。

___

以水罐 1 的水位控制为例：进入"水位控制系统"窗口。选中"工具箱"中的滑动输入器 图标，当鼠标光标呈十字形后，拖动鼠标绘制适当大小的滑动块，并调整滑动块到适当的位置。

水罐 2 的滑动输入器绘制方法相同，如图 5-10 所示。

5. 旋转仪表显示水位

引导问题 6：在工具箱_____构件中添加旋转仪表。

6. 标签文字、显示输出添加

利用"标签" 构件在"水罐 1"下面写入文字"水位 1"，在文字右侧利用"标签" 构件绘制一矩形框，双击该矩形框，设置填充颜色为白色，边线颜色为没有边线，并勾选"显示输出"（图 5-11）。"水罐 2"的设置方法相同，并在水泵、阀门处标注说明文字（图 5-1）。

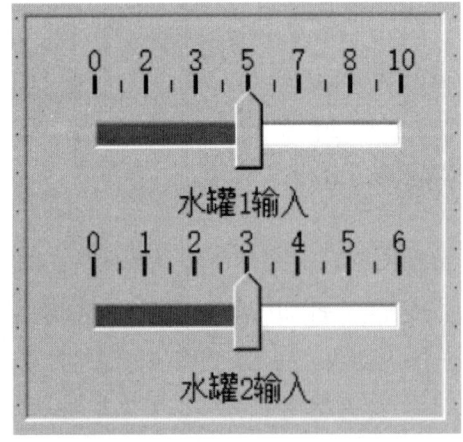

图 5-10 滑动块、标签及凹槽平面

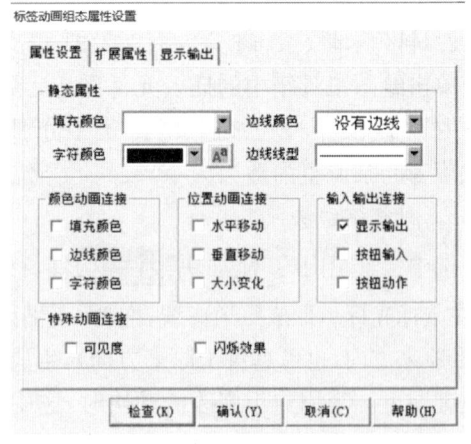

图 5-11 "水位 1"显示输出

(三) 定义数据对象

在工作台的"实时数据库"选项卡中,单击"新增对象"按钮,根据任务要求添加数据对象。表 5-1 为一种建立的数据对象库变量,大家可以参考。

引导问题 7:同学们认为需要建立哪些数据对象?请在表 5-1 中修改、补全,并写出数据类型。

表 5-1 系统变量分配表

变量名	类型	注释
液位1		
液位2		
水泵		
调节阀		
出水阀		

(四) 建立动画链接

MCGS 嵌入版实现图形动画设计的主要方法是将用户窗口中的图形对象与实时数据库中的数据对象建立相关性链接,并设置相应的动画属性。在系统运行过程中,图形对象的外观和状态特征根据数据对象的实时采集值变化,从而实现图形的动画效果。

1. 水位升降效果

水位升降效果是通过设置数据对象的"大小变化"链接类型实现的。具体设置步骤如下:
双击水罐 1,系统弹出"单元属性设置"对话框,单击"动画连接"标签(图 5-12)。

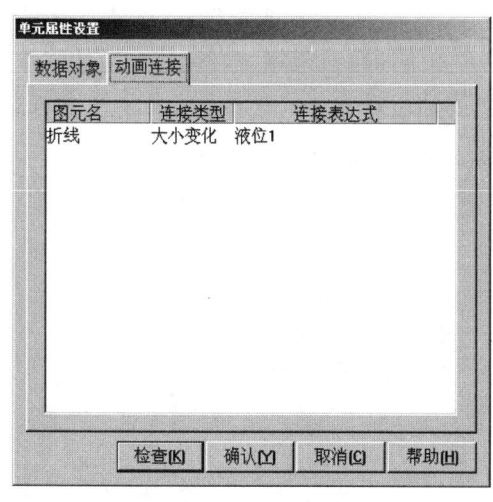

图 5-12 动画链接标签

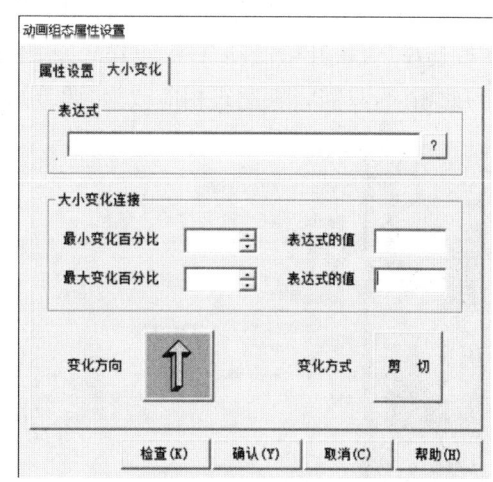

图 5-13 大小变化设置

选中折线,单击右侧 > 按钮,弹出"动画组态属性设置"对话框。

引导问题 8:按照的要求设置各个参数:表达式_____;最小变化百分比及对应表达式的值_____;最大变化百分比及对应表达式的值_____(图 5-13)。

水罐2水位升降效果设置方法相同。

2．水泵、阀门的启停动画链接

水泵、阀门的启停动画效果是通过设置链接类型对应的数据对象实现的。设置步骤如下：

双击水泵，系统弹出"单元属性设置"对话框。选中"数据对象"标签中的"按钮输入"，单击右端"?"按钮，双击变量选择表中的"水泵"。使用同样的方法将"填充颜色"对应的数据对象设置为"水泵"（图5-14）。单击"确认"按钮，水泵的启停效果设置完毕。

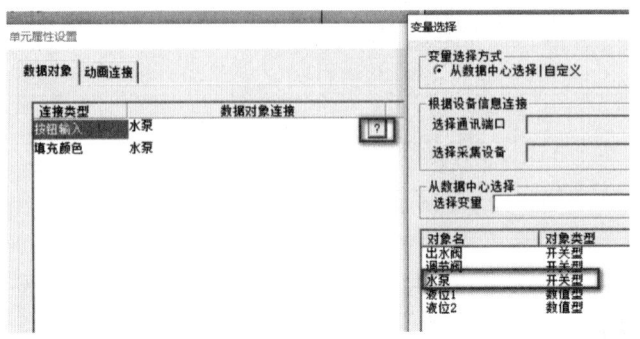

图5-14　水泵单元属性设置

引导问题9：按照要求完成调节阀、出水阀变量链接。

3．水流效果动画链接

水流效果是通过设置流动块构件的属性实现的。实现步骤如下：

（1）双击水泵右侧的流动块，系统弹出"流动块构件属性设置"对话框。

（2）在"流动属性"选项卡中进行如下设置：表达式设置为"水泵"；在"当表达式非零时"栏选择"流块开始流动"（图5-15）。水罐1右侧流动块及水罐2右侧流动块的制作方法与此相同，只需将表达式相应改为"调节阀""出水阀"即可。

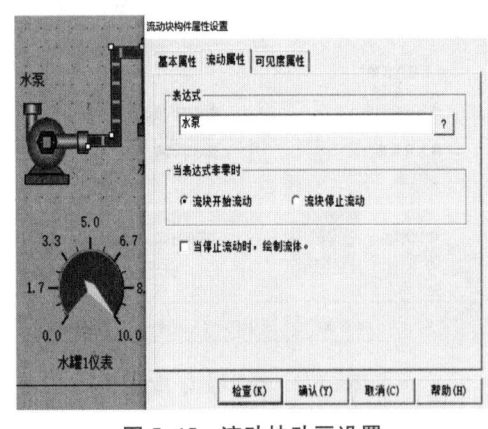

图5-15　流动块动画设置

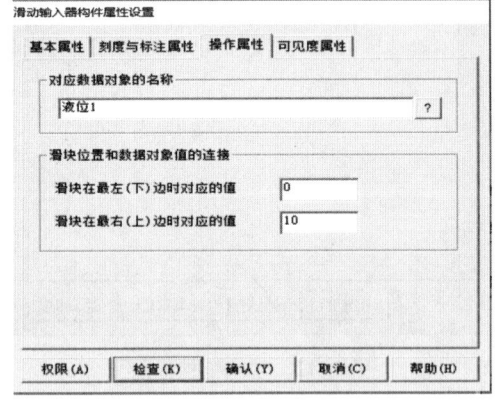

图5-16　滑动块动画设置

4．滑动输入器动画链接

双击"液位1"控制滑动输入器构件，系统弹出属性设置对话框。按照下面的值设置各个参数：在"基本属性"选项卡中，滑块指向为指向左（上）；在"刻度与标注属性"选项卡中,"主划线数目"为5,即能被10整除;在"操作属性"选项卡中,对应数据对象名称为"液位1";滑块在最右(下)边时对应的值为10;其他不变(图5-16)。

在制作好的滑块下面适当的位置制作一文字标签"水罐1输入";文字颜色为黑色,填充颜色为没有填充,边线颜色为没有边线。

引导问题10:参照"液位1"滑动输入器动画链接,完成"液位2"滑动输入器动画链接。

5. 旋转仪表动画链接

引导问题11:参照滑动输入器动画链接设置方法,完成"液位1""液位2"旋转仪表动画链接。表达式、最大逆时钟角度及其对应值、最大顺时钟角度及其对应值分别是什么(图5-17、图5-18)?

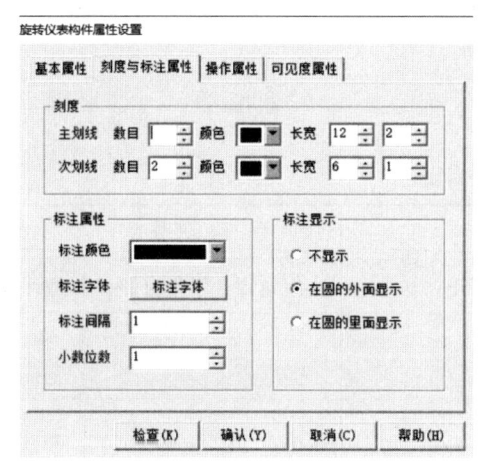 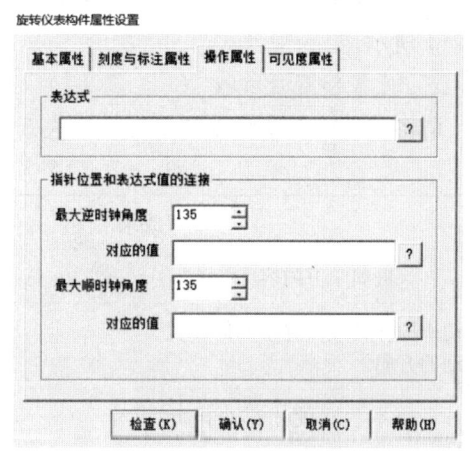

图5-17 旋转仪表刻度与标注属性　　图5-18 旋转仪表操作属性设置

6. "液位"数值显示动画链接

双击"水罐1"文字右侧白色方框,系统弹出"标签动画组态属性设置"对话框,在"显示输出"选项卡中,设置表达式为"液位1";去掉"浮点数出""自然小数位"勾选,设置小数位数为1,点击"确认"按钮完成设置(图5-19)。"水罐2"液位显示输出设置方法相同。

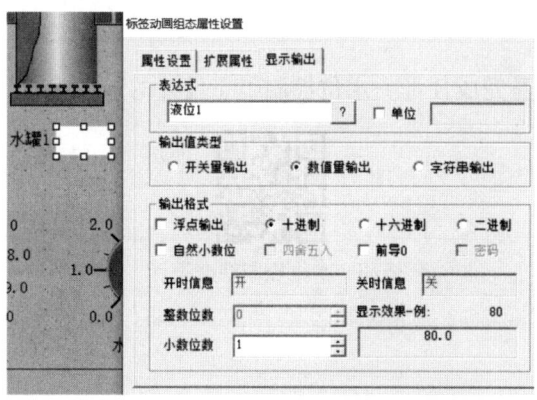

图5-19 "液位1"显示输出动画链接

（五）脚本程序编写

引导问题12：在"用户窗口属性设置"对话框中，单击"循环脚本"，"循环时间(ms)"栏改为100。打开脚本程序编辑器，根据本任务的情境描述，输入如下所示的程序：

```
```

单击"确定"按钮完成"循环脚本"编写。

（六）调试运行

保存工程。将"水位控制系统"窗口设置为启动窗口，单击组态环境窗口工具条中的"进入运行环境"  按钮或按下键盘上的"F5"键，将工程下载后，仿真运行画面如图5-1所示。

三、质量检查及验收

请将质量检查及验收的情况填入表5-2。

表5-2 检查对比表

学习成果		评分表		
巩固学习内容	总结与订正	小组自评	学生自评	教师评分
流动块构件属性设置中如何设置流动的方向？				
本任务脚本程序使用哪个语句实现？				
运行时，滑动输入器既可以手动调节所链接变量的大小，也可以由所链接变量控制滑块移动吗？				
学到的技能点				
出错的地方				

【知识链接】 请扫码查看完成任务一水位控制组态设计的知识锦囊。

5-3 水位控制组态设计

任务二 模拟设备水位控制报警显示组态设计

一、情境描述

某开发小组接到任务,要求利用 MCGS 嵌入版组态软件模拟水位控制报警的动画显示。水位控制的要求见任务一情境描述,在此基础上,要求采用软件提供的模拟设备控制液位 1、液位 2 的水位值变化。要求在窗口中显示液位 1、液位 2 的报警信息,报警上限、下限值自己确定。同时,在运行状态下,可以随时修改每个液位的报警上限值和报警下限值。为了满足控制要求,需要使用脚本程序编程。任务效果图如图 5-20 所示。需要说明的是,本项目中的任务都只是利用组态软件模拟监控系统运行,故并不需要硬件支持。

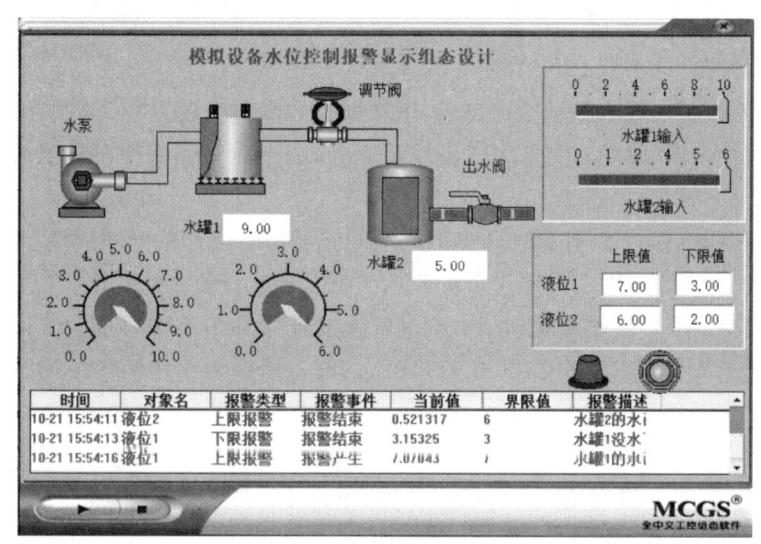

图 5-20 模拟设备水位控制报警显示任务效果图

5-4 模拟设备水位控制报警显示组态设计演示视频

二、相关知识

(一)模拟设备构件

模拟设备构件实质上是 MCGS 嵌入版软件根据设置的参数产生的一组模拟曲线数据,以供用户调试工程使用。本构件可以产生标准的正弦波、方波、三角波、锯齿波信号,且其幅值和周期都可以任意设置。要正确使用本构件,必须按如下的步骤设置其参数。

打开工作台,进入设备窗口,双击"设备窗口"图标,系统弹出"设备组态:设备窗口"对话框,双击设备工具箱中的"设备管理",在左侧"可选设备"中找到"通用设备"→"模拟设备",双击添加到右侧"选定设备"中,单击"确认"按钮。双击设备工具箱中的"模拟设备",添加"设备 0—[模拟设备]"(图 5-21)。双击"设备 0—[模拟设备]",进入"设备编辑窗口"(图 5-22)。

5-5 模拟设备构件添加

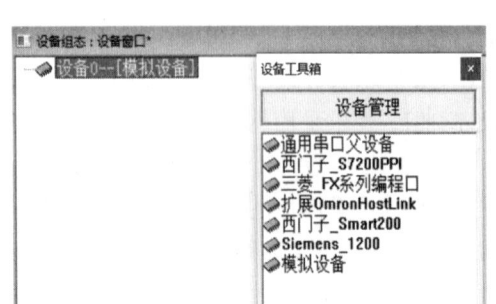

图 5-21 添加模拟设备

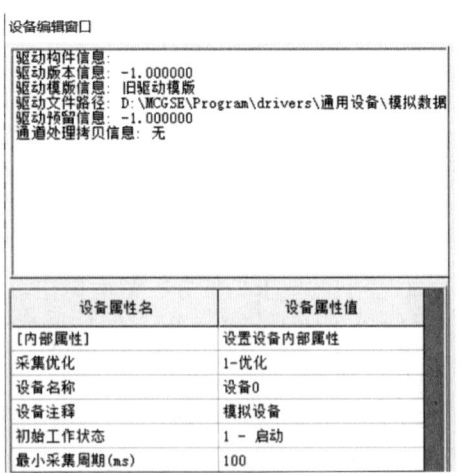

图 5-22 设备编辑窗口

1. 属性设置

要使 MCGS 嵌入版能正确模拟设备,请按如下的步骤来设置和使用本构件的属性。

(1) 设备名称:可根据需要来对设备重新命名,但不能和设备窗口中已有的其他设备构件同名。

(2) 最小采集周期:运行时 MCGS 嵌入版对设备进行操作的时间周期,单位为毫秒。

(3) 初始工作状态:用于设置设备的起始工作状态。设置为启动时,在进入 MCGS 嵌入版运行环境后,MCGS 嵌入版即自动开始对设备进行操作;设置为停止时,MCGS 嵌入版不对设备进行操作,但可以用 MCGS 嵌入版的设备操作函数和策略在 MCGS 嵌入版运行环境中启动或停止设备。

2. 内部属性

(1) 内部属性用于设置模拟设备所产生曲线的波形、曲线类型、曲线波形的幅值以及曲线的循环周期。每个模拟设备可以产生多条曲线,每条曲线都可设置成不同的参数。在设备编辑窗口中,单击"设置设备内部属性"右侧的 按钮,打开内部属性页(图 5-23)。

(2) 用鼠标左键单击"曲线类型"下的某行,即可设置该行曲线的类型。单击"数据类型"下的某行,即可设置该行曲线的数据类型,可直接输入曲线的最大值、最小值、循环周期(图 5-24)。

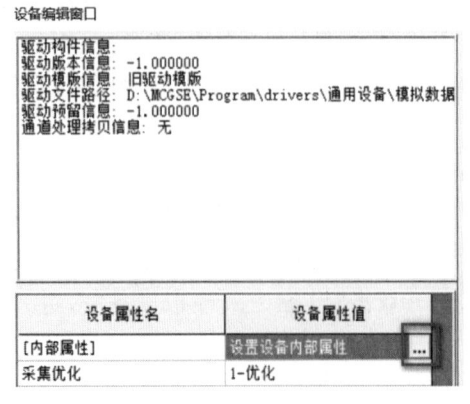

图 5-23 内部属性设置

图 5-24 内部属性页通道

设备编辑窗口右侧通道 0 到通道 15 对应内部属性中的通道 1-16,例如双击右侧"通道 0",变量选择表中选择"液位 1",则设备内部属性的"通道 1:正弦曲线"便链接变量"液位 1",控制液位 1 的变化(图 5-25)。

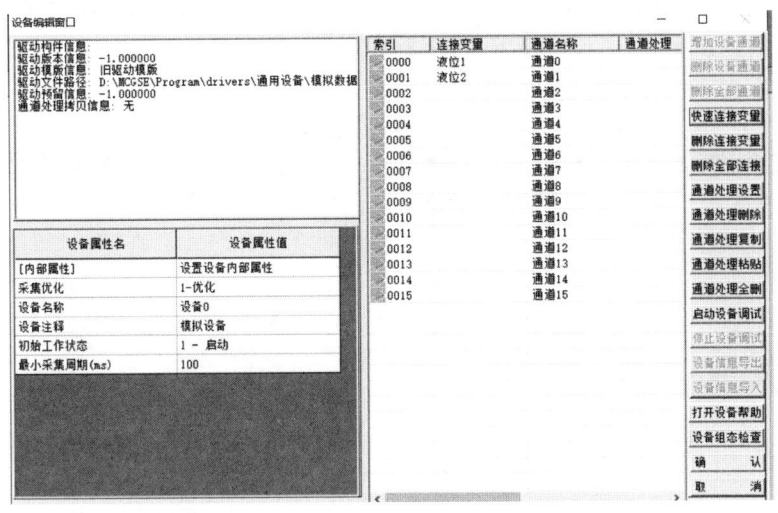

图 5-25 模拟设备链接数据对象

(二) 报警处理

MCGS 把报警处理作为数据对象的属性封装在数据对象内,由实时数据库在运行时自动处理。当数据对象的值或状态发生改变时,实时数据库判断对应的数据对象是否产生了报警或已产生的报警是否已经结束,并把所产生的报警信息通报给系统的其他部分。同时,实时数据库根据用户的组态设定,把报警信息存入指定的存盘数据文件中。

1. 定义报警

在处理报警之前必须先定义报警。报警的定义在数据对象的"报警属性"选项卡中完成(图 5-26)。首先要选中"允许进行报警处理"复选框,使实时数据库能对该对象进行报警处理;其次要正确设置报警限值或报警状态。

数值型数据对象有 6 种报警方式,即下下限报警、下限报警、上限报警、上上限报警、上偏差报警和下偏差报警。

开关型数据对象有 4 种报警方式,即开关量报警、开关量跳变报警、开关量正跳变报警和开关量负跳变报警。开关量报警可以选择是开(值为 1)报警还是关(值为 0)报警,当一种状态为报警状态时,另一种状态就为正常状态;当报警状态保持不变时,只产生一次报警。开关量跳变报警为开关量在跳变(值从 0 变 1 或值从 1 变 0)时的报警,开关量跳变报警也被称为开关量变位报警,即在正跳变和负跳变时都产生报警。开关量正跳变报警只在开关量正跳变时发生;开关量负跳变报警只在开关量负跳变时发生。4 种开关量报警方式适用于不同的场合,用户在使用时可以根据不同的需要选择一种或多种报警方式。

事件型数据对象不用进行报警限值或状态设置,当它所对应的事件发生时,报警也就产生了。对于事件型数据对象,报警的产生和结束是同时完成的。

字符型数据对象和组对象不能设置报警属性,但组对象所包含的成员可以单个设置报警。组对象一般可用来对报警进行分类，以方便系统其他部分对同类报警进行处理。

当多个报警同时产生时，系统优先处理优先级高的报警。当报警延时次数大于1时，实时数据只有在检测到对应数据对象连续多次处于报警状态后，才认为该数据对象的报警条件成立。在实际应用中，适当设置报警延时次数，可避免因干扰信号而引起的误报警行为。

当报警信息产生时，还可以设置报警信息是否需要自动存盘和自动打印（图5-27），这种设置操作需要在数据对象的"存盘属性"选项卡中完成。

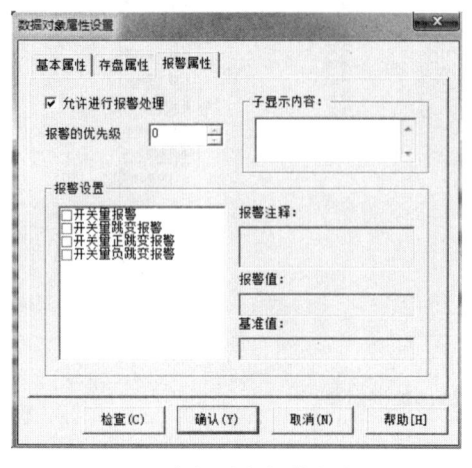 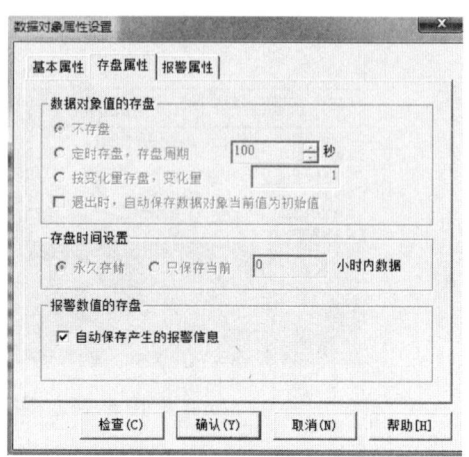

图 5-26　数据对象报警方式设置　　　　图 5-27　对象存盘属性设置

2. 处理报警

报警的产生、通知和存储由实时数据库自动完成，对报警动作的响应由用户根据需要在报警策略中组态完成。

在工作台中单击"运行策略"选项卡，单击"新建策略"按钮，系统弹出选择策略类型的对话框，选择"报警策略"，单击"确定"按钮，系统就添加了一个新的报警策略，默认名为"策略X"（X表示数字）。

（1）报警条件

在运行策略中，报警策略专门用于响应变量报警，在报警策略的属性中可以设置对应的报警变量和响应报警的方式。在"运行策略"选项卡中，选中刚才添加的报警策略，单击"策略属性"按钮，系统弹出"策略属性设置"对话框（图5-28）。

对话框中各部分的说明如下。

① 策略名称：输入报警策略的名称。

② 策略执行方式："对应数据对象"用于与实时数据库的数据对象链接；"对应报警状态"有3种，即"报警产生时，执行一次""报警结束时，执行一次""报警应答时，执行一次"。

确认延时时间（ms）：当报警产生时，延时一定时间后，系统检查数据对象是否还处在报警状态，如果是，则条件成立，报警策略会自动运行一次。

③ 策略内容注释：用于对策略加以注释。当设置的变量达到条件，并与设定的对应报警状态和确认延时时刻一致时，系统就会调用此策略，用户可以在组态中设置报警时执行的动作，如打开一个报警提示窗口或执行一个声音文件等。

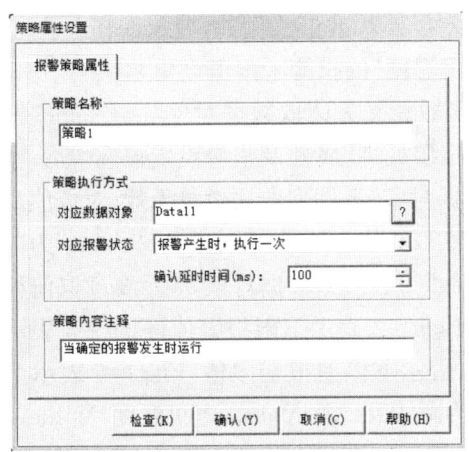

图 5-28 "策略属性设置"对话框

图 5-29 报警限制操作

(2) 报警应答

报警应答的作用是告诉系统,操作员已经知道对应数据对象的报警产生并进行了相应的处理,同时,系统将自动记录下应答的时间(要选取数据对象的报警信息自动存盘属性才有效)。报警应答可在数据对象策略构件中实现,也可以在脚本程序中使用系统内部函数"! Answeralm"来实现。

"!AnswerAlm(DatName)"函数意义为应答数据对象"DatName"所产生的报警。如对应的数据对象没有报警产生或已经应答,则本函数无效。参数"DatName"为数据对象名。例如"!AnswerAlm(电机温度)",即表示应答数值型对象"电机温度"所产生的报警执行成功。

在实际应用中,重要的报警事件都要由操作员进行及时的应急处理,报警应答机制能记录下报警产生的时间和应答报警的时间,为事后进行事故分析提供实际数据。

(3) 报警限值

在工作台的"运行策略"选项卡中,选择一个策略,单击"策略组态"按钮,系统弹出"策略组态"对话框,新增策略行,选中策略工具箱中的"数据对象"构件,添加到策略块上,双击策略块"数据对象"构件,系统弹出"数据对象操作"对话框(图 5-29)。该操作的前提是此数据对象在实时数据库中允许进行报警处理,并且勾选上报警设置。在"报警限值操作"选项卡中,可设置指定对象的下限值为"20"、上限值为"300"。

5-6 设置数据对象的报警限值

同时也可以在脚本程序中使用内部系统函数"!SetAlmValue(DatName,Value,Flag)"来设置数据对象的报警限值,使用内部系统函数"! GetAlmValue(DatName.Value,Flag)"读取数据对象的报警限值。

"!SetAlmValue(DatName,Value,Flag)"函数意义为设置数据对象"DatName"对应的报警限值。只有在数据对象"DatName"的"允许进行报警处理"的属性及报警设置被选中后,本函数的操作才有意义。本函数对组对象、字符型数据对象、事件型数据对象无效;对数值型数据对象,可用"Flag"来标识改变何种报警限值。参数"DatName"为数据对象名;"Value"为数值型数据对象,表示新的报警值;"Flag"为数值型或开关型数据对象,表示要操作何种限值,具体意义如下:Flag=1 表示下下限报警值,Flag=2 表示下限报警值,Flag=3 表示上限报警值,Flag=4 表示上上限报警值,Flag=5 表示下偏差报警限值,

Flag=6 表示上偏差报警限值,Flag=7 表示偏差报警基准值。例如,"!SetAlmValue(电机温度,200,3)"执行成功,表示把数据对象"电机温度"的报警上限值设为 200。

"!GetAlmValue(DatName,Value,Flag)"函数意义为读取数据对象"DatName"报警限值。只有在数据对象"DatName"的"允许进行报警处理"属性及报警设置被选中后,本函数的操作才有意义。本函数对组对象、字符型数据对象、事件型数据对象无效;对数值型数据对象,用"Flag"来标识读取何种报警限值。参数"DatName"为数据对象名;"Value"为数值型数据对象,DataName 的当前的报警限值;"Flag"为数值型数据对象,表示要读取何种限值,具体意义如下:Flag=1 表示下下限报警值,Flag=2 表示下限报警值,Flag=3 表示上限报警值,Flag=4 表示上上限报警值,Flag=5 表示下偏差报警限值,Flag=6 表示上偏差报警限值,Flag=7 表示偏差报警基准值。例如,"!GetAlmValue(电机温度,Value,3)"表示读取数据对象"电机温度"的报警上限值,并放入数值型数据对象"Value"中。

3. 显示报警信息

在用户窗口中放置报警显示动画构件,并对其进行组态配置,运行时可实现对指定数据对象报警信息的实时显示(图 5-30)。

时间	对象名	报警类型	报警事件	当前值	界限值	报警描述
04-05 09:51:18	Data0	上限报警	报警产生	120.0	100.0	Data0 上限报警
04-05 09:51:18	Data0	上限报警	报警结束	120.0	100.0	Data0 上限报警
04-05 09:51:18	Data0	上限报警	报警应答	120.0	100.0	Data0 上限报警

图 5-30 报警信息显示

报警显示动画构件显示的报警信息包含如下内容:报警事件产生的时间、产生报警的数据对象名称、报警类型(限值报警、状态报警、事件报警)、报警事件(产生、结束、应答)、对应数据对象的当前值(触发报警时刻数据对象的值)、报警界限值报警内容注释。

组态时,在用户窗口中双击报警显示构件可将其激活,进入该构件的编辑状态。在编辑状态下,用户可以自由改变各显示列的宽度,对不需要显示的信息,将其列宽设置为 0 即可。在编辑状态下双击报警显示构件,系统将弹出如图 5-31 所示的对话框。

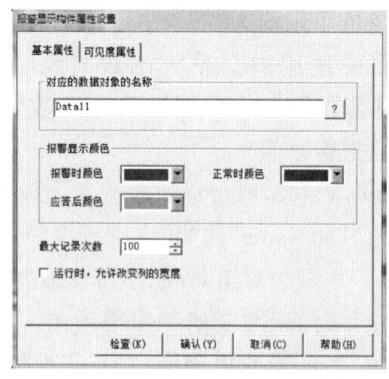

图 5-31 报警显示属性设置

"模拟设备水位控制报警显示组态设计"任务书

一、任务计划

根据利用 MCGS 嵌入版组态软件创建模拟设备水位控制报警显示动画工程所需的教具耗材、技能知识及工程实施过程制订工作计划。

引导问题 1:观看模拟设备水位控制报警显示运行过程,思考所用到的图元包括哪些部分,如何添加?

引导问题 2:所需教具耗材包括哪些?

引导问题 3:根据工程控制要求,需要建立哪些数据对象,对象类型是什么?

引导问题 4:参考相关知识,本任务需要添加哪些动画技能点?

二、任务实施

任务二效果如图 5-20 所示。

(一) 建立工程项目

工程名称为"模拟设备水位控制报警显示"。建立一个用户窗口,窗口名称为"模拟设备水位控制报警显示"。

(二) 制作图形界面

在任务一水位控制窗口的基础上进行报警显示绘制。水罐、泵、阀、滑动输入器、旋转仪表、文字标题、标签文字说明、液位显示的标签的绘制参考任务一。

1. 制作"报警显示"框

双击用户窗口中的"模拟设备水位控制报警显示"窗口,进入组态画面。选取"工具箱"中的"报警显示" 🔔 构件。鼠标指针呈十字形后,在适当的位置拖动鼠标绘制适当大小的构件(图 5-32)。

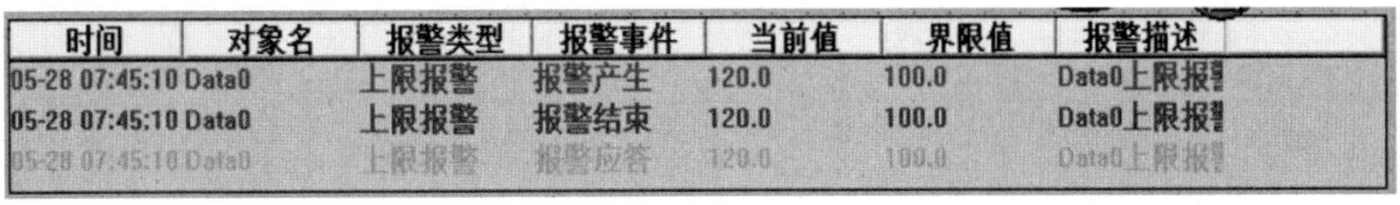

图 5-32 "报警显示"框

2. 4 个输入框绘制

通过设置 4 个输入框,可实现用户与数据库的交互。需要用到的构件包括:4 个标签,用于标注构件名称;4 个输入框,用于输入修改值。最终效果如图 5-33 所示。

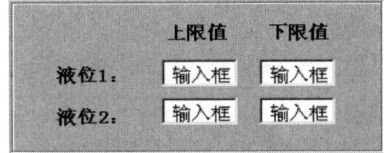

图 5-33 4 个输入框及标签

具体制作步骤如下：在窗口中，按照图 5-33 制作 4 个标签。选中"工具箱"中的"输入框" abl 构件，拖动鼠标绘制 4 个输入框。

3. 添加报警灯

打开工具箱的插入元件构件，点击"指示灯"，选择灯1、灯5插入到窗口中，将其调整到适当大小及位置。

模拟设备水位控制报警显示完整的画面如图 5-34 所示。

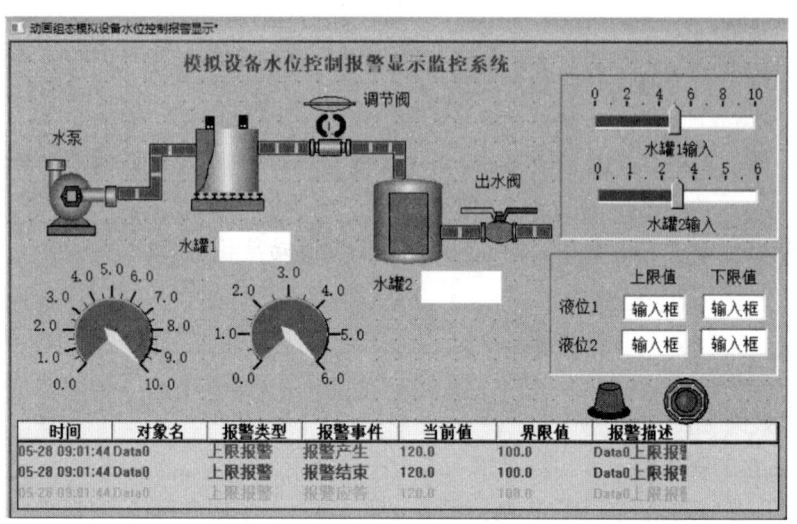

图 5-34　模拟设备水位控制报警显示完整画面

（三）定义数据对象

在工作台的"实时数据库"选项卡中，单击"新增对象"按钮，根据任务要求添加数据对象。表 5-3 为一种建立的数据对象库变量，大家可以参考。

引导问题 5：同学们认为需要建立哪些数据对象？请在表 5-3 中修改、补全，并写出数据类型。

表 5-3　系统变量分配表

变量名	类型	注释
液位1		
液位2		
水泵		
调节阀		
出水阀		
液位组	组对象	

(续表)

变量名	类型	注释
液位 1 上限		
液位 1 下限		
液位 2 上限		
液位 2 下限		

这里需要在实时数据库添加"液位组",变量类型为"组对象"。将"液位1""液位2"两个变量添加成为"液位组的成员"(图 5-35),并对液位组进行存盘属性设置(图 5-36)。

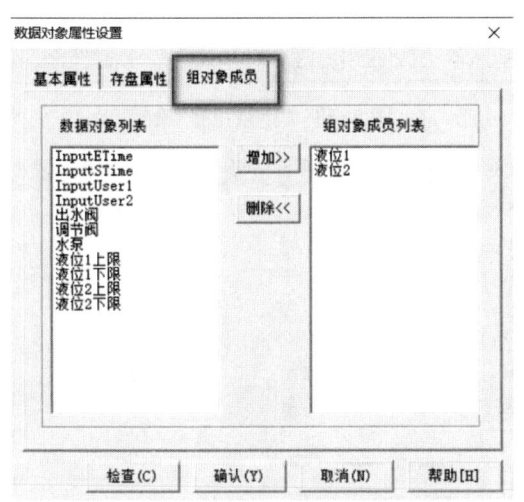 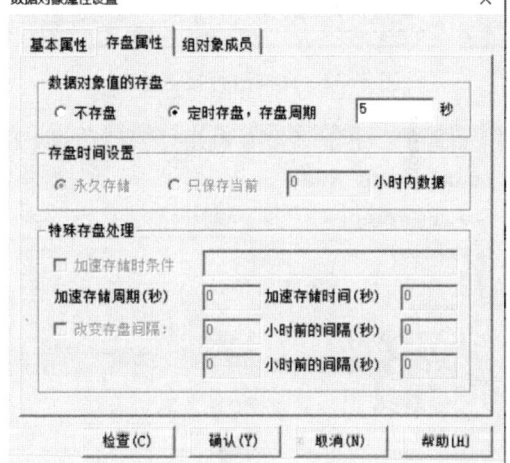

图 5-35 添加"液位组"组对象成员　　图 5-36 "液位组"变量存盘设置

(四) 建立动画链接

水位升降效果,泵、阀门启停效果,水流效果动画链接,滑动输入器动画链接,旋转仪表动画链接请参照任务一。下面操作报警显示、报警限值输入动画链接。

1. 报警显示动画链接

本任务中需设置报警的数据对象包括液位1、液位2。

定义报警的具体操作如下:

(1) 进入实时数据库,双击数据对象"液位1",选中"报警属性"标签。选中"允许进行报警处理",报警设置域被激活(图 5-37)。

(2) 选中报警设置域中的"下限报警",报警值设为2;报警注释输入"水罐1没水了!"(图 5-38)。

(3) 选中"上限报警",报警值设为8;报警注释输入"水罐1的水已达上限值!"(图 5-38)。在"存盘属性"中选中"自动保存产生的报警信息"。单击"确认"按钮,"液位1"报警设置完毕。

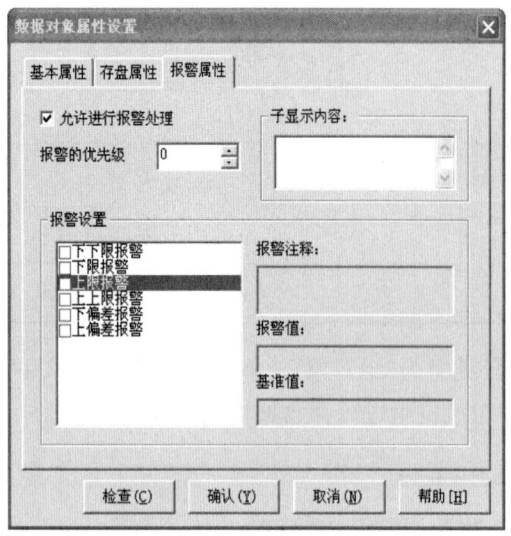

图 5-37 允许进行报警处理　　　　图 5-38 "下限报警"设置

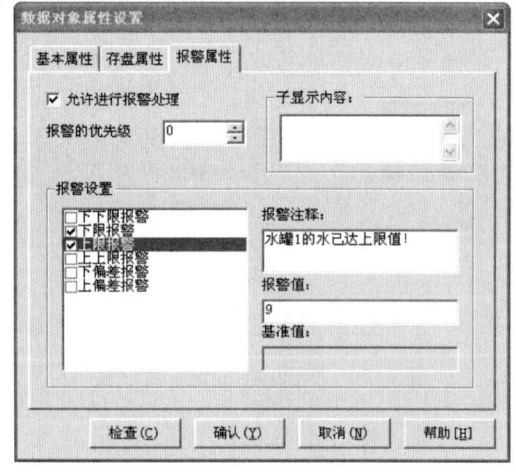
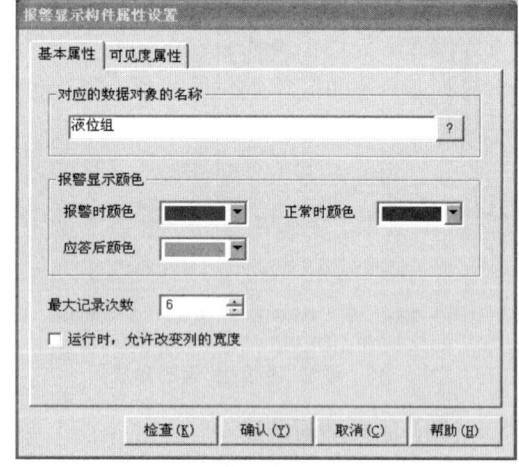

图 5-39 "上限报警"设置　　　　图 5-40 液位组报警属性设置

引导问题6：同理设置"液位2"的报警属性。需要改动的设置为："下限报警"报警值设为_____；报警注释输入_____；"上限报警"报警值设为_____；报警注释输入_____。

在窗口中双击"报警显示"框，系统弹出"报警显示构件属性设置"对话框，在"基本属性"选项卡中，将对应的数据对象的名称设为"液位组"；最大记录次数设为6，勾选"运行时，允许改变列的宽度"（图5-40）。单击"确认"按钮即可。

2. 报警限值修改动画链接

在实时数据库中，"液位1""液位2"的上下限报警值都是已定义好的。用户如果想在运行环境下根据实际情况需要随时改变报警上下限值，可以根据需要灵活地选用函数。

链接数据对象。在"实时数据库"中增加四个变量，分别为：液位1上限、液位1下限、液位2上限、液位2下限。

在窗口中双击"液位 1"上限值的"输入框",系统弹出"输入框构件属性设置"对话框,在"操作属性"选项卡中,单击"?",选择对应数据对象的名称"液位 1 上限"。去掉"自然小数位"勾选,小数位数设为 2,单击"确认"按钮即可(图 5-41)。

图 5-41 液位 1 上限报警输入框设置

引导问题 7:同理设置"液位 1 下限""液位 2 上限""液位 2 下限"与窗口中对应输入框的动画链接自然小数位设置。

3. 模拟设备的属性设置

双击工作台的"设备窗口",再单击"设备 0—[模拟设备]",进入模拟设备属性设置窗口(图 5-42)。单击基本属性页中的"内部属性"选项,该项右侧会出现 图标,单击此按钮进入"内部属性"设置。将通道 1、2 的最大值分别设置为 10、6,周期设置为 20(图 5-43)。单击"确认"按钮,完成内部属性设置。

单击通道链接标签,进入通道链接设置。双击通道 0 的"连接变量"处,选择对应数据对象"液位 1";双击通道 1 的"连接变量"处,选择对应数据对象"液位 2"(图 5-44)。

4. 报警灯动画链接

引导问题 8:设置"液位 1 上限"和"液位 1 下限"的报警灯动画链接,"液位 2 上限"和"液位 2 下限"的报警灯动画链接。

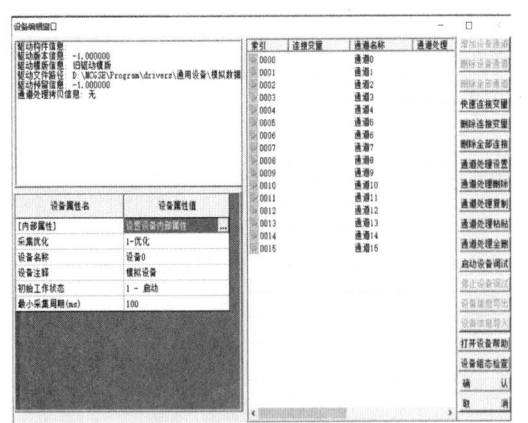

图 5-42 模拟设备属性设置　　　　图 5-43 通道最大值、周期设置

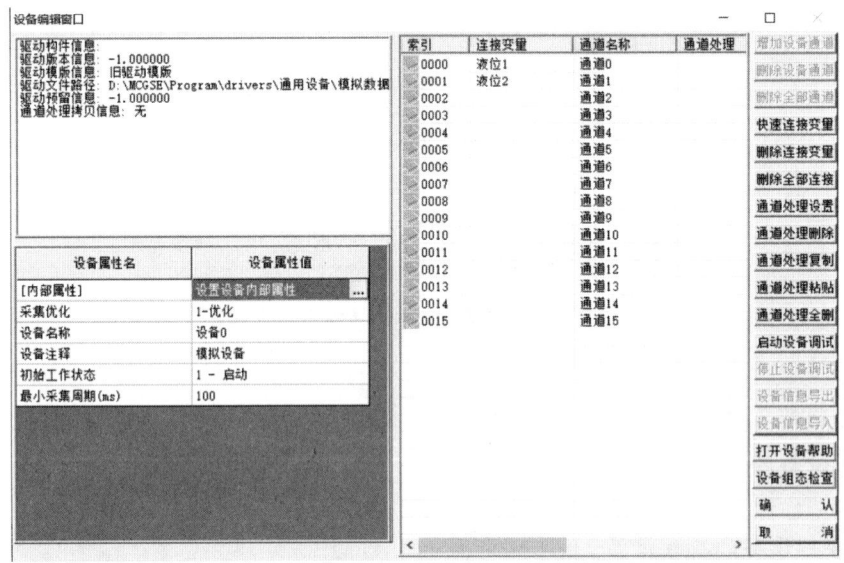

图 5-44 通道与对应数据对象链接

(五) 脚本程序编写

引导问题 9：在工作台中，选择"运行策略→循环策略→策略属性→循环策略属性→定时循序执行"，将"循环时间(ms)"栏设为 100。在编辑区输入如下程序：

单击"确定"按钮完成脚本程序编写。

(六) 调试运行

保存工程。将"模拟设备水位控制报警显示"窗口设置为启动窗口，单击组态环境窗口工具条中的"进入运行环境" 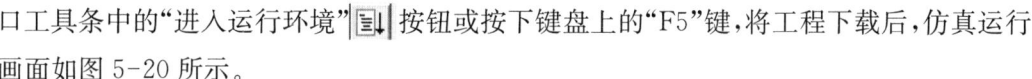 按钮或按下键盘上的"F5"键,将工程下载后,仿真运行画面如图 5-20 所示。

三、质量检查及验收

请将质量检查及验收的情况填入表 5-4。

表 5-4 检查对比表

学习成果		评分表		
巩固学习内容	总结与订正	小组自评	学生自评	教师评分
"！SetAlmValue"函数的作用是什么？说明函数参数的意义？				
组对象类型数据对象成员的要求是什么？报警对象选择了液位组,但无报警信息,可能是何原因？				
请利用"标签"构件添加水罐中液位的工程单位——m				
自行设计制作报警指示灯,反映报警情况				
学到的技能点				
出错的地方				

【知识链接】请扫码查看完成任务二模拟设备水位控制报警显示组态设计的知识锦囊。

5-7 模拟设备水位控制报警显示组态设计

任务三　模拟设备水位控制报表及曲线显示组态设计

一、情境描述

某开发小组接到任务,要求利用 MCGS 嵌入版组态软件模拟水位控制报警、实时报表、历史报表、实时曲线、历史曲线的动画显示。水位控制的要求见任务二情境描述,在此基础上,要求根据水位控制工程液位 1、液位 2、水泵、调节阀和出水阀数据对象,制作完成实时数据、历史数据的实时曲线和历史曲线,历史报表、实时曲线和历史曲线显示液位 1、液位 2 的变化。为了满足控制要求,需要使用脚本程序编程。任务效果图如图 5-45、图 5-46 所示。需要说明的是,本项目中的任务都只是利用组态软件模拟监控系统运行,故并不需要硬件支持。

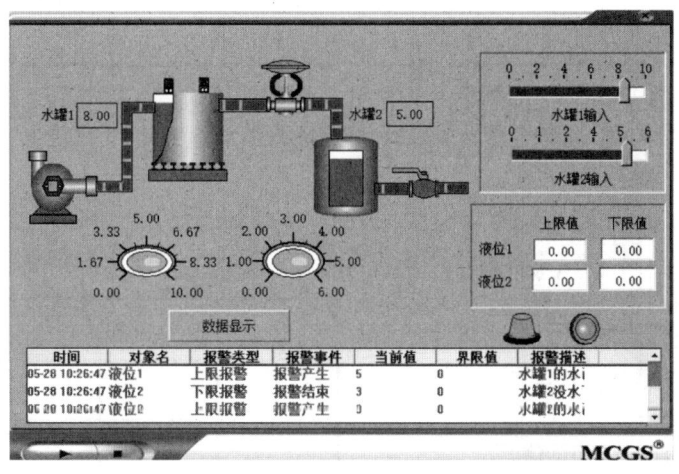

图 5-45　模拟设备水位控制报警显示任务效果图

5-8　模拟设备水位控制报表及曲线显示组态设计演示视频

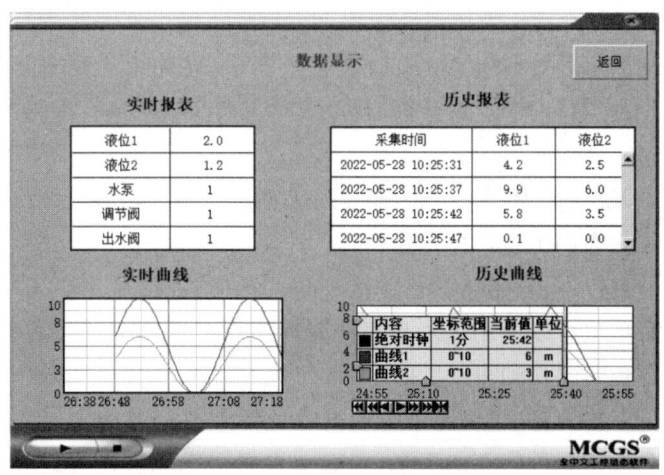

图 5-46　模拟设备水位控制报表曲线显示任务效果图

二、相关知识

(一) 报表机制

在大多数应用系统中，数据报表一般分成 2 种类型，即实时数据报表和历史数据报表。实时数据报表能实时地将当前时刻的数据对象的值按一定的报告格式（用户组态）显示和打印出来，它是对瞬时量的反映。实时数据报表可以通过 MCGS 系统的自由表格构件来组态显示并被打印输出。

历史数据报表能从历史数据库中提取存盘数据记录，把历史数据以一定的报告格式显示和打印出来。为了能够快速方便地组态工程数据报表，MCGS 系统提供了灵活方便的报表组态功能，"Excel 报表输出"策略构件和"历史表格"动画构件均可以用于报表组态。

(二) 创建报表

单击工具箱中的"自由表格"或"历史表格"按钮（图 5-47），在用户窗口中用鼠标左键绘制出表格。

选择表格，使用工具条中的按钮对表格的各种属性进行设置，比如改变粗外框线、改变填充颜色、改变边框线型等，再比如在报表上拉出一根直线，并放置一幅位图（图 5-48）。

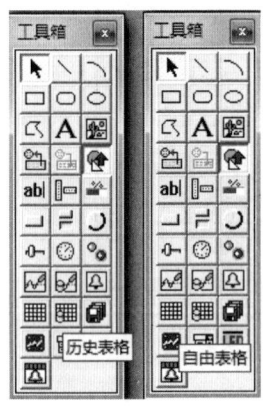

图 5-47 "自由表格"按钮和"历史表格"按钮

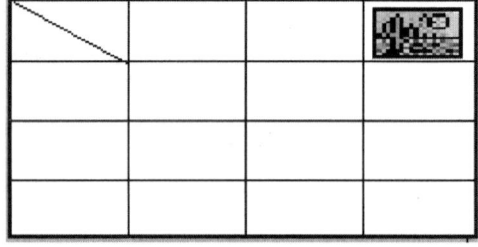

图 5-48 绘制表格

也可以对表格的事件进行组态。即在表格上右击，在弹出的快捷菜单中，选择"事件编辑"命令，系统弹出"事件编辑"对话框，就可以对表格的事件进行编辑。

(三) 报表组态

报表创建后，系统默认为一张空表，需要对表格进行组态，才能形成最终需要的报表。下面就来详细介绍报表的组态过程。

双击表格构件，进入报表组态状态（图 5-48）。此时，系统弹出了表格组态工具条，主菜单中的"表格"菜单也可以使用了。在表格周围浮现出了一个行列索引条，原先在表格上方的直线和位图也暂时移到表格后面了。

表格的组态（不论是自由表格还是历史表格）分为 2 个层次来进行。这 2 个层次在表格的组态中体现为表格 2 种状态的组态，即显示界面组态和链接方式组态。显示界面的组态包括：表格单元是否合并；表格单元内固定显示的字符串；如果表格单元内链接了数据,使用什么样的形式来显示这些数据(格式化字符串);表格单元在运行时是否可以编辑;是否需要把表格单元中的数据输出到某个数据变量中去。

链接方式组态用于数据链接。在自由表格中,可用链接方式组态对每个单元格进行数据链接;在历史表格中用法相同,根据实际情况确定是否需要构成一个单元区域以便链接到数据源中,或是否对数据对象进行统计处理等。

1. 表格基本编辑方法

(1) 单击某单元格,选中的单元格上有黑框显示。

(2) 按住鼠标左键拖动可选择多个单元格。选中的单元格区域周围有黑框显示,第一个单元格反白显示,其他单元格不反白显示。

(3) 单击行列索引条(报表中标识行列的灰色单元格)则选择整行或整列。

(4) 单击报表左上角的固定单元格则可以选择整个报表。

(5) 允许在获得焦点的单元格中直接输入文本。双击单元格,使输入光标位于该单元格内,输入字符即可。按下"Enter"键或单击其他单元格则确认输入,按下"Esc"键则会取消本次输入。

(6) 如果在界面组态状态下在某个单元格中输入了文本,而且在链接组态状态下没有链接任何内容,则在运行时,输入的文本会被当成标签直接显示;如果在链接组态状态下链接了数据,则在运行时,输入的文本会被试图解释为格式化字符串,如果不能被解释为格式化字符串(不符合要求),则系统会忽略输入的文本。

(7) 在单元格内输入文本时,可以使用"Ctrl+Enter"组合键来输入一个回车符。利用该方法可以在一个表格单元内输入多行文本,或输入竖排文字。

(8) 允许通过拖动鼠标来改变行高、列宽。将鼠标指针移动到固定行或固定列之间的分隔线上,鼠标指针形状变为双向黑色箭头时,按住鼠标左键拖动,可修改行高、列宽。

(9) 当选定一个单元格时,可以使用一般组态工具条中的字体设置按钮来设置字体和字色;可以使用填充色来设置单元格内填充的颜色。可以使用线型、线色来设置单元格的边线。通过表格组态工具条中的设置边线按组,可以选择设置哪条边线的线型和颜色;通过表格组态工具条中的边线消隐按钮组,可以选择显示或消隐边线。

(10) 可以使用"编辑"菜单中的"复制""剪切""粘贴"命令和一般组态工具条中的"复制""剪切"和"粘贴"按钮来编辑单元格内容。

(11) 可以使用表格编辑工具条中的对齐按钮来设置单元格的对齐格式。

(12) 可以使用合并单元格或拆分单元格按钮来合并或拆分单元格。

对自由表格的界面组态,只有直接填写显示文本和直接填写格式化字符串2种方式。对历史表格,除了直接填写显示文本和填写格式化字符串2种方式以外,还可以进行单元格的编辑和输出组态,其方法是在界面组态状态下,选定需要组态的一个或一组单元格并右击,在弹出的快捷菜单中,选择"表元连接"命令,或者在"表格"菜单中选择"表元连接"命令,在弹出的"单元格界面属性设置"对话框中进行相应设置。

2. 表格链接组态

(1) 自由表格链接组态

自由表格的链接组态非常简单,只需要切换到链接组态状态下,然后在各个单元格中直接填写数据对象名,或者直接按照脚本程序语法填写表达式即可。表达式可以是字符型、数值型和开关型的数据对象。充分利用索引复制的功能,可以快速填充链接,同时也可以一次填充多个单元格。其方法是选定一组单元格,在选定的单元格上右击,选择"连接",再点击相应命令,系统弹出"变量选择"对话框,在对话框的列表框中选定多个数据对象(图 5-49),然后按下"Enter"键,系统将按照从左到右、从上到下的顺序填充各个单元框(图 5-50)。

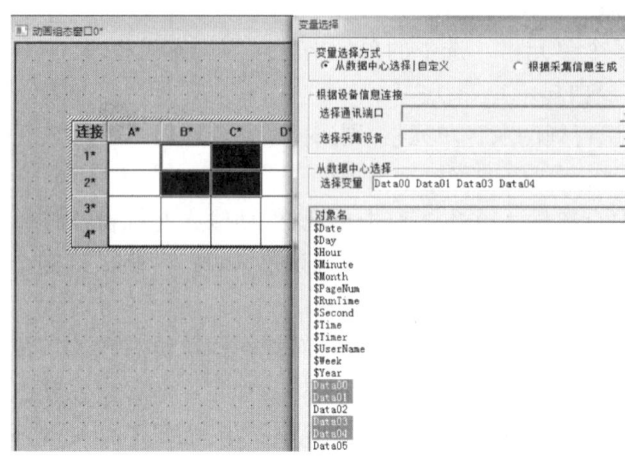

图 5-49 选定多个数据对象 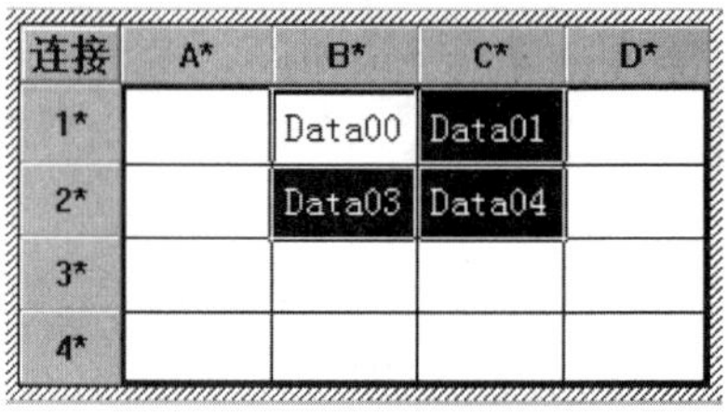　　　　图 5-50 链接组态效果图

(2) 历史表格链接组态

历史表格的链接组态则比较复杂。在历史表格的链接组态状态下,表格单元可以作为单个表格单元来组态链接,也可以形成表格单元区域来组态链接。

如果把表格单元链接到脚本程序表达式、单元格表达式及单元格统计结果,必须把单元格作为单个表格单元来组态;如果把表格单元链接到数据源,则必须把表格单元组成表格区域来组态,即使是一个表格单元,也要组成表格区域来进行组态。

为了组成表格区域,应在链接组态状态下选定一组或一个单元格,使用表格编辑工具条中的"表格"→"合并表元"命令,然后这些单元格内就会出现斜线填充,表示这些单元格已经组成一个表格区域,必须一起组态它们的链接属性(图 5-51)。

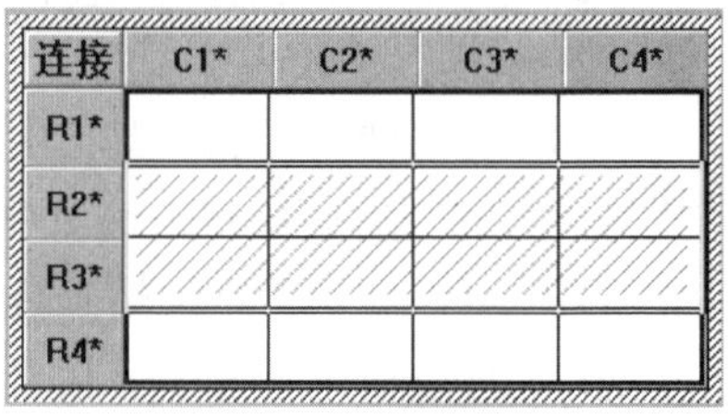

对表元区域进行组态时,首先选定需要组态的表元区域,使用"表格"→"合并单元"命令,双击斜线填

图 5-51 组成表格区域

充区域,选择相应的命令后,系统弹出"数据库连接设置"对话框(图 5-52)。

① 在"基本属性"选项卡中,可以组态的选项有以下 3 个。

连接方式:可以选择显示数据记录或显示统计结果。如果选择显示数据记录,则数据源会根据指定的查询条件直接从数据库中提取一行到多行数据;如果选择显示统计结果,则数据源会根据指定的查询条件从数据库中提取需要的数据并进行统计分析处理,最后生成一行数据,填充到选定表元区域中。

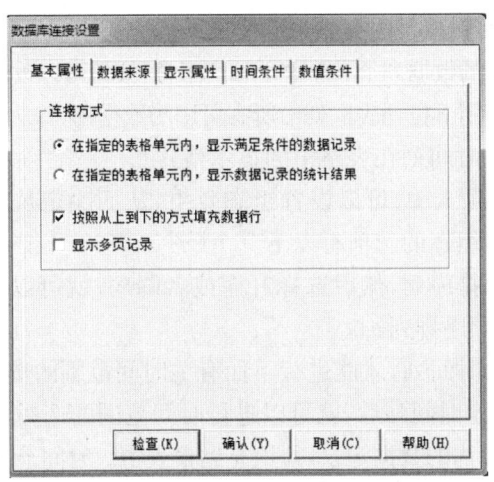

图 5-52 "数据库连接设置"对话框

按照从上到下的方式填充数据行:选择此选项,系统将按照水平填充的方式填充数据,也就是说,当需要填充多行数据时,是按照从上到下的方式填充的。反之,如果不选择此选项,则数据按照从左到右的方式填充。

显示多页记录:选择该选项,当填充的数据行数多于表元区域的行数时,在表元区域的右侧会出现一个滚动条,可以通过拖动滚动条来浏览所有的数据行。当对该窗口进行打印时,系统会自动增加打印页数,并滚动数据行,填充新的一页,以便把所有的数据打印出来。

② 在"数据来源"选项卡中,可以选择的选项有以下 3 个(图 5-53)。

组对象对应的存盘数据:选择该选项后,可以从"组对象名"下拉列表框中选择一个有存盘属性的组对象。

标准 Access 数据库文件:选择该选项,可以链接到一个 Access 数据库的数据表中。

ODBC 数据库:选择该选项,可以链接到一个 ODBC 数据源上。

③ 在"显示属性"选项卡中,可以将获取到的数据链接到表元上,其可使用的组态配置有以下 2 种(图 5-54)。

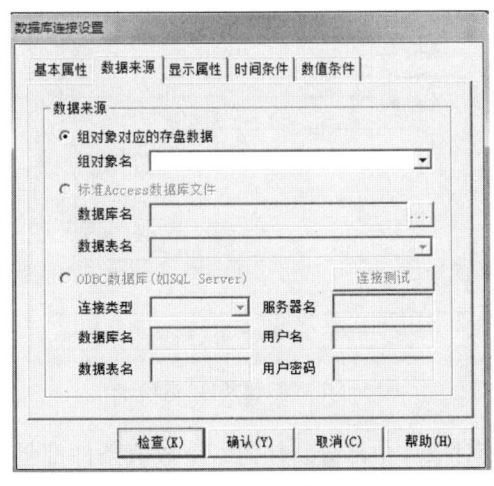

图 5-53 "数据来源"选项卡

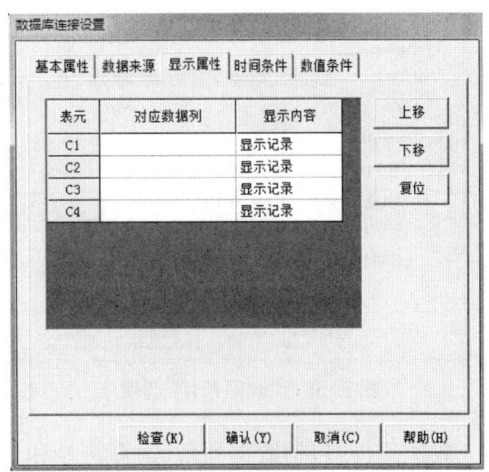

图 5-54 "显示属性"选项卡

对应数据列：如果已经链接了数据源并且数据源可以使用，就可以使用"复位"按钮将所有的表元列自动链接到合适的数据列上，使用"上移""下移"按钮可以改变链接数据列的顺序。或者可以在对应数据列中使用下拉列表框列出所有可用的数据列，并从中选择合适的一个。

时间显示格式：组态时间列在表格中的显示格式。

④ 在"时间条件"选项卡中，可以设置组态效果，从而决定从数据库中选择哪些记录和记录的排列顺序，可以组态的选项有以下 7 个（图 5-55）。

排序列名：选择一个排序列，然后选择升序或者降序，就可以把从数据库中提取出来的数据记录按照需要的顺序排列。

时间列名：选择一个时间列，才能进行下面有关时间范围的选择。

设定时间范围：在选定时间列后，就可以进行时间范围的选择。通过时间范围的选择，可以提取出需要的时间段内的数据记录，并填充到报表中。时间范围的填充方法如下。

所有存盘数据：所有存盘数据都满足要求。

最近时间 x 分：最近 x 分钟内的存盘数据。

固定时间：可以选择当天、前一天、本周、前一周、本月、前一月。分割时间点是指从什么时间开始计算这一天。如果选择前一天，分割时间点是早晨 6 点，则最后设定的时间范围是从昨天早晨 6 点到今天早晨 6 点。

按变量设置的时间范围处理存盘数据：可以链接 2 个变量，在填充历史表格时自动填充需要的时间。变量应该是字符型变量，其格式为"YYYY-MM-DD HH:MM:SS"或"YYYY 年 MM 月 DD 日 HH 时 MM 分 SS 秒"。在打开用户窗口时，系统进行一次历史表格填充。

因此，常见的方法是首先弹出一个用户窗口，以对话框方式让用户填写需要的时间段，然后在关闭这个窗口时打开包含历史表格的窗口，此时系统将根据用户设置的变量过滤数据记录，进而生成用户需要的报表。

⑤ 在"数值条件"选项卡中，可以按设置的数值条件过滤数据库中的记录（图 5-56），可以组态的选项有以下 3 个。

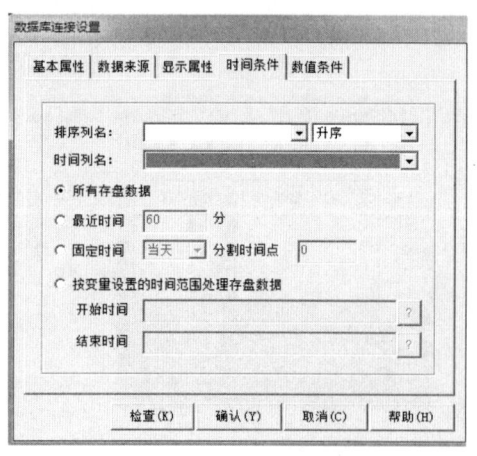

图 5-55 "时间条件"选项卡

图 5-56 "数值条件"选项卡

数值条件：包括数据列名、运算符号和比较对象 3 个部分。任何一个数值条件都包括这 3 个部分，运算符号包括：＝、＞、＜、＞＝、＜＝、Between。其中，Between 是为时间列准备的。使用 Between 时需要 2 个比较对象,形成"MCGS_Time Between 时间 1 And 时间 2"的形式。比较对象可以是一个常数,也可以是表达式。在"数值条件"选项卡中完成组态后,可以使用"增加"按钮来将数值条件添加到条件列表框中。

条件列表框:列出了所有的条件和逻辑运算关系,在条件列表框下面的只读编辑框中,会显示出最后合成的数值条件的表达式。

条件逻辑编辑按钮:包括↑、↓、And、Or、(、)、增加、删除等。仔细调整逻辑编辑关系,可以形成复杂的逻辑数值条件表达式。要注意条件列表框下面合成的最后表达式,它有助于组态出正确的表达式。

(三) 趋势曲线的种类

MCGS 嵌入版提供了 2 种用于趋势曲线绘制的构件,分别是历史曲线和实时曲线。每种曲线构件的功能各不相同。

1. 历史曲线

历史曲线是将历史存盘数据从数据库中读出,以时间为 X 轴、以数据值为 Y 轴绘制而成的曲线。同时,历史曲线也可以实现实时刷新的效果。历史曲线主要用于事后查看数据分布、状态变化趋势以及总结信号变化规律。

2. 实时曲线

实时曲线是从实时数据库中读取数据,以时间为 X 轴、以数据值为 Y 轴绘制而成的曲线。X 轴的时间标注可以按照用户组态要求显示绝对时间或相对时间。

虽然每种曲线构件分别实现了不同的功能,但 MCGS 嵌入版提供的曲线构件也有很多相似之处,每一种曲线构件都包括了如下部分:数据来源、曲线坐标轴、曲线背景网格以及曲线参数。

(四) 定义曲线数据源

趋势曲线是以曲线的形式形象地反映生产现场实时或历史数据信息,因此,无论何种曲线,都需要为其定义显示数据的来源。

数据源一般分为 2 类,即历史数据源和实时数据源。历史数据源一般使用自建的管理数据、存储文件的系统,不可以是普通的 Access 或 ODBC 数据库。

实时数据源则使用 MCGS 嵌入版实时数据库。组态时,将曲线与 MCGS 嵌入版实时数据库中的数据对象相链接,运行时,曲线构件可定时从 MCGS 嵌入版实时数据库中读取相关数据对象的值,从而实现实时刷新曲线的功能。

MCGS 嵌入版提供的曲线构件中,数据源的使用见表 5-5。

表 5-5 数据源使用表

曲线构件	使用历史数据源	使用实时数据源
历史曲线	可以	可以
实时曲线	不可以	可以

(五) 定义曲线坐标轴

每一个 MCGS 嵌入版曲线构件都需要设置曲线 X 方向和 Y 方向的坐标轴及其标注属性。

1. X 轴标注属性设置

MCGS 嵌入版曲线构件的 X 轴类型大致可分为时间和数值 2 种类型。

时间型 X 坐标轴通常需要设置其对应的时间字段、长度、时间单位、时间显示格式、标注间隔以及 X 轴标注的颜色、字体等属性。其中：

(1) 时间字段标明了 X 轴数据的数据来源。

(2) 长度和时间单位确定了 X 轴的总长度，例如，X 轴长度设置为 10，X 轴时间单位设置为"分"，则 X 轴总长度为 10 分钟。

(3) 时间显示格式、时间间隔以及 X 轴标注的颜色、字体则设定 X 轴的标注属性。

数值型 X 坐标轴通常需要设置 X 轴对应的数据变量名或字段名、最大值、最小值、小数位数、标注间隔以及标注的颜色和字体等属性。

不同的趋势曲线构件可使用的 X 坐标轴类型见表 5-6。

表 5-6　可使用的 X 坐标轴类型表

曲线构件	使用时间型 X 轴	使用数值型 X 轴
历史曲线	可以	不可以
实时曲线	可以	不可以

2. Y 轴标注属性设置

在所有 MCGS 嵌入版的曲线构件中，Y 坐标轴只允许链接类型为开关型或数值型的数据源。曲线的 Y 轴数据通常可能链接很多个数据源，从而在一个坐标系内显示多条曲线。每一个数据源可以设置的属性包括：数据源对应的数据对象名或字段名、最大值、最小值、小数位数据、标注间隔以及 Y 轴标注的颜色和字体等属性。

3. 定义曲线网格

为了使趋势曲线显示更准确，MCGS 嵌入版提供的所有曲线构件都可以自由地设置曲线背景网格的属性。

曲线网格分为与 X 坐标轴垂直的划分线和与 Y 坐标轴垂直的划分线；每个方向上的划分线又分为主划分线与次划分线。其中，主划分线用于划分整个曲线区域，例如：主划分线数目设置为 4，则整个曲线区域被主划分线划分为 4 个大小相同的区域；次划分线则在主划分线的基础上，将主划分线划分好的每一个小区域，再划分成若干个大小相同的区域，例如：若主划分线数目为 4，次划分线数目为 2，则曲线区域共被划分为 8 个区域。

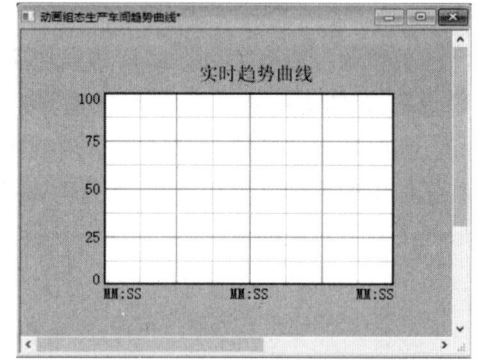

图 5-57　实时趋势曲线背景网络

此外，X 坐标轴及 Y 坐标轴的标注也依赖于各个方向的主划分线，通常坐标轴的标注文字都只在相应的主划分线下，按照用户设定的标注间隔依次标注。

如图 5-57 所示的实时曲线中，X、Y 轴主划线数目和次划线数目均为 4、2；X 轴标注间隔为 2，Y 轴标注间隔为 1。

"模拟设备水位控制报表及曲线显示组态设计"任务书

一、任务计划

根据利用 MCGS 嵌入版组态软件创建模拟设备水位控制报表及曲线显示动画工程所需的教具耗材、技能知识及工程实施过程制订工作计划。

引导问题 1:观看模拟设备水位控制报表及曲线显示运行过程,思考所用到的图元包括哪些部分,如何添加?

引导问题 2:所需教具耗材包括哪些?

引导问题 3:根据工程控制要求,需要建立哪些数据对象,对象类型是什么?

引导问题 4:参考相关知识,本任务需要添加哪些动画技能点?

二、任务实施

任务三效果如图 5-45、图 5-46 所示。

(一) 建立工程项目

工程名称为"模拟设备水位控制系统"。建立 2 个用户窗口,一个窗口名称为"模拟设备水位控制报警显示"并设置为启动窗口,另一个为"水位控制报表曲线显示"。

(二) 制作图形界面

在任务 2 水位控制窗口的基础上进行报表、曲线绘制。水罐、泵、阀、滑动输入器、旋转仪表、文字标题、标签文字说明、液位显示的白色标签、报警显示的绘制参考任务 2,这里不再赘述。

1. 实时报表绘制

实时报表是对瞬时量的反映,通常用于将当前时间的数据变量按一定的报告格式(用户组态)显示和打印出来。实时报表可以通过 MCGS 嵌入版系统的自由表格构件来绘制。具体制作步骤如下。

(1) 双击"水位控制报表曲线显示"窗口,进入动画组态。

(2) 使用"标签"**A** 构件,制作 1 个标题:"数据显示";制作 4 个注释:"实时报表""历史报表""实时曲线""历史曲线",并调整到适当的大小及位置。

(3) 使用"工具箱"中的"自由表格" ▦ 构件,在窗口适当位置绘制一个表格。

(4) 双击表格进入编辑状态。改变单元格大小的方法同微软 Excel 表格的编辑方法,即把鼠标指针移到 A 与 B 或 1 与 2 之间,当鼠标指针呈分隔线形状时,拖动鼠标至所需大小即可。

(5) 保持编辑状态,这时工具栏中的表格处理相关工具都被激活,可通过相应的工具对表格进行处理,也可以通过鼠标右键弹出菜单进行操作。单击鼠标右键,从弹出的下拉菜单中选取"删除一列"选项,连续操作 2 次,删除 2 列。再选取"增加一行",在表格中增加 1 行(图 5-58)。

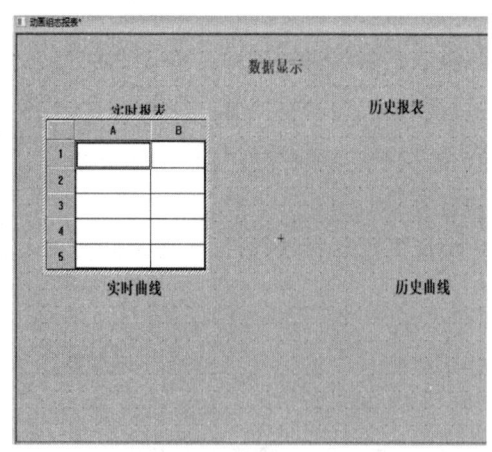

图 5-58　自由表格修改

实时报表

液位1	1|0
液位2	1|0
水泵	
调节阀	
出水阀	

图 5-59　表格设置

(6) 在A列的五个单元格中分别输入“液位1”“液位2”“水泵”“调节阀”“出水阀”；在B列的前两个单元格中均输入“1|0”，表示输出的数据有1位小数，无空格(图5-59)。

2. 历史报表绘制

历史报表通常用于从历史数据库中提取数据记录，并以一定的报告格式显示历史数据。本任务学习用动画构件中的“历史表格”构件绘制历史报表。

(1) 在“数据显示”组态窗口中，选取“工具箱”中的“历史表格”构件，在适当位置绘制一个历史表格。

(2) 双击历史表格进入编辑状态。使用右键菜单中的“增加一行”“删除一行”按钮，或者单击 按钮，使用编辑条中的 、 、 、 按钮编辑表格，制作一个5行3列的表格。列表头分别为“采集时间”“液位1”“液位2”。在C2～C3列，R2～R5行的单元格中均输入“1|0”(图5-60)。

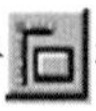

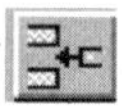

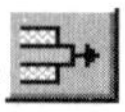

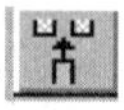

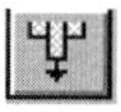

历史报表

采集时间	液位1	液位2
	1|0	1|0
	1|0	1|0
	1|0	1|0
	1|0	1|0

图 5-60　历史报表内容制作

3. 实时曲线绘制

实时曲线构件是用曲线显示一个或多个数据对象数值的动画图形，可以像笔绘记录仪一样实时记录数据对象值的变化情况。具体制作步骤如下。

引导问题5：找到“工具箱”中的“实时曲线”图标，在标签下方绘制一个实时曲线。

(1) 双击曲线,系统弹出"实时曲线构件属性设置"对话框,在"基本属性"选项卡中,将 Y 轴主划线设为 5,其他不变(图 5-61)。

(2) 在"标注属性"选项卡中,选择时间单位为"秒钟",X 轴长度为 40,小数位数为 1;最大值为 10,其他不变(图 5-62)。

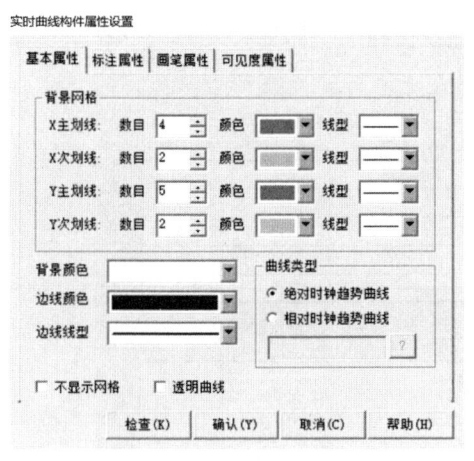

图 5-61　基本属性设置　　　　　图 5-62　标注属性设置

4. 历史曲线

历史曲线构件实现了历史数据的曲线浏览功能。运行时,历史曲线构件能够根据需要画出相应历史数据的变化趋势图。历史曲线主要用于事后查看数据、状态变化趋势和总结规律。具体制作步骤如下。

引导问题 6：找到"工具箱"中的"历史曲线"图标,在标签下方绘制一个历史曲线。

(1) 在"基本属性"选项卡中,将曲线名称设为"液位历史曲线",将 Y 轴主划线设为 5,将背景颜色设为白色(图 5-63)。

(2) 在"标注设置"选项卡中,选择时间单位为"分",时间格式为"分:秒",曲线起始点为"当前时刻的存盘数据"(图 5-64)。

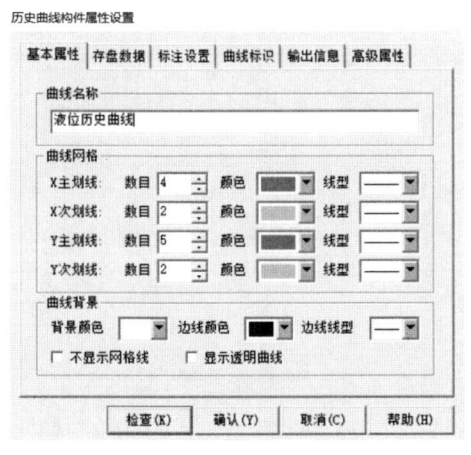 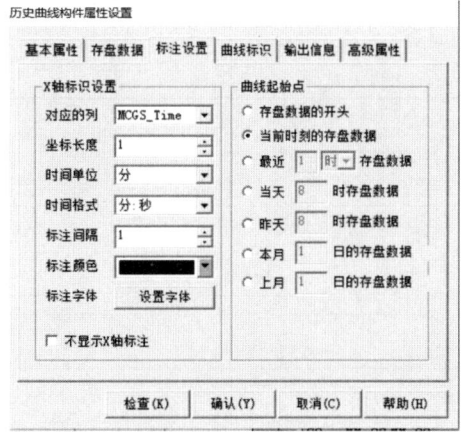

图 5-63　基本属性设置　　　　　图 5-64　标注设置

5. 标准按钮添加

在"模拟设备水位控制报警显示"窗口中添加一个标准按钮,按钮文字改为"数据显示";在"水位控制报表曲线显示"窗口右上角添加一个标准按钮,按钮文字为"返回"。水位控制报表曲线显示窗口的完整画面如图 5-65 所示。

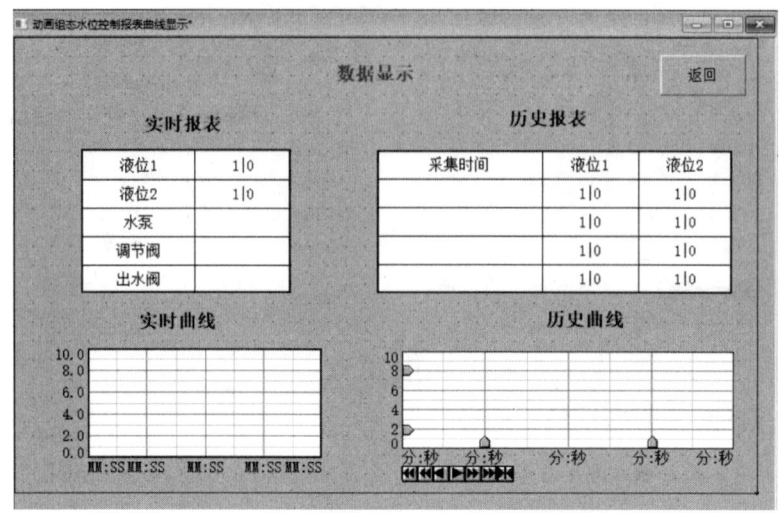

图 5-65　水位控制报表曲线显示窗口的完整画面

(三) 定义数据对象

在工作台的"实时数据库"选项卡中,单击"新增对象"按钮,根据任务要求补全数据对象,具体可参考任务 2。

引导问题 7:同学们请在表 5-7 中补全数据对象,并写出数据类型。

表 5-7　系统变量分配表

变量名	类型	注释

（四）建立动画链接

1. 实时报表动画链接

双击"实时报表"，在 B 列中选中液位 1 对应的单元格，单击右键。从弹出的下拉菜单中选取"连接"项（图 5-66）。再次单击右键，系统弹出数据对象列表，双击数据对象"液位 1"，B 列 1 行单元格所显示的数值即为"液位 1"的数据。按照上述操作，将 B 列的 2、3、4、5 行分别与数据对象液位 2、水泵、调节阀、出水阀建立链接（图 5-67）。单击空白处完成链接。

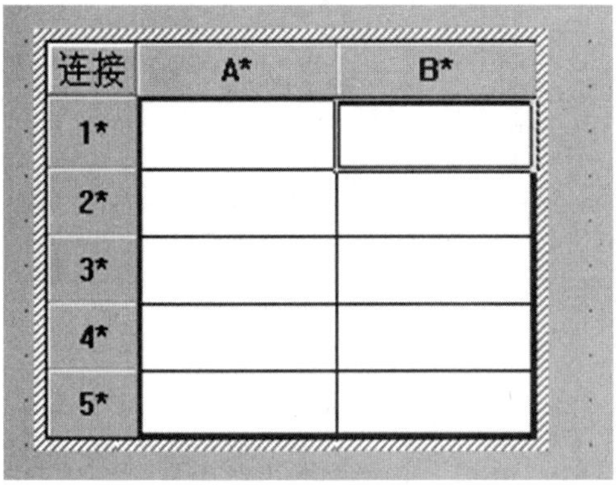

图 5-66　表格连接设置 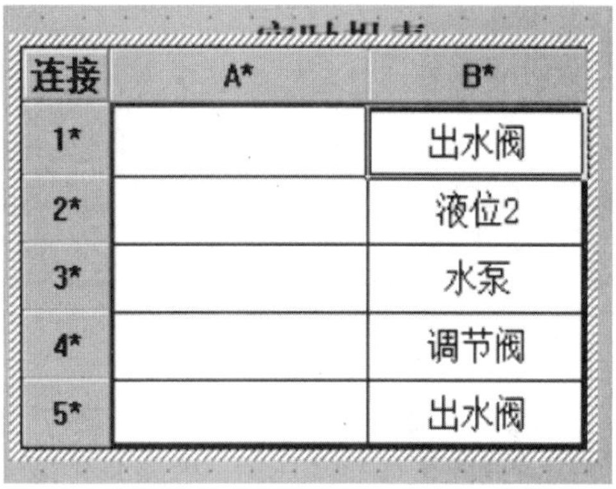　　　　图 5-67　表格连接数据

2. 历史报表动画链接

（1）双击"历史报表"，选中 R2、R3、R4、R5 行，单击右键，选择"连接"选项。

引导问题 8：参考相关知识，下面执行的操作步骤是：

所选区域会出现反斜杠（图 5-68）。

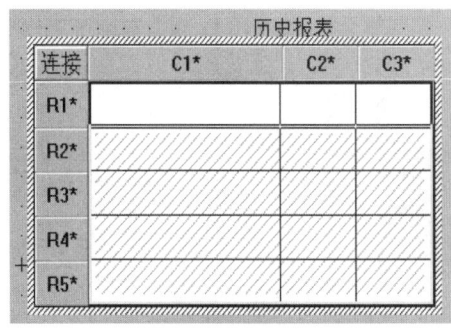

图 5-68　"合并表元"项效果

5-9　数据报表组态设计

（2）双击该区域，系统弹出"数据库连接设置"对话框，具体设置如下：

在"基本属性"选项卡中，连接方式选择"在指定的表格单元内，显示满足条件的数据记录"；勾选"按照从上到下的方式填充数据行""显示多页记录"（图 5-69）。

在"数据来源"选项卡中，选择"组对象对应的存盘数据"，组对象名设为"液位组"（图 5-70）。

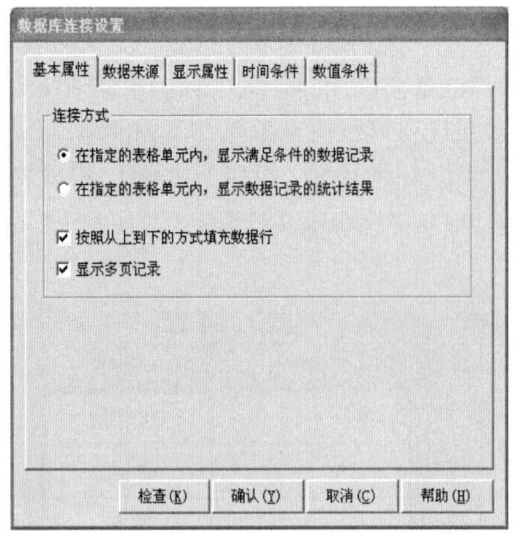

图 5-69 基本属性设置　　　　图 5-70 数据来源设置

在"显示属性"选项卡中,单击"复位"按钮,页面变成如图 5-71 所示。

在"时间条件"选项卡中,排序列名设为"MCGS_Time""升序";时间列名设为"MCGS_Time";勾选"所有存盘数据"(图 5-72)。单击"确认"按钮。

3. 实时曲线动画链接

双击"实时曲线",系统弹出"实时曲线构件属性设置"对话框,在"画笔属性"对话框中,将曲线 1 对应的表达式设为"液位 1",颜色为红色;曲线 2 对应的表达式设为"液位 2",颜色为蓝色(图 5-73)。单击"确认"按钮完成。

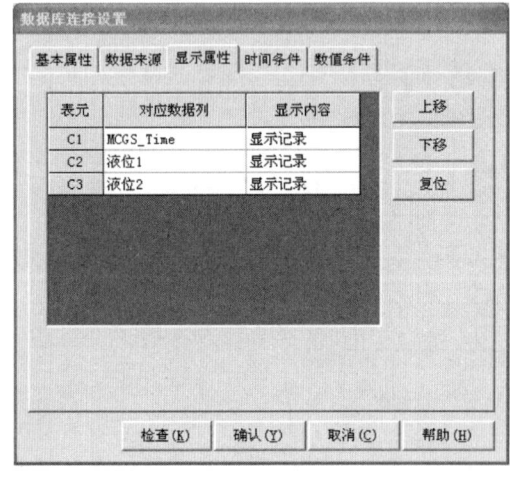 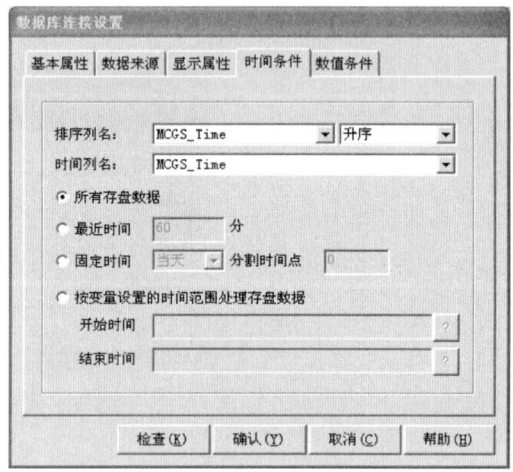

图 5-71 显示属性设置　　　　图 5-72 时间条件设置

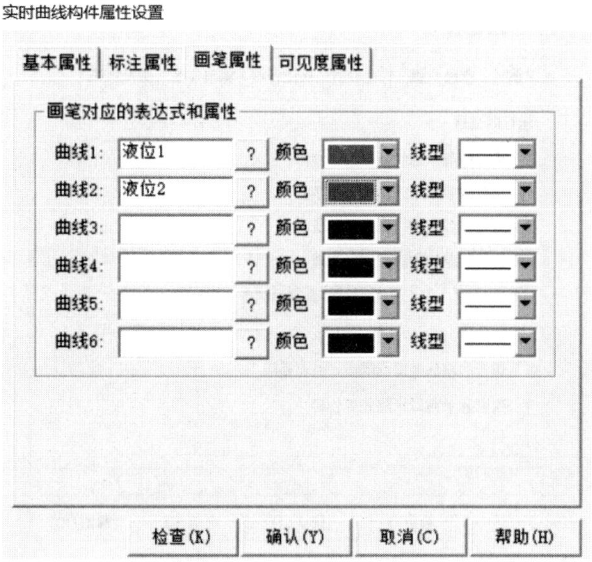

图 5-73 画笔属性设置

4. 历史曲线动画链接

双击"历史曲线",系统弹出"历史曲线构件属性设置"对话框,在"存盘数据属性"选项卡中,选择"组对象对应的存盘数据",并在下拉菜单中选择"液位组"(图 5-74)。

在"曲线标识"选项卡中,选中曲线 1,设置曲线内容为"液位 1",曲线颜色为红色,工程单位为"m",小数位数为 1,最大值为 10,实时刷新为"液位 1",其他不变(图 5-75)。选中曲线 2,设置曲线内容为"液位 2",曲线颜色为蓝色,小数位数为 1,最大值为 10,实时刷新为"液位 2"(图 5-75)。

在"高级属性"选项卡中,选中"运行时显示曲线翻页操作按钮""运行时显示曲线放大操作按钮""运行时显示曲线信息显示窗口""运行时自动刷新",将刷新周期设为 1 秒,并选择在 60 秒后自动恢复刷新状态(图 5-76)。

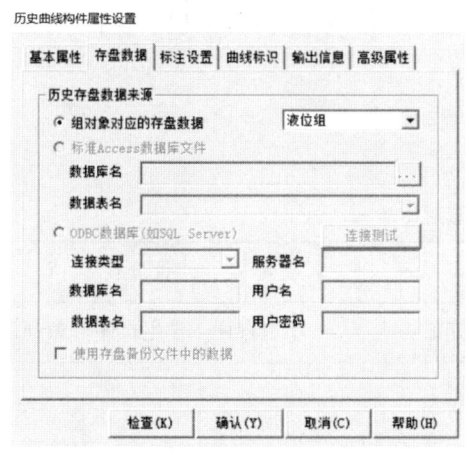

图 5-74 存盘数据属性设置

图 5-75 曲线标识设置

5-10 趋势曲线组态设计

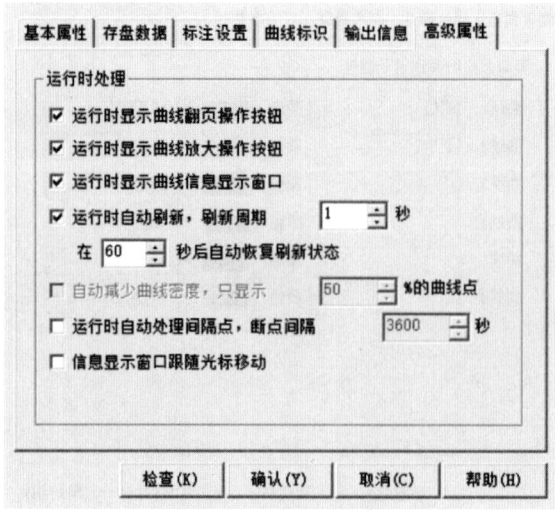

图 5-76 高级属性设置

5. 按钮的动画链接

引导问题 9：完成在"模拟设备水位控制报警显示"窗口中按下"数据显示"按钮，切换到"水位控制报表曲线显示"窗口；按下"返回"按钮，切换回原来的窗口。下面执行的操作步骤是：

_____

（五）脚本程序编写

在工作台选择"运行策略→循环策略→策略属性→循环策略属性→定时循序执行"，将"循环时间（ms）"栏设为 100。在编辑区输入程序（脚本程序同任务 5.2，这里不再赘述）。

（六）调试运行

保存工程。将"模拟设备水位控制报警显示"窗口设置为启动窗口，单击组态环境窗口工具条中的"进入运行环境"按钮或按下键盘上的"F5"键，将工程下载后，仿真运行画面如图 5-45、图 5-46 所示。

三、质量检查及验收

请将质量检查及验收的情况填入表 5-8。

表 5-8 检查对比表

学习成果		评分表		
巩固学习内容	总结与订正	小组自评	学生自评	教师评分
"！SetAlmValue（液位 1，液位 1 上限，3）"函数是什么意思？				

(续表)

学习成果		评分表		
巩固学习内容	总结与订正	小组自评	学生自评	教师评分
组对象类型数据对象成员的要求是什么?				
请利用"标签"构件添加水罐中液位的工程单位——m				
学到的技能点				
出错的地方				

【知识链接】请扫码查看完成任务三模拟设备水位控制报表及曲线显示组态设计的知识锦囊。

5-11 模拟设备水位控制报表及曲线显示组态设计

【边学边练】

设计生产车间原料油液位、催化剂液位、成品油液位报警显示(图 5-77),报表显示(图 5-78),曲线显示(图 5-79)动画工程。

5-12 生产车间报警信息显示演示视频

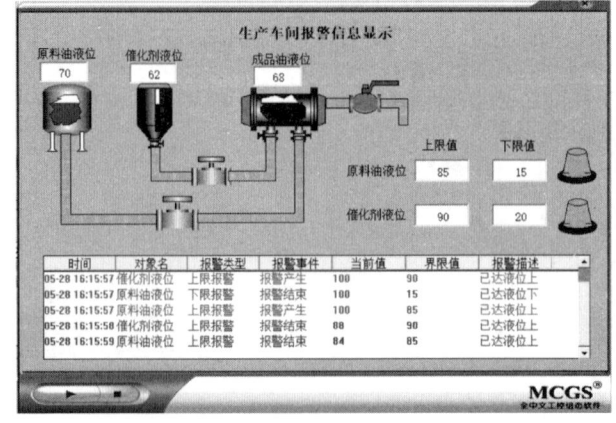

图 5-77　生产车间报警信息显示动画效果图

5-13 生产车间数据报表显示演示视频

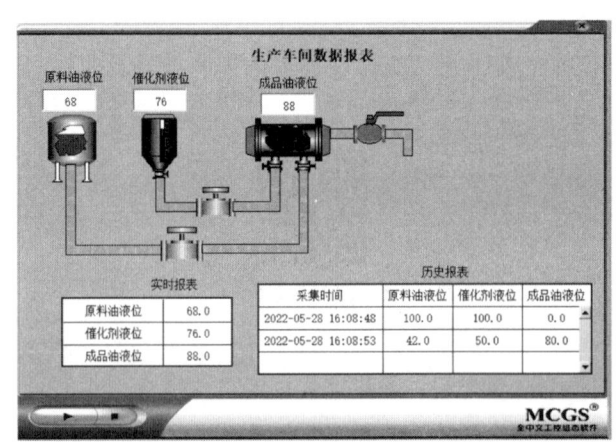

图 5-78　生产车间数据报表显示动画效果图

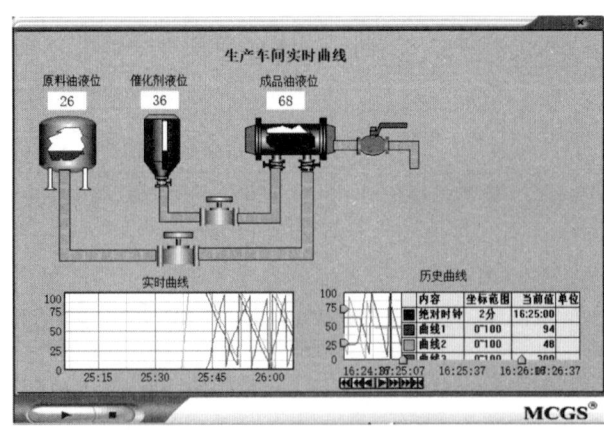

图 5-79　生产车间实时曲线显示动画效果图

项目六

生产车间配方与安全工程组态

 教学目标

知识目标

1. 掌握工具箱常用构件的使用方法;
2. 掌握组态软件配方的设计与操作方法;
3. 掌握组态软件菜单的设计与多窗口的操作;
4. 掌握 MCGS 嵌入版组态软件安全机制的基本操作方法;
5. 掌握 MCGS 嵌入版组态软件用户登录函数的使用;
6. 掌握运行策略与脚本程序的编程方法。

能力目标

1. 能够运用组态软件操作权限设置方法设计用户权限;
2. 能够使用内部函数改变操作权限;
3. 能够运用组态软件配方功能实现各种成品原料配方设计;
4. 能够编制一个功能齐全的菜单系统;
5. 能够使用运行策略编写脚本语言程序控制工程运行流程;
6. 能够完成 MCGSTPC 嵌入式触摸屏与 PLC 设备通信接线;
7. 能够按照操作步骤进行组态工程设计并正确下载到触摸屏。

素质目标

1. 培养学生在生活中发现问题、分析问题、解决问题的能力;
2. 培养学生的交往沟通能力和团队合作精神;
3. 培养学生努力学习、积极进取的学习精神;
4. 培养学生遵守劳动纪律及操作规程,增强环保和安全意识;
5. 培养学生努力钻研、克服困难、解决问题的毅力;
6. 培养学生精益、执着、创新的工匠素养;
7. 培养学生在工程设计中规范操作、严谨细致的良好职业作风。

项目背景

在制造领域,配方用来描述生产一件产品所用的不同配料之间的比例关系,是生产过程中一些变量对应的参数设定值的集合。例如在钢铁厂,一个配方可能就是机器设置参数的一个集合。而且,在工业过程控制中,现场人为的误操作容易引发故障或事故,而某些误操作所带来的后果有可能是致命的。为了防止这类事故的发生,MCGS嵌入版组态软件提供了一套完善的安全机制,严格限制各类操作的权限,从而避免现场操作的任意性和无序状态,防止因误操作干扰系统的正常运行,甚至导致系统瘫痪,造成不必要的损失。

任务一 生产车间配方处理组态设计

一、情境描述

某开发小组接到任务,通过MCGS嵌入版组态软件和触摸屏模拟水位控制系统的运行。本项目将以一个生产车间原料油和催化剂按不同比例构成成品油的不同配方的组态工程为载体,使原料油与催化剂配料按照不同的比例关系生成各种配方的原料油,以满足各种工业生产需求。任务效果如图6-1所示。通过本任务的学习,学生可以掌握配方的设计与操作方法,菜单的设计与多窗口的操作。为了满足控制要求,需要使用运行策略中的脚本程序和定时器构件编程。需要说明的是,本项目中的任务都只是利用组态软件模拟监控系统运行,故并不需要硬件支持。

6-1 生产车间配方处理组态设计演示视频

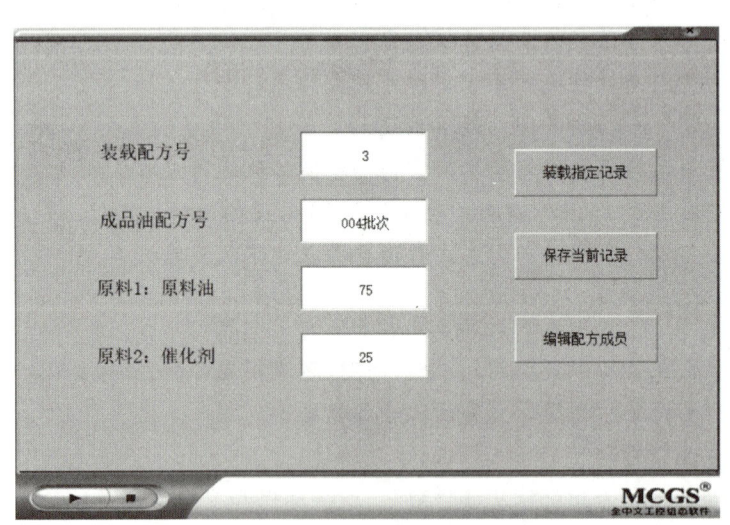

图6-1 生产车间配方处理任务效果图

二、相关知识

面包厂生产面包时有一个配料配方。此配方会列出所有用来生产面包的配料(如水、面粉、糖、鸡蛋、蜂蜜等),而不同口味的面包会有不同的配料用量。例如甜面包会使用更多的糖,而低糖面包则使用更少的糖。同理,在 MCGS 嵌入版配方构件中,所有配料的列表就是一个配方组,而每一种口味的面包原料用量则是一个配方。可以把配方组想象成一张表格(表 6-1),表格的每一列就是一种原料,而每一行就是一个配方,单元格的数据则是每种原料的具体用量。

表 6-1 面包房面包原料配方(单位:g)

面包	原料				
	糖	盐	面粉	水	蜂蜜
甜面包	80	10	80	30	10
低糖面包	30	5	80	30	0
无糖面包	10	5	80	30	0

MCGS 嵌入版的配方构件由 3 个部分组成:组态环境配方设计、运行环境配方操作和运行环境配方操作脚本函数。

(一) MCGS 配方管理基本原理

MCGS 嵌入版的配方构件采用数据库处理方式,可以在一个用户工程中同时建立和保存多个配方组;每个配方组的配方成员变量和配方可以任意修改,各个配方成员变量的值可以在组态和运行环境中修改。用户可随时指定配方组中的某个配方为配方组的当前配方,把指定配方组的当前配方的参数值装载到实时数据库的对应变量中;也可把实时数据库的变量值保存到指定配方组的当前配方中。此外,MCGS 嵌入版还提供了追加配方、插入配方、对当前配方改名等功能。

使用 MCGS 嵌入版配方构件一般分为 2 步:

第 1 步,配方组态设计。即通过配方组态窗口输入配方所要求的成员变量及其参数值。

第 2 步,运行环境配方操作。在运行环境中通过脚本函数打开对话框来装入配方、编辑配方,或者通过配方脚本函数直接操作配方。

(二) 配方组态设计

点击"工具"菜单中的"配方组态设计"项,进入 MCGS 嵌入版配方组态窗口(图 6-2)。

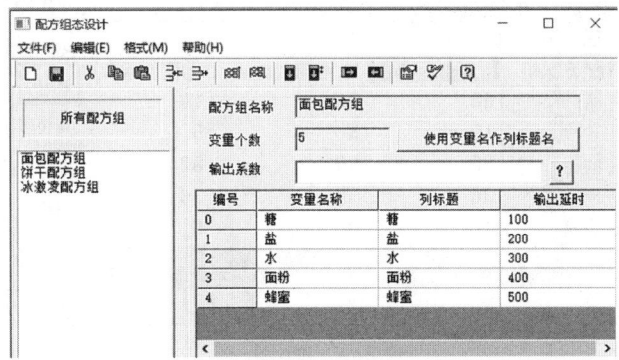

图 6-2 MCGS 嵌入版配方组态窗口

"配方组态设计"窗口是一个独立的编辑环境。用户通过菜单、工具栏按钮以及键盘热键能够完成对配方和配方成员的新建、编辑、删除等操作。

"配方组态设计"窗口主要分为3部分:左侧是配方组列表,工程中所有的配方组都会显示在这里。右侧上方是配方组的名称、成员变量个数等配方组信息,下方则显示这个配方组的成员变量列表及其对应的数据对象名称、列标题等信息。用户要查看或者修改某一个配方组的成员及其参数,必须先从列表中选中要操作的配方组,然后在右侧进行相应的操作。

使用配方组态设计进行配方参数设置的具体步骤如下。

(1)新建配方组:单击"文件"菜单中的"新增配方组"菜单项或者工具栏的新建配方图标,建立一个缺省的配方组。缺省的配方组名称为"配方组 X",没有任何成员变量,输出系数为空。

(2)配方组改名:从左侧的配方组列表中选中要改名的配方组,再单击"文件"菜单中的"配方组改名"菜单项,然后在对话框中输入配方组的新名字。

(3)配方组信息修改:选中配方组,在右侧上方输入配方组的新信息,例如输出系数。

(4)配方组成员变量编辑:选中配方组后,右侧会显示配方组的信息和成员变量列表,每个成员变量就是成员变量列表窗口中的一行。通过"格式"菜单中的菜单项或者工具栏的相应图标,可以完成对配方组成员变量的添加、删除、拷贝、移动等操作。要为成员变量设置对应的数据对象,可以选中成员变量单元格,然后按"F2"键或者单击鼠标左键输入数据对象名称,或者在单元格上单击鼠标右键,通过实时数据选择窗口选择成员变量对应的数据对象。如果用户输入的数据对象不存在于实时数据库中,配方组态窗口会提示用户是否添加此数据对象(图6-3)。

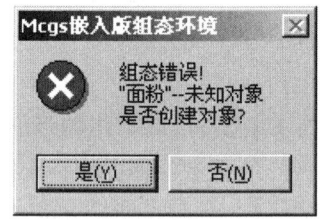

图 6-3 添加数据对象提示

(5)配方编辑:配方组设置完成后就可以录入配方数据了。在左侧的配方组列表中双击需要修改的配方组或者选择"编辑"菜单的"编辑配方"菜单项,打开"配方修改"窗口(图6-4)。在"配方修改"窗口的配方列表中,每一列就是一个配方,用户可以添加多个配方,并为每个配方设置不同的变量值。

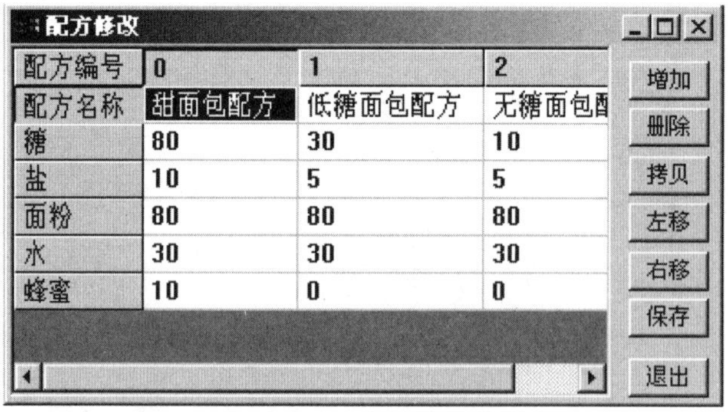

图 6-4 配方修改

配方功能具体说明如下：

① 配方组和配方。在 MCGS 嵌入版配方构件中，每个配方组就是一张表格，每个配方就是表格中的一行，而表格的每一列就是配方组的一个成员变量。

② 配方组名称。配方组的名称应能够清楚反映配方的实际用途。例如面包配方组就是各种面包的配方。

③ 变量个数。这里的变量个数就是配方组成员变量的数量，也就是配方中的原料总数。例如表 6-1 的配方有 5 种原料，那么对应的配方组就应该有 5 个成员变量。

④ 输出系数。输出系数会从整体上影响配方中所有变量的输出值。在输出变量值时，每个成员变量的值会乘以输出系数以后再输出。如果输入系数为空，那么就会跳过这个操作，其等效于将输出系数设置为 1。输出系数除了可以设置成固定常数外，也可以设置成数据对象，这样就可以通过改变输出系数对应的数据对象来控制配方组成员变量的最终输出值了。

⑤ 变量名称。变量名称实际上是数据对象的名称。例如面包配方中"糖"这个原料对应的数据对象可能叫作"原料—糖"。

⑥ 列标题。每一列的标题并不会对输出值造成任何影响，只是为了便于用户查看和编辑配方，因此设置成有意义的标题即可。

⑦ 输出延时。输出延时参数会影响成员变量的值复制到数据对象时的等待时间，单位是秒。例如"糖"的输出延时是 100 秒，那么在运行环境下装载配方时，"糖"的变量值会在 100 秒以后才复制到对应的数据对象中去。如果使用脚本函数装载配方，那么要注意有一个脚本函数在输出值时是不会受到输出延时参数影响的。

（三）运行环境配方操作

当组好一个配方后，就需要在运行环境下对配方进行操作，如装载配方记录、保存配方记录值等。MCGS 嵌入版使用特定的配方脚本函数来实现对配方记录的操作。

可用的配方脚本函数有下面 4 类：通过用户界面装载和编辑配方的函数、不带用户界面的配方装载和编辑函数、配方组中当前配方的定位函数、对当前配方进行操作的函数。

（四）配方操作函数

1. !RecipeLoad(strRecipeName)

　　函数意义：装载配方

　　返回值：开关型

　　　　返回值＝0，表示装载成功

　　　　返回值＝－1，表示需要加装载的配方组不存在

　　　　返回值＝－2，表示需要装载的配方组已装载

　　参数：strRecipeName——配方组名称（字符型）

　　实例：!RecipeLoad("面包配方组")

2. !RecipeSave(strRecipeName)

　　函数意义：强制保存指定配方组

　　返回值：开关型

　　　　返回值＝0，表示保存成功

返回值=-1,表示指定的配方组名不存在

参数:strRecipeName——配方组名称(字符型)

实例:ret = !RecipeSave("面包")

注意事项:1. 保存失败或空间不足时返回-1

2. 此功能频繁调用会降低 TPC 的使用寿命

3. !RecipeLoadByDialog(strRecipeGroupName,strDialogTitle)

函数意义:选择要装入的配方并将能选择配方变量的值输出到对应数据对象上

参数:strRecipeGroupName——配方组名称(字符型)

strDialogTitle——对话框标题(字符型)

实例:!RecipeLoadByDialog("面包配方组","装入配方")

界面如图 6-5 所示。

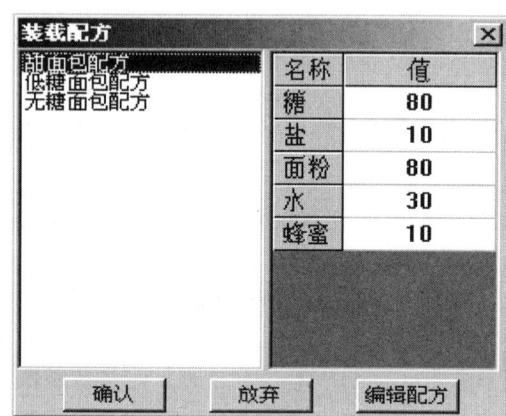

图 6-5 装载配方　　　　　　　　图 6-6 运行环境中编辑配方

4. !RecipeModifyByDialog(strRecipeGroupName)

函数意义:在运行环境中编辑配方

参数:strRecipeGroupName——配方组名称(字符型)

实例:!RecipeModifyByDialog("面包配方组")

界面如图 6-6 所示。

5. !RecipeManageByDialog()

函数意义:保存函数没有实现

6. !RecipeLoadByName(strRecipeGroupName,strRecipeName)

函数意义:装载指定配方组中的指定配方并将配方的参数值复制到对应的数据对象上

参数:strRecipeGroupName——配方组名称(字符型)

strRecipeName——配方名称(字符型)

返回值:开关型

返回值=0,表示成功

返回值=-1,表示失败

实例：!RecipeLoadByName("面包配方组","甜面包配方")

7. !RecipeLoadByNum(strRecipeGroupName,nRecipeNum)

函数意义：装载指定配方组中指定编号的配方并将配方的参数值复制到对应的数据对象上

参数：strRecipeGroupName——配方组名称（字符型）

　　　nRecipeNum——配方编号（数值型）

返回值：开关型

　　　返回值＝0，表示成功

　　　返回值＝－1，表示失败

实例：!RecipeLoadByNum("面包配方组",2)

8. !RecipeMoveFirst(strRecipeGroupName)

函数意义：设置指定配方组的当前配方为配方组中的第一个配方

参数：strRecipeGroupName——配方组名称，字符型

返回值：开关型

　　　返回值＝0，表示成功

　　　返回值＝－1，表示失败

实例：!RecipeMoveFirst("面包配方组")

9. !RecipeMoveLast(strRecipeGroupName)

函数意义：设置指定配方组的当前配方为配方组中的最后一个配方

参数：strRecipeGroupName——配方组名称（字符型）

返回值：开关型

　　　返回值＝0，表示成功

　　　返回值＝－1，表示失败

实例：!RecipeMoveLast("面包配方组")

10. !RecipeMoveNext(strRecipeGroupName)

函数意义：设置指定配方组的当前配方为配方组当前配方的下一个配方

参数：strRecipeGroupName——配方组名称（字符型）

返回值：开关型

　　　返回值＝0，表示成功

　　　返回值＝－1，表示失败

实例：!RecipeMoveNext("面包配方组")

11. !RecipeMovePrev(strRecipeGroupName)

函数意义：设置指定配方组的当前配方为配方组当前配方的上一个配方

参数：strRecipeGroupName——配方组名称（字符型）

返回值：开关型

　　　返回值＝0，表示成功

　　　返回值＝－1，表示失败

实例：!RecipeMovePrev("面包配方组")

12. !RecipeSeekTo(strRecipeGroupName,strRecipeName)

    函数意义:设置指定配方组的当前配方为配方组中指定名称的配方

    参数:strRecipeGroupName——配方组名称(字符型)

    　　　strRecipeName——配方名称(字符型)

    返回值:开关型

    　　　返回值=0,表示成功

    　　　返回值=-1,表示失败

    实例:!RecipeSeekTo("面包配方组","甜面包配方")

13. !RecipeSeekToPosition(strRecipeGroupName,nPosition)

    函数意义:设置指定配方组的当前配方为配方组中指定编号的配方

    参数:strRecipeGroupName——配方组名称(字符型)

    　　　nPosition——配方编号(数值型)

    返回值:开关型

    　　　返回值=0,表示成功

    　　　返回值=-1,表示失败

    实例:!RecipeSeekToPosition("面包配方组",2)

14. !RecipeGetCurrentPosition(strRecipeGroupName)

    函数意义:返回指定配方组当前配方的编号

    参数:strRecipeGroupName——配方组名称(字符型)

    返回值:开关型

    　　　返回值=-1,表示失败

    　　　返回值=其他值,表示当前配方的编号

    实例:配方组当前位置=!RecipeGetCurrentPosition("面包配方组")

15. !RecipeDelete(strRecipeGroupName)

    函数意义:删除指定配方组的当前配方(删除成功后当前配方会重新定位到被删除配方的下一个配方)

    参数:strRecipeGroupName——配方组名称(字符型)

    返回值:开关型

    　　　返回值=-1,表示失败

    　　　返回值=其他值,表示当前配方的编号

    实例:!RecipeDelete("面包配方组")

16. !RecipeSetValueTo(strRecipeGroupName,GroupObject)

    函数意义:将指定配方组当前配方的参数值复制到组对象的成员中

    参数:strRecipeGroupName——配方组名称(字符型)

    　　　GroupObject——组对象

    返回值:开关型

    　　　返回值=0,表示成功

    　　　返回值=-1,表示失败

返回值＝－2,表示对象不存在

返回值＝－3,表示组对象成员类型或者数量不匹配

实例:!RecipeSetValueTo("面包配方组",面包配方组对象)

注意事项:这个脚本函数复制参数值时不会受到配方组成员变量输出延时参数的影响

17. !RecipeGetValueFrom(strRecipeGroupName,GroupObject)

函数意义:将组对象成员中的值复制到指定配方组的当前配方中

参数:strRecipeGroupName——配方组名称(字符型)

GroupObject——组对象

返回值:开关型

返回值＝0,表示成功

返回值＝－1,表示失败

返回值＝－2,表示对象不存在

返回值＝－3,表示组对象成员类型或者数量不匹配

实例:!RecipeGetValueFrom("面包配方组",面包配方组对象)

18. !RecipeAddNew(strRecipeGroupName,strRecipeName,GroupObject)

函数意义:在指定配方组中追加一个新配方并将组对象成员的值复制到配方中

参数:strRecipeGroupName——配方组名称(字符型)

strRecipeName——配方名称(字符型)

GroupObject——组对象

返回值:开关型

返回值＝0,表示成功

返回值＝－1,表示失败

返回值＝－2,表示对象不存在

返回值＝－3,表示组对象成员类型或者数量不匹配

实例:!RecipeAddNew("面包配方组","新配方",面包配方组对象)

19. !RecipeAddAt(strRecipeGroupName,strRecipeName,GroupObject)

函数意义:在指定配方组当前配方的前面插入一个新配方并将组对象成员的值复制到配方中

参数:strRecipeGroupName——配方组名称(字符型)

strRecipeName——配方名称(字符型)

GroupObject——组对象

返回值:开关型

返回值＝0,表示成功

返回值＝－1,表示失败

返回值＝－2,表示对象不存在

返回值＝－3,表示组对象成员类型或者数量不匹配

实例:!RecipeAddAt("面包配方组","新配方",面包配方组对象)

20. !RecipeGetName(strRecipeGroupName)

   函数意义:得到指定配方组当前配方的名称

   参数:strRecipeGroupName——配方组名称(字符型)

   返回值:配方组名称(如果当前配方无效,则返回空字符串)

21. !RecipeSetName(strRecipeGroupName,strRecipeName)

   函数意义:设置指定配方组当前配方的名称

   参数:strRecipeGroupName——配方组名称(字符型)

   　　　strRecipeName——配方名称(字符型)

   返回值:开关型

   　　　返回值=0,表示成功

   　　　返回值=-1,表示失败

6-2 菜单设计

(五) 菜单设计

在工作台的用户窗口中,添加"生产车间实时曲线"和"生产车间历史曲线"2个窗口,每个窗口中绘制对应的实时曲线和历史曲线,同时链接一个变化的数据对象。以此例为载体,讲解菜单设计过程。

(1) 在工作台中选择"主控窗口"选项卡,单击"菜单组态"按钮,系统弹出"菜单组态:运行环境菜单"对话框(图6-7)。右键单击"系统管理[&S]"项,出现快捷菜单,选择"删除菜单"命令,清除自动生成的默认菜单。

(2) 单击"MCGS组态环境"窗口工具条中的"新增菜单项"按钮,产生[操作0]菜单。双击[操作0]菜单,系统弹出"菜单属性设置"对话框。在"菜单属性"选项卡中,将菜单名设置为"系统",菜单类型选择"下拉菜单项"(图6-8),单击"确认"按钮,就可产生"系统"菜单。

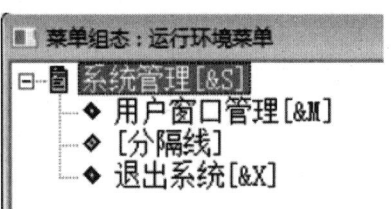

图6-7 菜单组态窗口

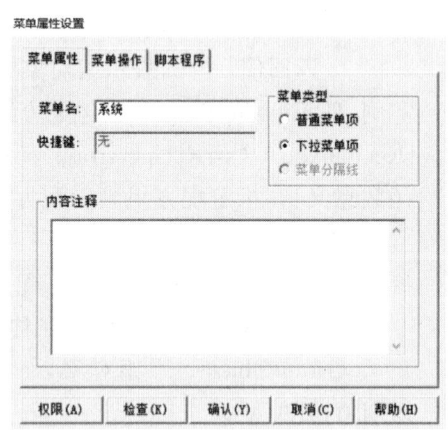

图6-8 菜单属性设置

(3) 右键单击"菜单组态:运行环境菜单"窗口中的"系统"菜单,系统弹出快捷菜单,选择"新增下拉菜单"命令,可新增1个下拉菜单[操作集0]。双击[操作集0]菜单,系统弹出"菜单属性设置"对话框。在"菜单属性"选项卡中,将菜单名设置为"退出(X)",菜单类型选择"普通菜单项",在"快捷键"输入框中,同时按键盘上的"Ctrl"+"X"键,则输入框中出现"Ctrl+X"(图6-9)。在"菜单操作"选项卡中,菜单对应功能选择"退出运行系统"复选框,单击右侧的下三角按钮,在弹出的下拉列表中,选择"退出运行环境"(图6-10)。单击"确认"按钮,设置完毕。

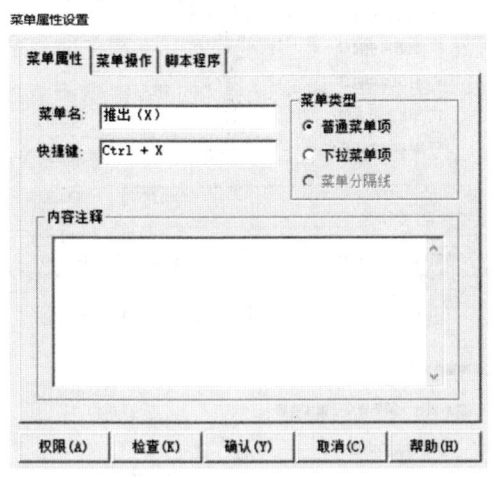
图6-9 "退出"菜单属性设置

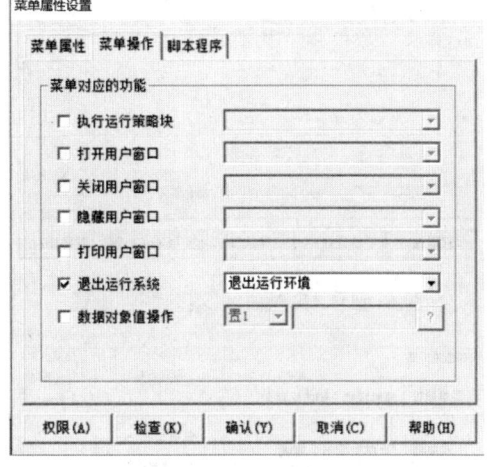
图6-10 "推出"菜单操作属性设置

(4)再次单击工具栏中的"新增菜单项"按钮,产生[操作0]菜单。双击[操作0]菜单,系统弹出"菜单属性设置"对话框。在"菜单属性"选项卡中,将菜单名设置为"曲线",菜单类型选择"下拉菜单项",单击"确认"按钮,生成"曲线"菜单。

(5)右键单击"曲线"菜单,系统弹出快捷菜单,选择"新增下拉菜单"项,新增1个下拉菜单[操作集0]。双击[操作集0]菜单,系统弹出"菜单属性设置"对话框。在"菜单属性"选项卡中,将菜单名设置为"生产车间实时曲线",菜单类型选择"普通菜单项"(图6-11)。在"菜单操作"选项卡中,菜单对应的功能选择"打开用户窗口"复选框,在右侧的下拉列表框中,选择"生产车间实时曲线"(图6-12)。单击"确认"按钮,设置完毕。

(6)再次右键单击"曲线"菜单,系统弹出快捷菜单,选择"新增下拉菜单"项,新增1个下拉菜单[操作集0]。双击[操作集0]菜单,系统弹出"菜单属性设置"对话框,在"菜单属性"选项卡中,将菜单名设置为"生产车间历史曲线",菜单类型选择"普通菜单项"(图6-13)。在"菜单操作"选项卡中,菜单对应的功能选择"打开用户窗口"复选框,在右侧的下拉列表框中,选择"生产车间历史曲线"(图6-14)。单击"确认"按钮,设置完毕。

(7)在"菜单组态:运行环境菜单"窗口中,分别右键单击"退出""实时曲线"和"历史曲线单项,系统弹出快捷菜单,选择"菜单右移"命令,这3个菜单会右移。设计完成的菜单结构如图6-15所示。

在工作台中选择"主控窗口"选项卡,单击"系统属性"按钮,系统弹出"主控窗口属性设置"对话框。在"基本属性"选项卡中,在"菜单设置"栏选择"有菜单"选项(图6-16)。

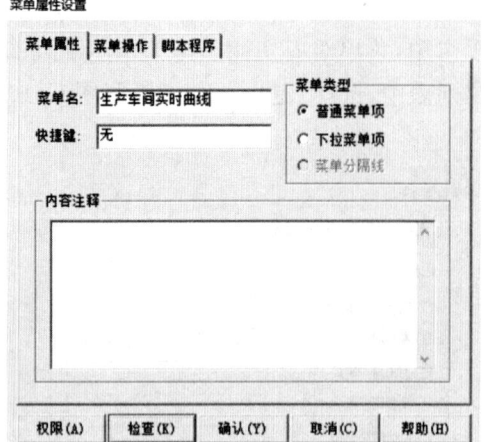

图 6-11 "实时曲线"菜单属性设置

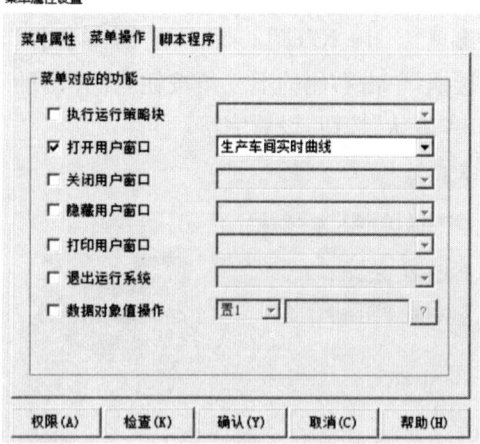

图 6-12 "实时曲线"菜单操作属性设置

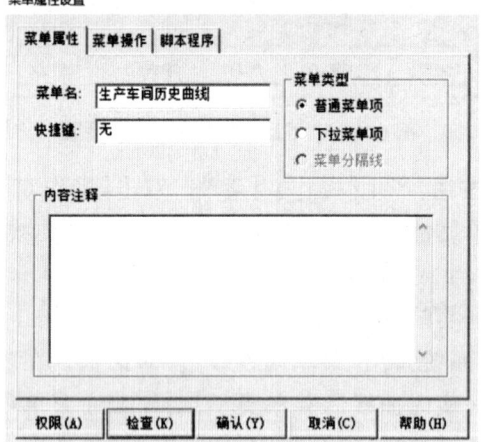

图 6-13 "历史曲线"菜单属性设置

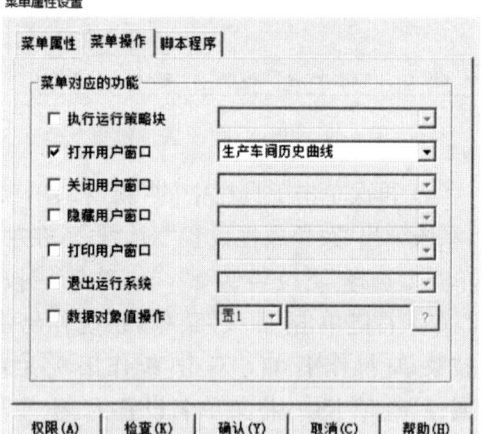

图 6-14 "历史曲线"菜单操作属性设置

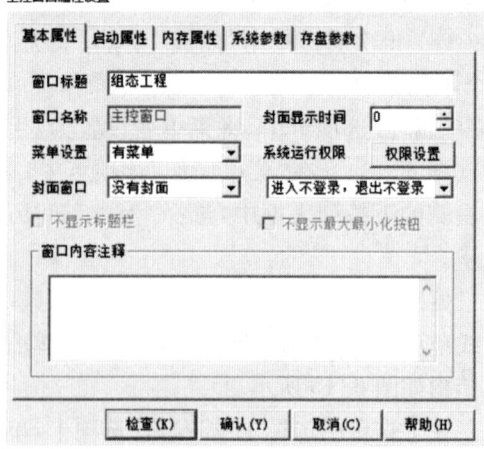

图 6-15 生产车间菜单结构

图 6-16 菜单设置选择"有菜单"

"生产车间配方处理组态设计"任务书

一、任务计划

根据利用 MCGS 嵌入版组态软件创建生产车间配方处理工程所需的教具耗材、技能知识及工程实施过程制订工作计划。

引导问题1:观看生产车间配方处理工程工作过程,思考所用到的图元包括哪些部分,如何添加?

_____

引导问题2:所需教具耗材包括哪些?

_____

引导问题3:根据工程控制要求,需要建立哪些数据对象,对象类型是什么?

_____

引导问题4:参考相关知识,本任务需要添加哪些动画技能点?

_____
_____

二、任务实施

任务一效果如图 6-1 所示。

(一)建立工程项目

工程名称为"生产车间成品油配方"。建立一个用户窗口,窗口名称为"成品油配方"。

(二)制作图形界面

选中"成品油配方"窗口图标,单击"动画组态"(或者双击"水位控制"窗口图标),进入动画组态窗口,开始编辑画面。

1. 添加 4 个"标签"构件

4 个"标签"构件名称分别为"装载配方号""成品油配方号""原料1:原料油"和"原料2:催化剂"。所有标签的边线颜色均设置为无边线颜色(双击标签可进行设置)。

2. 添加 4 个"输入框"构件

单击工具箱中的"输入框"构件,然后将鼠标指针移动到窗口上,单击空白处并拖动鼠标,画出适当大小的矩形框,则所设计的界面中出现"输入框"构件。

3. 添加 3 个"按钮"构件

将按钮标题分别设置为"装载指定记录""保存当前记录"和"编辑配方成员"(图 6-17)。

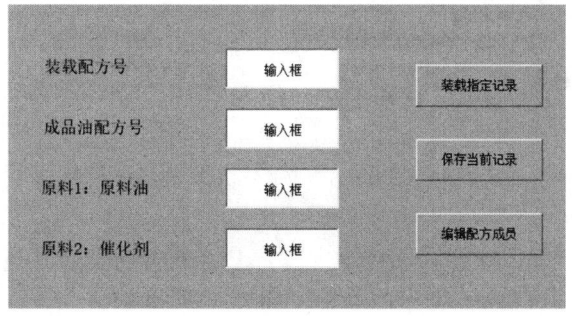

图 6-17 成品油配方图形界面

(三) 定义数据对象

1. 添加数据对象

在工作台中切换至"实时数据库"选项卡。表6-2为一种建立的数据对象库变量,大家可以参考。建立的实时数据库如图6-18所示。

引导问题5:同学们认为需要建立哪些数据对象?请在表6-2中修改、补全,并写出数据类型。

表6-2 系统变量分配表

变量名	类型	注释
成品油配方批号	字符型	
查询批号	数值型	
原料1:原料油	数值型	
原料2:催化剂	数值型	

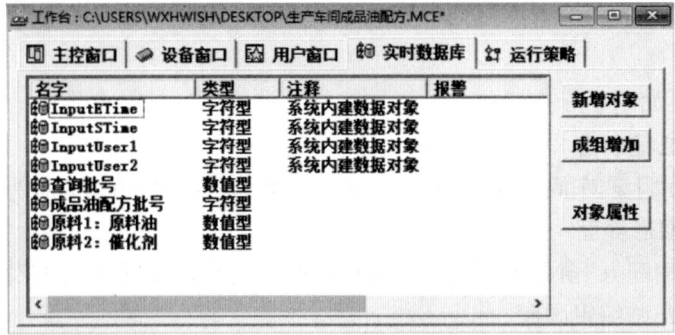

图6-18 实时数据库

2. 配方组态设计

(1) 在"MCGS组态环境"窗口中,选择"工具"→"配方组态设计"命令,系统弹出"配方组态设计"窗口。在此窗口选择"文件"→"新增配方组"命令,建立一个默认的配方结构;选择"文件"→"配方组改名"命令,将系统默认配方名改为"成品油配方一"(图6-19)。

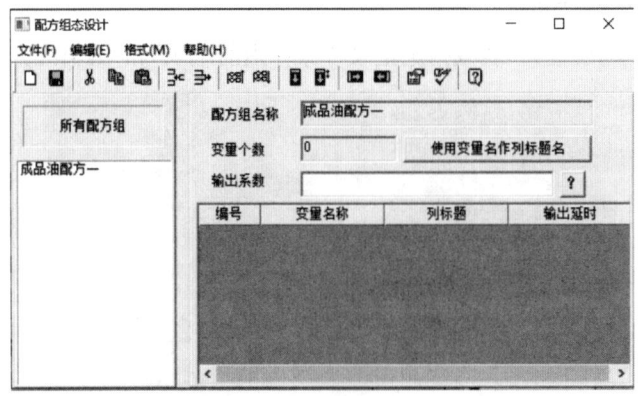

图6-19 建立新配方组

在工具栏单击 2 次"多重复制单选的对象" ![icon] 图标,在"成品油配方一"表格中增加 2 行,在表格的"变量名称"下方每一行分别输入"原料1:原料油""原料2:催化剂";再单击对话框上方的"使用变量名作列标题名",则"列标题"与"变量名称"相同。输出延时默认"0"秒即可(图6-20)。

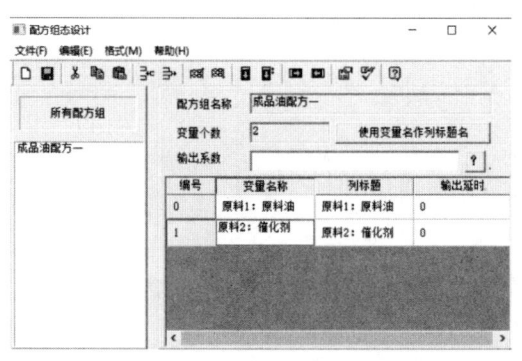

图 6-20　"成品油配方一"表格变量添加

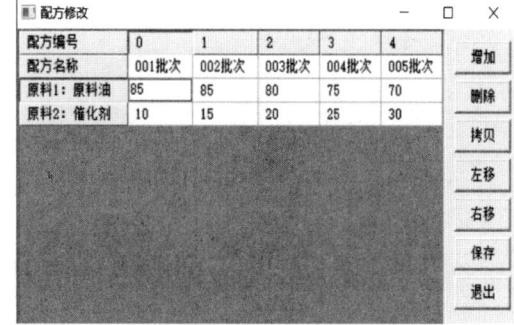

图 6-21　配方参数创建

(2)在"配方组态设计"对话框中,双击左侧"所有配方组"下方的"成品油配方一",进入"配方修改"窗口,"原料1:原料油""原料2:催化剂"会自动添加到表格左侧一列。在窗口中,单击右侧的"增加"按钮,会增加表格列次,此处增加 5 列,并输入相应配方名称和原料的数值。单击"保存",这就建立好了初始配方库(图6-21)。

(四)建立动画链接

在工作台的"用户窗口"选项卡中,双击"生产车间配方组态设计"图标,打开"生产车间配方组态设计"窗口。

(1)"装载配方号"右侧输入框动画链接。在"操作属性"选项卡中,对应数据对象的名称选择"查询批号"。

(2)"成品油配方号"右侧输入框动画链接。在"操作属性"选项卡中,对应数据对象的名称选择"成品油配方批号"。

(3)"原料1:原料油"右侧输入框动画链接。在"操作属性"选项卡中,对应数据对象的名称选择"原料1:原料油"。

(4)"原料2:催化剂"右侧输入框动画链接。在"操作属性"选项卡中,对应数据对象的名称选择"原料2:催化剂"。

(5)在工作台的"用户窗口"选项卡中,双击"生产车间配方组态设计"图标,打开用户窗口。双击"装载指定记录"按钮,系统弹出"标准按钮构件属性设置"对话框,选择"脚本程序"选项卡,单击"按下脚本"选项,输入配方操作函数"!RecipeLoadByDialog (strRecipeGroupName,strDialogTitle)"(函数意义为弹出配方选择对话框),让用户选择要装入的配方(图6-22)。

(6)在用户窗口中,双击"保存当前记录"按钮,选择"脚本程序"→"按下脚本"命令,输入配方操作函数"!RecipeSave(strRecipeName)"(函数意义为强制保存指定配方组) (图6-23)。

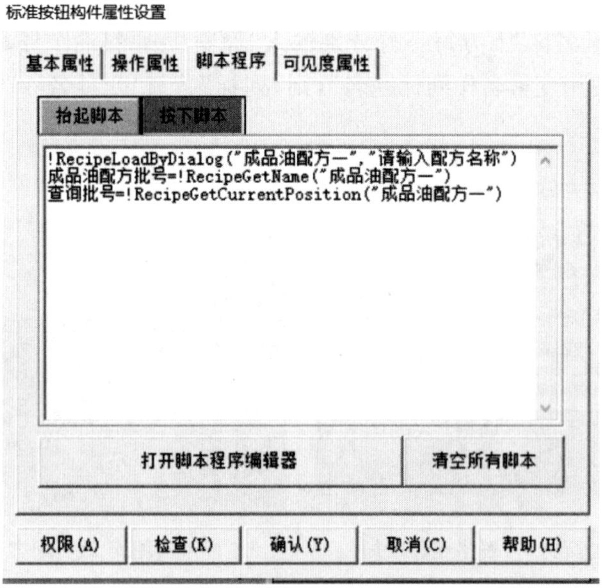

图 6-22 "装载指定记录"按钮脚本程序

（7）在用户窗口中，双击"编辑配方成员"按钮，选择"脚本程序"→"按下脚本"命令，输入配方操作函数"!RecipeModifyByDialog(strRecipeGroupName)"（函数意义为让用户在运行环境中编辑配方）（图 6-24）。

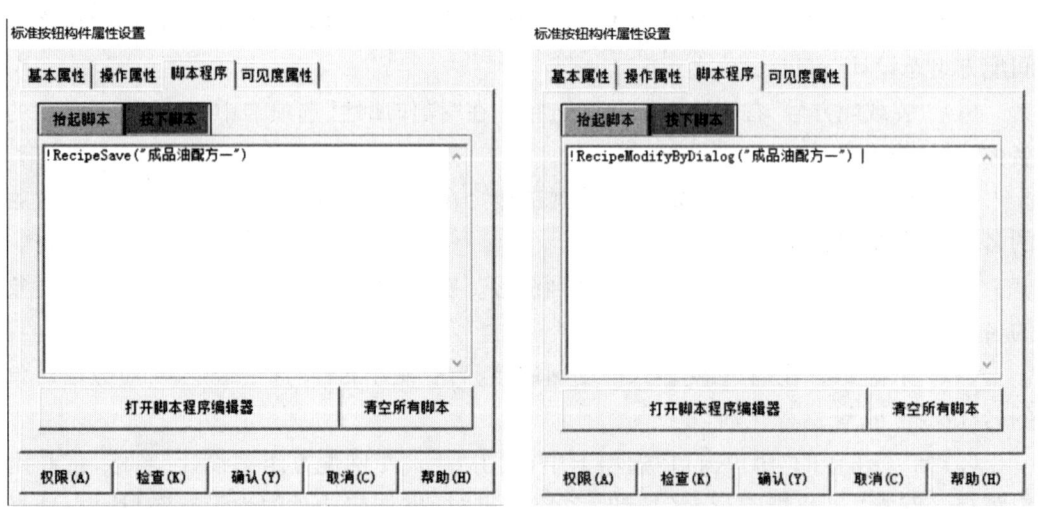

图 6-23 "保存当前记录"按钮脚本程序　　　图 6-24 "编辑配方成员"按钮脚本程序

（五）脚本程序编写

脚本程序主要是在"标准按钮构件属性设置"对话框的"脚本程序"选项卡中写入，已经在动画链接部分完成编写。

（六）调试运行

保存工程。将"成品油配方"窗口设置为启动窗口，单击组态环境窗口工具条中的"进入运行环境"按钮或按下键盘上的"F5"键,下载并运行工程。

单击"装载指定记录"按钮,即可从配方库中装载指定配方号的配方参数。修改配方参数,单击"保存当前记录"按钮,可把修改值保存到配方库中。单击"编辑配方成员"按钮,可对配方库的配方参数进行编辑。仿真运行画面如图 6-1 所示。

三、质量检查及验收

请将质量检查及验收的情况填入表 6-3。

表 6-3 检查对比表

学习成果		评分表		
巩固学习内容	总结与订正	小组自评	学生自评	教师评分
"!RecipeLoadByDialog(strRecipeGroupName,strDialogTitle)"函数的意义是什么?				
"!RecipeSave(strRecipeName)"函数的意义是什么?				
"!RecipeModifyByDialog(strRecipeGroupName)"函数的意义是什么?				
学到的技能点				
出错的地方				

【知识链接】请扫码查看完成任务一生产车间配方处理组态设计的知识锦囊。

6-3 生产车间配方处理组态设计

任务二　生产车间安全机制管理组态设计

一、情境描述

某开发小组接到任务,要求利用 MCGS 嵌入版组态软件设计生产车间安全管理权限系统。要求系统设计 3 个用户窗口,给 2 类用户分别赋予不同管理权限。3 个用户窗口分别为:生产车间开始界面、生产车间运行界面、生产车间主控界面。生产车间开始界面实现登录、退出、用户管理、更改密码及跳转到运行界面和主控界面功能;生产车间运行界面实现水池自动进水和手动出水功能;生产车间主控界面实现供水总闸开关控制和水位上限、水位下限的设置功能。任务效果如图 6-25 所示。通过本任务的学习,学生可以掌握组态软件安全机制的基本操作方法,从而提高技术人员在工程中运用配方设计提升监控效能的能力。为了满足控制要求,需要使用运行策略中的脚本程序编程。需要说明的是,本项目中的任务都只是利用组态软件模拟监控系统运行,故并不需要硬件支持。

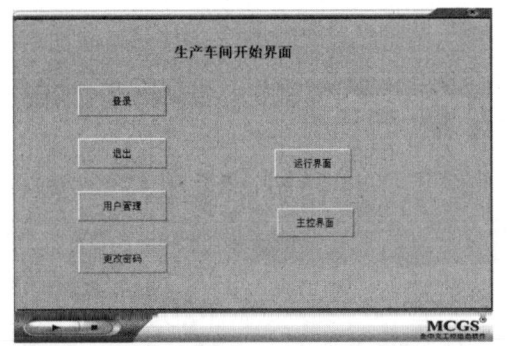

6-4　生产车间安全机制管理组态设计演示视频

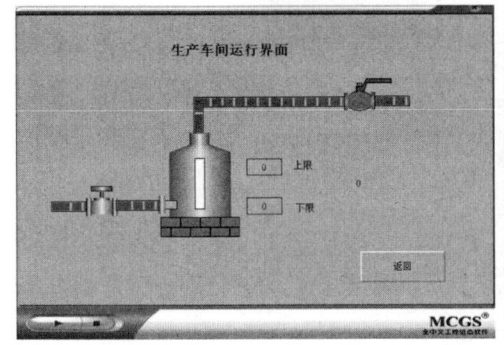
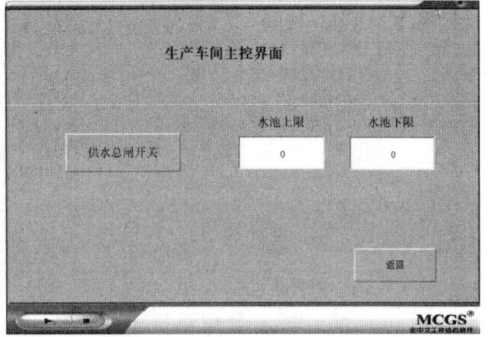

图 6-25　生产车间系统操作权限运行画面

二、相关知识

MCGS 系统采用用户组和用户的概念来实现操作权限的控制。操作员可以在 MCGS 中定义多个用户组,每个用户组可以包含多个用户,同一个用户可以隶属于多个用户组。操作权限的分配是以用户组为单位来进行的,即将某种功能的操作权限赋予哪些用户组,而某个用户能否操作这个功能取决于该用户所在的用户组是否具备对应的操作权限。

(一) 定义用户和用户组

在 MCGS 中,有一个名为"管理员组"的用户组和一个名为"负责人"的用户,它们是固定存在的,且名称不能修改。管理员组中的用户有权在运行时管理所有的权限分配工作,这是 MCGS 系统决定的,其他所有用户组都没有这些权利。

在 MCGS 组态环境中,选取"工具"→"用户权限管理"命令,系统弹出"用户管理器"对话框(图 6-26)。

在"用户管理器"对话框中,上半部分为已建立用户的用户名列表,下半部分为已建立用户组名的列表。当用鼠标单击"用户名"列表框空白处,激活用户名列表时,对话框底部显示的是"新增用户""复制用户""删除用户"等对用户操作的按钮;当用鼠标单击"用户组名"列表框空白处,激活用户组名列表时,对话框底部显示的是"新增用户组""删除用户组"等对用户组操作的按钮。单击"新增用户组"按钮,系统弹出"用户属性设置"对话框。在该对话框中,用户密码要输入 2 遍,用户所隶属的用户组在下面的列表框中选择(注意:一个用户可以隶属于多个用户组)。当在"用户管理器"对话框中单击"属性"按钮时,系统弹出同样的对话框,在其中可以修改用户密码和所属的用户组,但不能修改用户名。

在"用户管理器"对话框中单击"新增用户"按钮,可以添加新的用户名。选中一个用户,单击"属性"按钮或双击该用户,会弹出"用户属性设置"对话框。在该对话框中,可以选择该用户隶属于哪个用户组(图 6-27)。

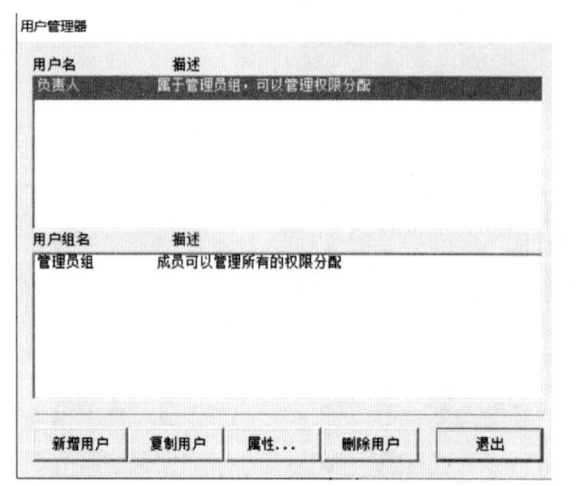

图 6-26 "用户管理器"对话框

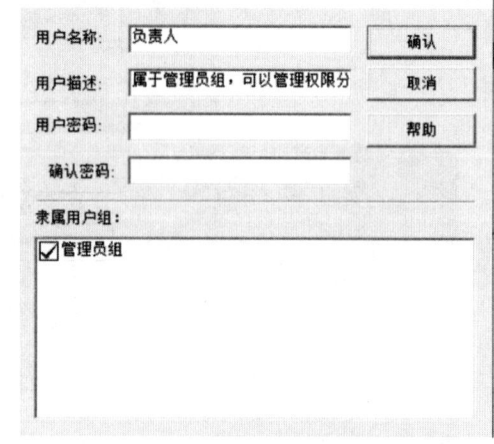

图 6-27 "用户属性设置"对话框

在"用户管理器"对话框中单击"新增用户组"按钮,可以添加新的用户组。选中一个用户组,单击"属性"按钮或双击该用户组,会弹出"用户组属性设置"对话框。在该对话框中,可以选择该用户组包括哪些用户(图 6-28)。

在该对话框中单击"登录时间"按钮,会弹出"登录时间设置"对话框(图 6-29)。

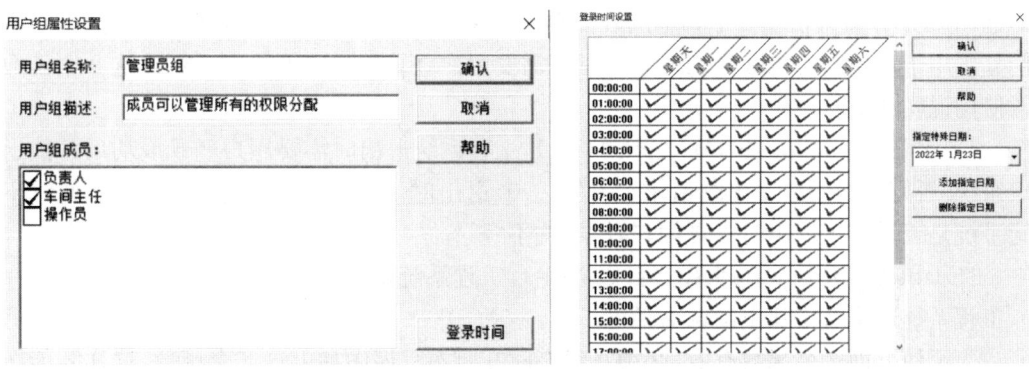

图 6-28 "用户组属性设置"对话框　　　　图 6-29 "登录时间设置"对话框

MCGS 系统中登录时间设置的最小时间间隔是 1 小时,组态时可以指定某个用户组的系统登录时间(图 6-28)。从星期天到星期六、每天 24 小时,要指定某用户组在某时间段可以登录系统,只要在相应时间段打上"√"即可,否则表示该时间段不允许登录系统。同时,MCGS 系统可以指定某用户组在某个特殊日期的时间段的登录权限。"指定特殊日期"选项可选择某年某月某日,单击"添加指定日期"按钮则可以把选择的日期添加到左侧的列表中,然后可设置该天的各个时间段的登录权限。

(二) 系统权限设置

为了更好地保证工程运行的安全、稳定、可靠,防止与工程系统无关的人员进入或退出工程系统,MCGS 系统提供了对工程运行时进入和退出工程的权限管理。

打开 MCGS 组态环境,在 MCGS 的"主控窗口属性设置"对话框中可以设置系统权限管理(图 6-30)。

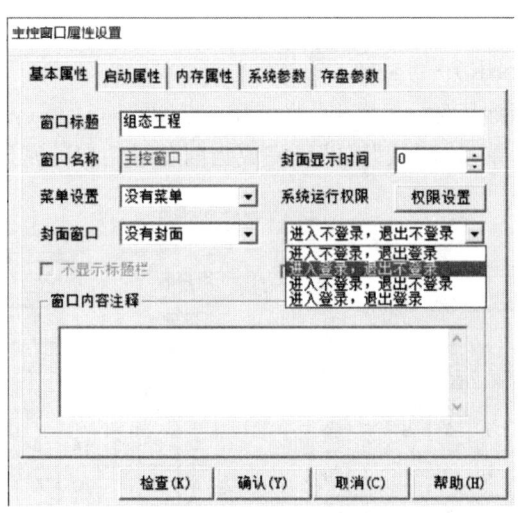

图 6-30 "主控窗口属性设置"对话框

单击"权限设置"按钮,可同时设置工程系统的运行权限以及系统进入和退出时是否需要用户登录,即"进入不登录,退出登录""进入登录,退出不登录""进入不登录,退出不登录"和"进入登录,退出登录"4 种组合。通常情况下,在退出 MCGS 系统时,系统会弹出确认对话框,MCGS 系统提供了 2 个脚本函数"!EnableExitLogon( )"和"!EnableExitPrompt( )",它们分别用于设置运行时和控制退出时是否需要用户登录和弹出确认对话框。这 2 个函数的使用说明如下。

!EnableExitLogon(FLAG):FLAG=1,工程系统退出时需要用户登录成功后才能退出系统,否则拒绝用户退出的请求;FLAG=0,退出时不需要用户登录即可退出,此时不管系统是否设置了退出时需要用户登录,均不登录。

!EnableExitPrompt(FLAG):FLAG=1,工程系统退出时弹出确认对话框;FLAG=0,工程系统退出时不弹出确认对话框。

为了使上面 2 个函数有效,必须在组态时在脚本程序中加上这 2 个函数,这样才能在工程运行时调用一次函数。

(三)组态工程运行时改变操作权限

MCGS 的用户操作权限在运行时才体现出来。某个用户在进行操作之前首先要进行登录操作,登录成功后该用户才能进行所需的操作;完成操作后应退出登录,以使操作权限失效。用户登录、退出登录、运行时修改用户密码和用户管理等功能都需要在组态环境中进行一定的组态工作。在脚本程序使用中,MCGS 提供的以下 4 个内部函数即可以完成上述工作。

1. !LogOn()

在脚本程序中执行该函数,会弹出 MCGS"用户登录"对话框(图 6-31)。从用户名下拉列表框中选取要登录的用户名,在密码输入框中输入用户对应的密码,按"Enter"键或单击"确认"按钮,如果输入正确则登录成功,否则会出现对应的提示信息。单击"取消"按钮停止登录。

2. !LogOff()

在脚本程序中执行该函数,会弹出提示框提示是否要退出登录,选"是"退出,选"否"不退出。

3. !ChangePassword()

在脚本程序中执行该函数,会弹出"改变用户密码"对话框(图 6-32)。先输入旧密码,再输入 2 遍新密码,单击"确认"键即可完成当前登录用户的密码修改工作。

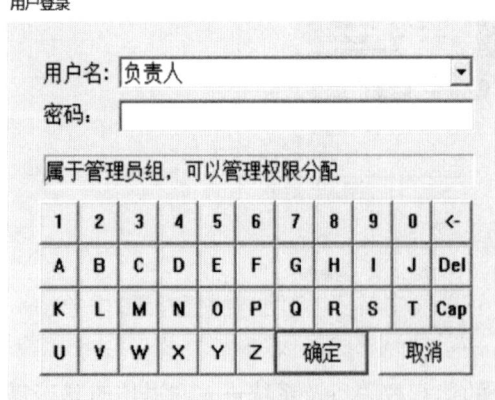

图 6-31 "用户登录"对话框　　　　图 6-32 "改变用户密码"对话框

4. !Editusers()

在脚本序中执行该函数,会弹出"用户管理器"对话框,在程序运行时允许增加和删除用户,以及修改用户的密码和所隶属的用户组。注意:只有在当前登录的用户属于管理员组时,本功能才有效。在程序运行时不能增加、删除或修改用户组的属性。

在实际应用中,需要进行操作权限控制时,一般都在用户窗口中增加4个按钮项,即登录用户、退出登录、用户管理和修改密码,在每个按钮的"脚本程序"选项卡中分别输入4个函数"!LogOn()""!LogOff()""!ChangePassword()""!Editusers()",这样运行时就可以使用这些按钮进行登录工作。

"生产车间安全机制管理组态设计"任务书

一、任务计划

根据利用 MCGS 嵌入版组态软件创建生产车间安全机制管理工程所需的教具耗材、技能知识及工程实施过程制订工作计划。

引导问题1:观看生产车间安全机制管理运行过程,思考所用到的图元包括哪些部分,如何添加?

_____

引导问题2:所需教具耗材包括哪些?

_____

引导问题3:根据工程控制要求,需要建立哪些数据对象,对象类型是什么?

_____

引导问题4:参考相关知识,本任务需要添加哪些动画技能点?

_____

二、任务实施

任务二效果如图 6-25 所示。

(一)建立工程项目

工程名称为"生产车间安全管理"。建立3个窗口,窗口名称分别为:"生产车间开始界面""生产车间运行界面""生产车间主控界面"。

(二)制作图形界面

(1)在工作台的"用户窗口"选项卡中,双击"生产车间运行界面"图标,进入"动画组态生产车间运行界面"窗口。

① 添加1个"储藏罐"构件。单击工具箱中的"插入元件",选中"储藏罐"→"罐15",单击"确定"按钮即可。

② 添加"流动块"构件。用流动块呈现水流管道的效果。

引导问题5:写出利用工具箱中的"流动块"构件绘制流动块的步骤。

_____

③ 添加2个"阀门"构件。单击工具箱中的"插入元件",选中"阀"→"阀44""阀61",添加到管道的一侧,同时在阀门另一侧再绘制一段流动块"管道"。

④ 添加5个"标签"构件。名称分别为"下限"(2个)"上限"(2个)"显示液位值"。其中3个标签的边线、填充颜色均设置为无边线颜色、无填充颜色(双击标签可进行设置)。

⑤ 添加1个"返回"按钮。点击工具箱中的"标准按钮",在窗口绘制完成。

设计的图形界面如图 6-33 所示。

(2)在工作台的"用户窗口"选项卡中,双击"生产车间主控界面"图标,进入"动画组态生产车间主控界面"窗口(图6-34)。

① 添加2个按钮。点击工具箱中的"标准按钮",在窗口分别绘制"供水总闸开关""返回"按钮。

② 添加2个"输入框"构件。利用工具箱中的"标签"构件,分别命名2个输入框为"水池下限""水池上限"。2个标签的边线、填充颜色均设置为无边线颜色、无填充颜色。

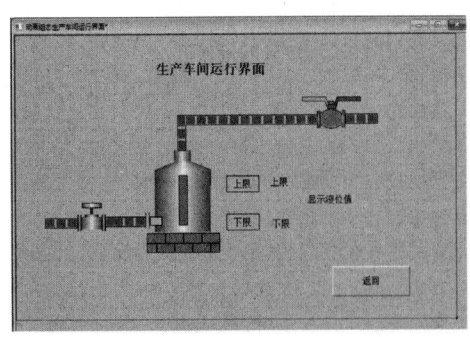
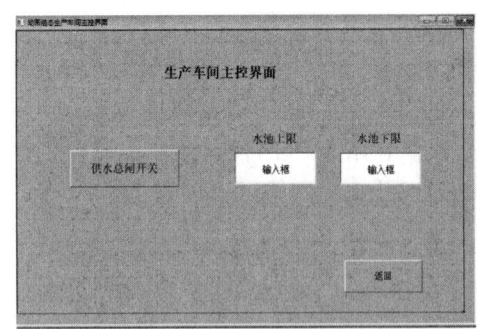

图 6-33　生产车间运行界面　　　　　图 6-34　生产车间主控界面

(三) 定义数据对象

在工作台的"实时数据库"选项卡中,单击"新增对象"按钮,根据任务要求添加数据对象。表 6-4 为一种建立的数据对象库变量,大家可以参考。

引导问题 5:同学们认为需要建立哪些数据对象?请在表 6-4 中修改、补全,并写出数据类型。

表 6-4　系统变量分配表

变量名	类型	注释
总闸开关		
进水阀门		
出水阀门		
液位		
液位上限		
液位下限		

1. 定义用户和用户组

在 MCGS 嵌入版组态环境中,选取"工具"→"用户权限管理"命令,系统弹出"用户管理器"对话框(图 6-35)。在"用户管理器"对话框中,单击"用户名"列表框空白处,激活"用户组名"列表框。单击"新增用户组"按钮,系统弹出"用户组属性设置"对话框(图 6-36)。在对话框中输入用户组名称,如"操作员组",单击"确认"按钮,在"用户管理器"对话框的"用户组名"列表框中就会出现新增的用户组"操作员组"。

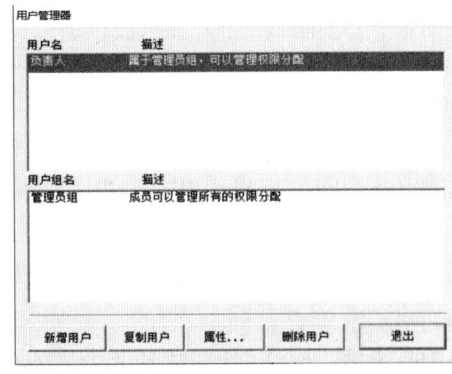
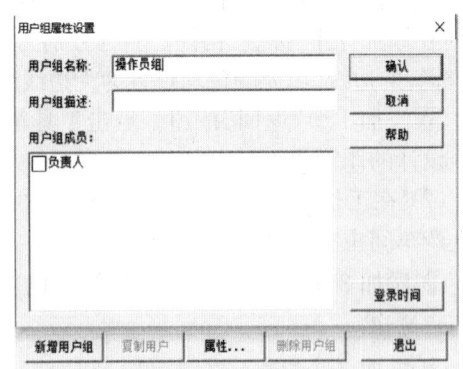

图 6-35　"用户管理器"对话框　　　　　图 6-36　"用户组属性设置"对话框

在"用户管理器"对话框中,单击"用户名"列表框空白处,激活"用户名"列表框。单击"新增用户"按钮,系统弹出"用户属性设置"对话框(图6-37)。在对话框中输入用户名称,如"车间主任",输入用户密码,如"123456",然后再次输入"123456",以确认密码。在隶属用户组列表框中选择"管理员组",单击"确认"按钮,在"用户管理器"对话框的"用户名"列表框中就会出现新增的用户名"车间主任"。同理,增加"操作员"用户名,输入用户密码,在隶属用户组列表框中选择"操作员组",单击"确认"按钮(图6-38)。在"用户管理器"对话框中,单击"退出"按钮,完成用户和用户组的定义。

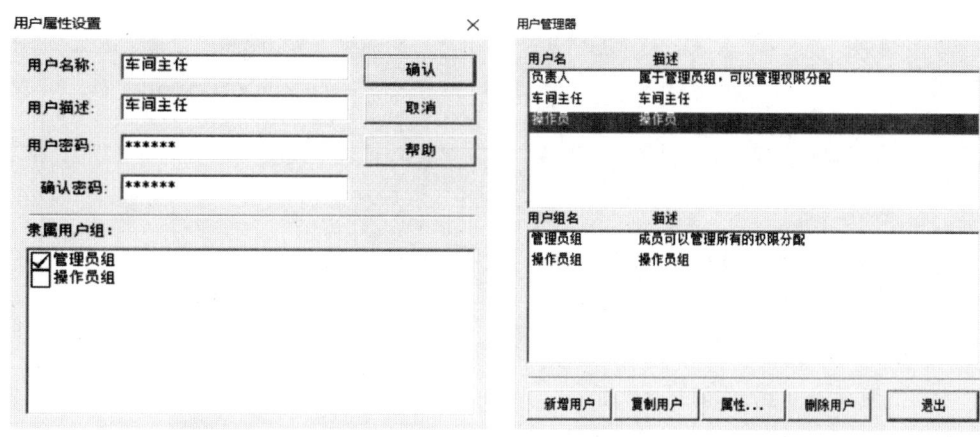

图 6-37 "用户属性设置"对话框　　　　图 6-38 "用户管理器"对话框

2. 系统权限设置

在"工作台"的"主控窗口"选项卡中,单击"系统属性"按钮,系统弹出"主控窗口属性设置"对话框(图6-39)。在"基本属性"选项卡的"封面窗口"下拉列表框中,选择"生产车间开始界面",然后在其右侧的下拉列表框中选择"进入登录,退出不登录";单击"权限设置"按钮,设置工程系统的用户组权限,选择默认"所有用户"(图6-40)。

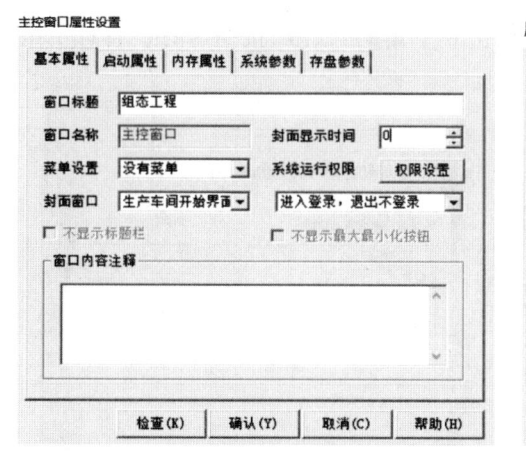 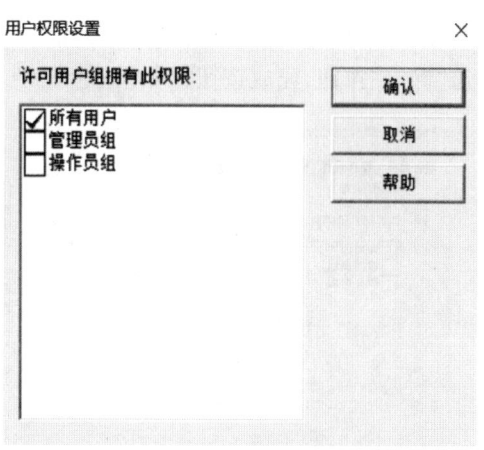

图 6-39 "主控窗口属性设置"对话框　　　　图 6-40 "用户权限设置"对话框

(四)建立动画连接

在工作台的"用户窗口"选项卡中,双击"生产车间开始界面"图标,进入"动画组态生产车间开始界面"窗口。

添加6个按钮。单击工具箱中的"标准按钮",在窗口分别绘制"登录用户""退出登录""用户管理""修改密码""运行界面""主控界面"按钮(图6-41)。依次双击"登录用户""退出登录""用户管理""修改密码"按钮,在每个按钮的"脚本程序"性选项卡中,分别输入4个函数"!LogOn()""!LogOff()""!Editusers()""!ChangePassword()",这样运行时就可以使用这些按钮进行登录工作(图6-42)。

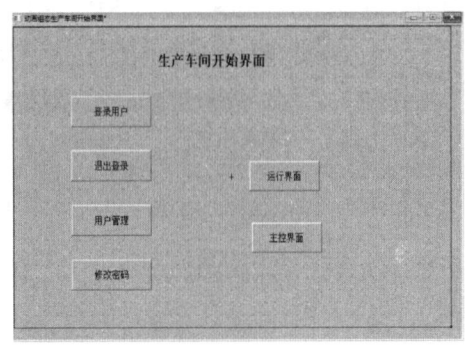
图6-41 生产车间开始界面

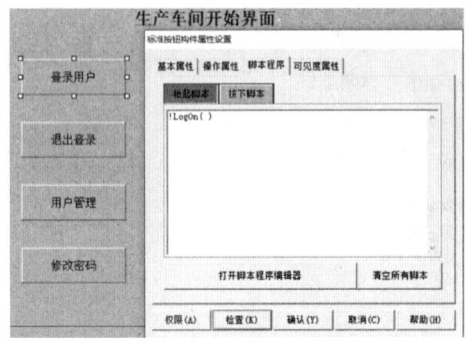
图6-42 "登录用户脚本程序"编写

引导问题6:如何进行"运行界面"按钮设置,使得在运行状态下,抬起按钮时打开"生产车间运行界面"窗口?

在"标准按钮构件属性设置"对话框中,单击左下角的"权限"按钮,勾选"所有用户",单击"确定"按钮,完成按钮权限设置(图6-43)。

引导问题7:如何进行"主控界面"按钮设置,使得在运行状态下,抬起按钮时打开"生产车间主控界面"窗口?

在"标准按钮构件属性设置"对话框中,单击左下角的"权限"按钮,勾选"管理员组",单击"确定"按钮,完成按钮权限设置(图6-44)。

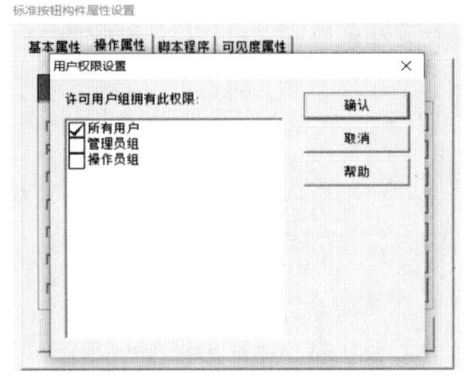
图6-43 "运行界面"按钮权限设置

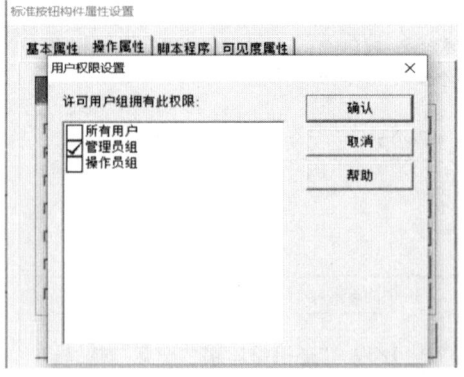
图6-44 "主控界面"按钮权限设置

在工作台的"用户窗口"选项卡中,双击"生产车间运行界面"图标,进入"动画组态生产车间运行界面"窗口。

建立"储藏罐"构件动画链接。双击窗口中的"储藏罐"构件,系统弹出"单元属性设置"对话框。在"数据对象"选项卡中,选中"大小变化",点击右侧"?",选择变量"液位",单击"确认"按钮,再次单击"确认"按钮,完成动画链接。

建立"流动块"构件动画链接。双击窗口中储藏罐进水管道的流动块,系统弹出"流动块构建属性设置"对话框。

引导问题8:在"基本属性"选项卡中,设置流动外观相应参数,流动方向选择"_____",流动速度选择"快"(图6-45)。在"流动属性"选项卡中,在"表达式"栏单击右侧"?"选择数据对象"_____",在"当表达式非零时"栏选择"流块开始流动",同时勾选"当停止流动时,绘制流体"(图6-46)。

勾选与不勾选"当停止流动时,绘制流体"的区别是:
_____

图6-45 动块基本属性设置

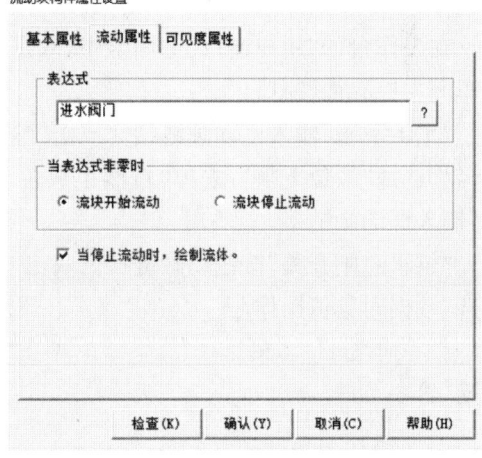

图6-46 流动块流动属性设置

建立"阀门"构件动画链接。双击窗口中的"进水阀门"构件,在"单元属性设置"对话框的"数据对象"选项卡中,"连接类型"选中"按钮输入",点击右侧"?",选择对象名"进水阀门",单击"确认"按钮,回到"单元属性设置"对话框,再在"连接类型"中选中"可见度",选择对象名"进水阀门",单击"确认"按钮,再次单击"确认"按钮,完成"进水阀门"构件的动画链接(图6-47)。用同样方法完成出水阀门构件变量链接。

建立"标签"构件动画链接。双击窗口中带有黑色框的"下限"标签构件,系统弹出"标签动画组态属性设置"对话框。

引导问题9:勾选_____动画链接,显示"液位下限"值,输出值类型选择"_____",输出格式中去掉"浮点数出"勾选。单击"确认"按钮(图6-48)。

用同样方法完成"上限""显示液位值"变量的链接。双击窗口中带有黑色框的"上限"标签构件,系统弹出"标签动画组态属性设置"对话框。

引导问题10:勾选_____动画链接,显示"液位下限"值,输出值类型选择"____

____",输出格式中去掉"浮点数出"勾选。单击"确认"按钮。

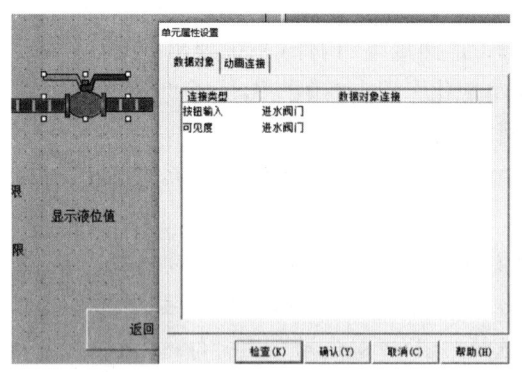

图 6-47 进水阀门动画链接设置

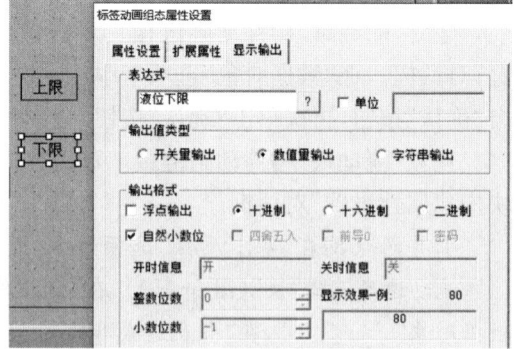

图 6-48 "下限"标签显示输出设置

"返回"按钮动画链接。实现单击此按钮后可以返回"生产车间开始界面"窗口的操作。双击"返回"按钮,在"操作属性"选项卡中的"抬起功能"位置勾选"打开用户窗口",右侧选择"生产车间开始界面",单击"确认"按钮,完成设置。

在工作台的"用户窗口"选项卡中,双击"生产车间主控界面"图标,进入"动画组态生产车间主控界面"窗口。

"水池下限"输入框动画链接。双击"输入框",在"操作属性"选项卡中,对应数据对象的名称选择"液位下限",去掉"自然小数位"的勾选(图 6-49)。用同样方法完成"水池上限"输入框动画链接。

"供水总闸开关"按钮动画链接。双击"供水总闸开关"按钮,在"操作属性"选项卡中,勾选"数据对象值操作"。

引导问题 11:右侧选择"_____",单击"?"选择变量"_____",单击"确认"按钮,完成设置(图 6-50)。

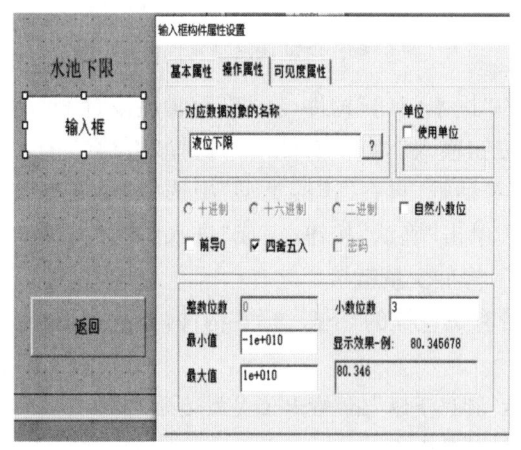

图 6-49 输入框构件操作属性设置

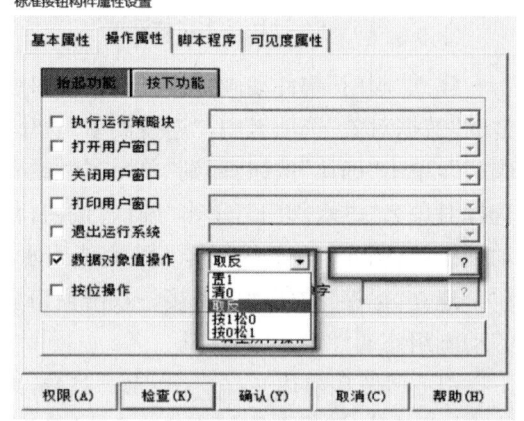

图 6-50 "供水总闸开关"操作属性设置

(五) 脚本程序编写

在"工作台"窗口选择"运行策略"选项卡,右键单击循环策略,选择属性,系统弹出循环策略属性对话框,将策略执行方式的"循环时间(ms)"栏改为200。

在"运行策略"窗口中,双击"循环策略",单击添加"脚本程序"构件。双击"脚本程序"策略块,进入"脚本程序"编辑窗口,在编辑区输入如下程序:

```
IF 总闸开关 = 0 THEN
    进水阀门 = 0
    出水阀门 = 0
    EXIT
ENDIF
IF 总闸开关 = 1  AND 液位<液位下限 THEN
    进水阀门 = 1
ENDIF
IF 进水阀门 = 1  THEN
    液位 = 液位 + 2
ENDIF
IF 液位 > = 液位上限   THEN
    进水阀门 = 0
ENDIF
IF 出水阀门 = 1  AND 液位>液位下限 THEN
    液位 = 液位 - 1
ENDIF
```

单击"确定"按钮,完成脚本程序编写。

(六) 调试运行

保存工程。将"生产车间开始界面"窗口设置为启动窗口,单击组态环境窗口工具条中的"进入运行环境"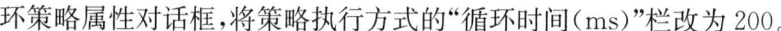按钮或按下键盘上的"F5"键,下载并运行工程。

选择登录的"用户名",输入密码,即可登录系统。车间主任权限最高,可以打开任何一个窗口,并修改参数。操作员只有进入"生产车间运行界面"窗口的权限,待车间主任关闭"供水总闸开关",设置水池上限、下限水位后,操作员才可以在"生产车间运行界面"窗口操作出水阀门。进水阀门自动控制进水,无须操作。程序运行界面如图6-51所示。

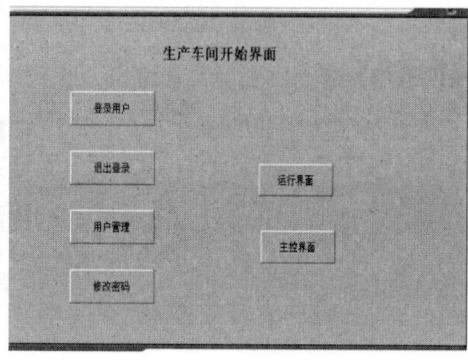

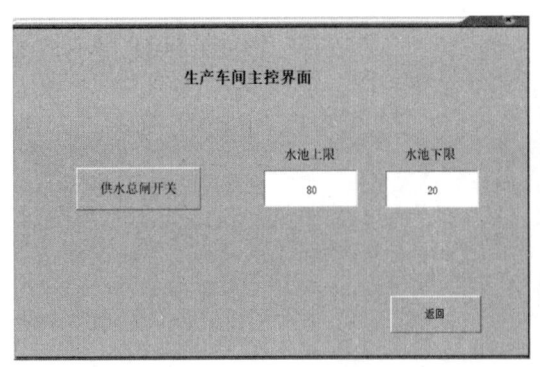 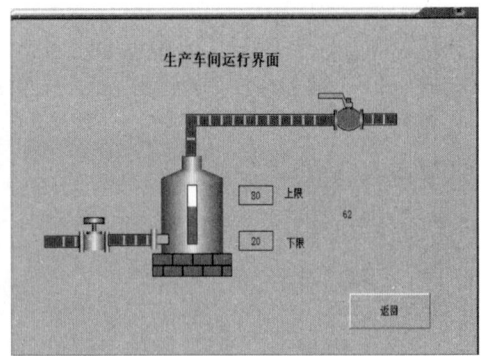

图 6-51 程序运行界面

三、质量检查及验收

请将质量检查及验收的情况填入表 6-5。

表 6-5 检查对比表

学习成果		评分表		
巩固学习内容	总结与订正	小组自评	学生自评	教师评分
"!LogOn( )""! LogOff( )"函数的意义是什么?				
"!Editusers( )"函数的意义是什么?				
"!ChangePassword( )"函数的意义是什么?				
用户管理器中用户与用户组有何区别?				
学到的技能点				
出错的地方				

【知识链接】请扫码查看完成任务二生产车间安全机制管理组态设计的知识锦囊。

6-5 生产车间安全机制管理组态设计

项目六 生产车间配方与安全工程组态

【边学边练】

彩灯安全管理组态设计(图6-52)。

输入用户名和密码,单击"登录"按钮。当用户名和密码均正确后,自动打开三盏彩灯窗口界面,否则显示用户名或密码错误的窗口。单击"确认"按钮,可继续输入用户名和密码。

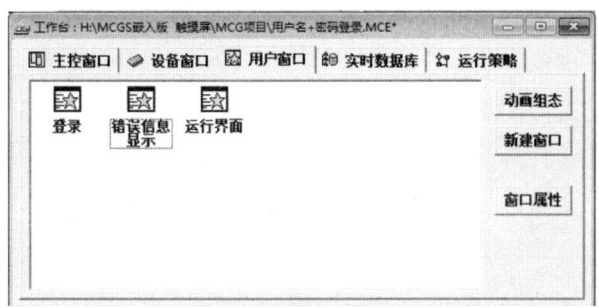

6-6 彩灯安全管理组态设计演示视频

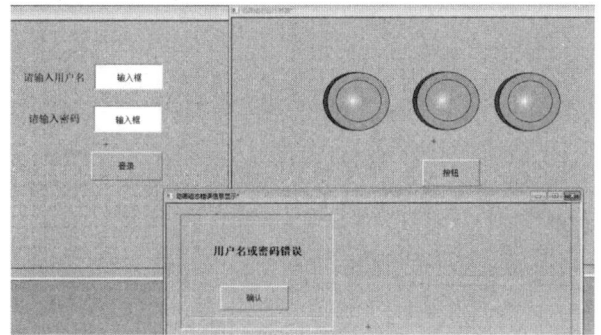

图 6-52 彩灯安全管理组态设计效果图

项目七

基于西门子 PLC 控制的嵌入式 TPC 监控工程组态

 教学目标

知识目标

1. 掌握西门子 S7-1200 PLC 与 MCGSTPC 触摸屏通信的设置方法；
2. 掌握西门子 S7-1200 PLC 定时器、比较指令的使用；
3. 掌握 MCGS 嵌入版软件实时数据库中数据与 PLC 参数的统一设置；
4. 掌握交通灯控制系统的硬件接线方式；
5. 掌握交通灯控制系统的组态设计方法；
6. 掌握 MCGS 嵌入版组态软件与 PLC 设备联机调试的方法。

能力目标

1. 能够实现西门子 S7-1200 PLC 与 MCGSTPC 触摸屏通信；
2. 能够使用西门子 S7-1200 PLC 定时器功能实现控制要求；
3. 能根据 PLC 控制的交通灯的 I/O 信号、存储单元定义 MCGS 系统变量；
4. 能够完成 PLC 外部硬件接线，并将工程正确下载到 PLC；
5. 能对交通灯控制系统进行分析与组态；
6. 能对交通灯控制系统进行调试与排故。

素质目标

1. 培养学生在生活中不断发现问题、学习知识、创新设计、信息收集和归纳的能力；
2. 培养学生的交往沟通能力和团队合作精神，培养学生精益、专注、创新的工匠素养；
3. 培养学生的敬业精神、职业道德、职业素养；
4. 培养学生努力钻研、克服困难、解决问题的毅力；
5. 培养学生自主创新、研发国货的信心；
6. 培养学生在工程设计中规范操作、严谨细致、精益求精的职业作风。

项目背景

工业自动化组态软件有 2 个发展方向,一方面是向大型平台软件发展,例如直接从组态发展成大型的计算机集成制造系统(CIMS)等;另一方面是向小型化方向发展,由通用组态软件演变为嵌入式组态软件,可使大量的工业控制设备或生产设备具有更多的自动化功能。本项目介绍的是将是面向小型化方向发展的 MCGS 嵌入版组态软件和 TPC 系列触摸屏在日常生产、生活、学习中应用的实际案例。本项目主要介绍 MCGS 嵌入版组态软件实现对西门子 S7-1200 PLC 的交通灯、电压采集、温度采集及其自动送料装车的监控,培养学生熟练使用小型组态软件的能力和精益求精、追求创新的职业素养。

任务一 交通灯嵌入式 TPC 监控系统组态设计

一、情境描述

某开发小组接到任务,要求利用 MCGS 嵌入版组态软件和触摸屏模拟交通灯控制系统的运行。要求南北红灯亮 15 秒,同时东西方向绿灯亮 10 秒,10 秒之后,东西方向绿灯闪烁 3 秒,然后东西方向黄灯亮 2 秒,后东西黄灯灭;接着东西方向红灯亮 15 秒,同时南北方向绿灯亮 10 秒,10 秒之后,南北方向绿灯闪烁 3 秒,然后南北方向黄灯亮 2 秒,后南北黄灯灭,循环此过程。使用西门子 S7-1200PLC 实现上述控制要求,并用 MCGS 嵌入版组态软件实现对十字路口交通灯控制系统操作过程、各个方向交通灯运行及车辆通行情况的动态监控。监控画面如图 7-1 所示。

7-1 交通灯嵌入式TPC监控系统演示视频

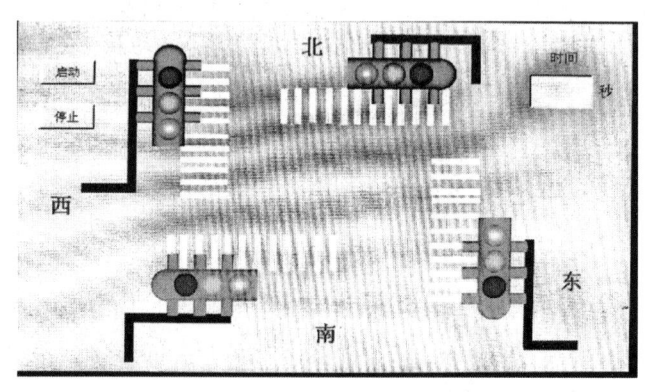

图 7-1 交通灯运行监控画面

二、相关知识

(一) TPC7062Ti 触摸屏与计算机的连接

TPC7062Ti 触摸屏与个人计算机的连接有 2 种常用方法。

方法一:TPC7062Ti 触摸屏通过 USB2 口与个人计算机连接。连接之前,把 MCGS

嵌入版组态软件上的资料下载到触摸屏时,在"下载配置"对话框中,连接方式选择"USB通讯",选择"连机运行",单击"工程下载"按钮即可进行下载(图 7-2)。如果工程项目要在电脑上模拟测试,则选择"模拟运行",然后下载工程。

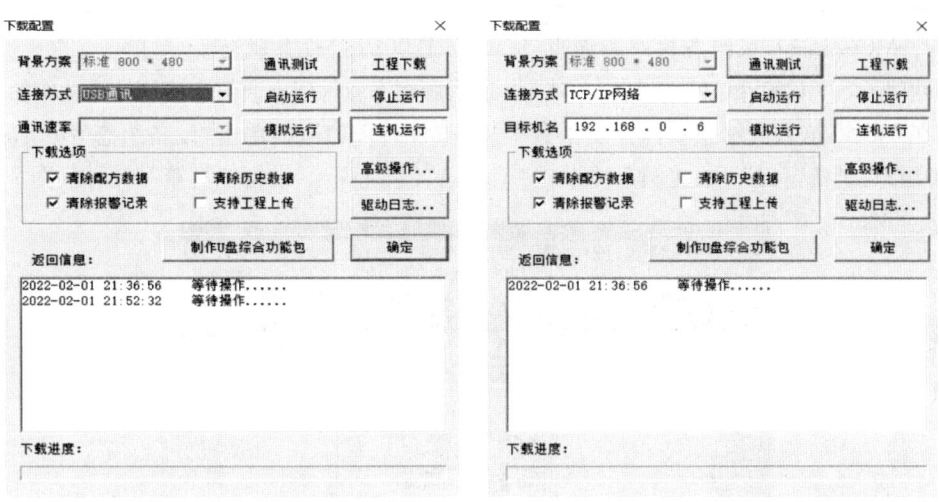

图 7-2　工程 USB 下载配置　　　　　图 7-3　工程 TCP、IP 下载配置

方法二:TPC7062Ti 触摸屏通过 TCP/IP 网络与个人计算机连接。连接之前,把 MCGS 嵌入版组态软件上的资料下载到触摸屏时,在"下载配置"对话框中,连接方式选择"TCP/IP 网络",目标机名填写触摸屏实际 IP 地址,选择"连机运行",单击"工程下载"按钮即可(图 7-3)。对于计算机 IP 地址的设置:进入"网络和 Internet 设置"→"以太网"→"更改适配器选项"→双击"以太网图标"→"Internet 协议版本 4(TCP/IPv4)"→选择"自动获取 IP 地址"或者选择"使用下面的 IP 地址",IP 地址前 3 位与触摸屏实际 IP 地址相同,最后 1 位不同。单击"子网掩码"栏,会自动生成子网掩码"255.255.255.0"(图 7-4、图 7-5),即可由计算机下载工程到触摸屏。

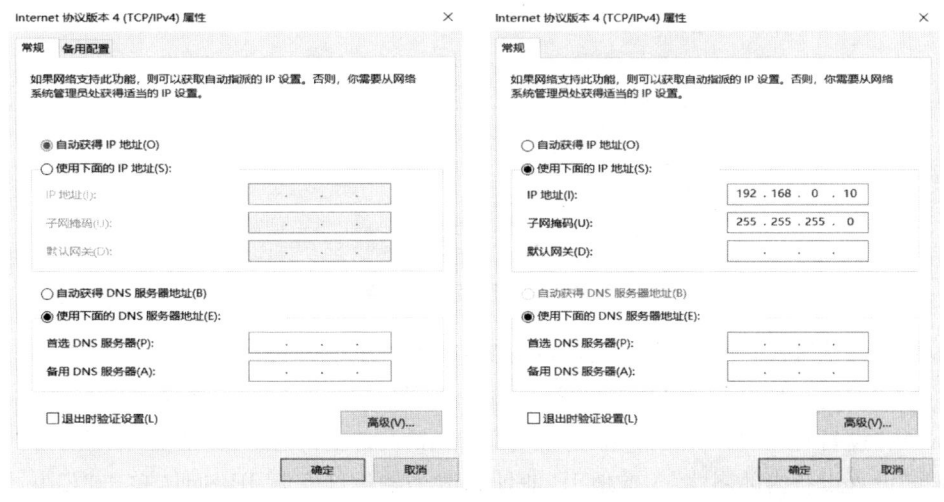

图 7-4　计算机自动获取 IP 地址　　　　　图 7-5　计算机 IP 地址设置

（二）TPC7062Ti 触摸屏与西门子 S7-1200PLC 的通信连接

触摸屏通过 LAN 口直接与西门子 S7-1200PLC 的 Profinet（LAN）口连接，采用网线 RJ45 通信连接即可。为了实现正常通信，除了正确进行硬件连接，还须对触摸屏的设备窗口进行组态设置，添加合适的设备驱动器。

1. MCGS 嵌入版组态软件添加西门子 S7-1200PLC 设备驱动

西门子 S7-1200PLC 硬件设备与 MCGS 嵌入版组态软件建立通信连接的具体操作如下：

在 MCGS 嵌入版组态软件开发平台上单击"设备窗口"，再单击"设备组态"按钮，进入"设备组态：设备窗口"。在工具条中单击"工具箱"，系统弹出"设备工具箱"对话框（图 7-6）。

图 7-6　设备工具箱

单击"设备管理"按钮，系统弹出"设备管理"对话框。从"可选设备"中双击"PLC"→双击"西门子"→双击"Siemens_1200 以太网"→选中"Siemens_1200"，双击或单击"增加"按钮，添加到右侧"选定设备"（图 7-7）。

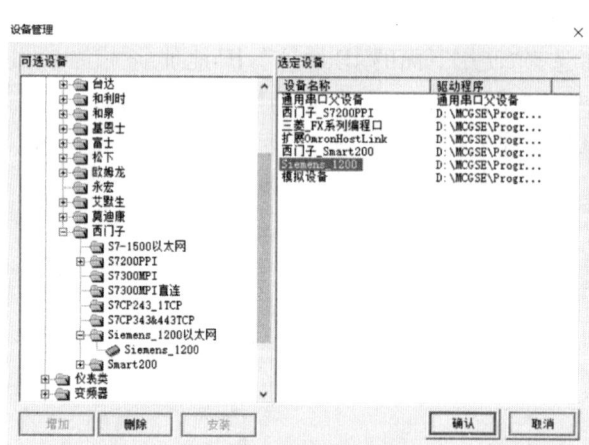

图 7-7　"设备管理"对话框

单击"确认"按钮，回到"设备工具箱"（图 7-8）。

双击"设备工具箱"对话框中的"Siemens_1200"，添加设备驱动（图 7-9）。

双击"设备 0——[Siemens_1200]"，系统弹出"设备编辑窗口"对话框（图 7-10），窗口左侧为"设置设备内部属性"。本地 IP 地址修改为触摸屏实际 IP 地址，单击"Enter"键，再双击"设备 0——[Siemens_1200]"，设备编辑窗口中远端 IP 地址修改为西门子 S7-1200PLC

实际 IP 地址(图 7-11)。

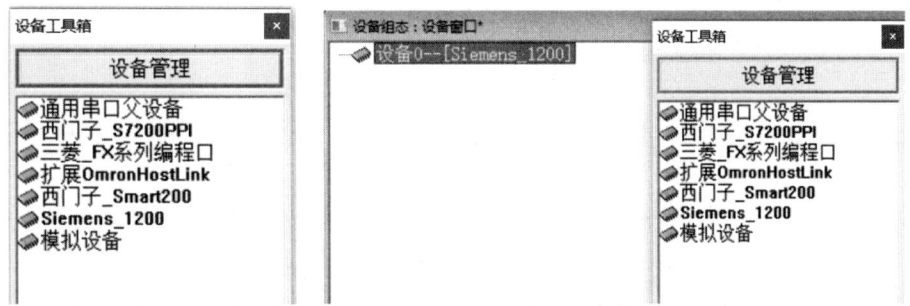

图 7-8　添加设备后设备工具箱　　　图 7-9　添加西门子 S7-1200 设备驱动

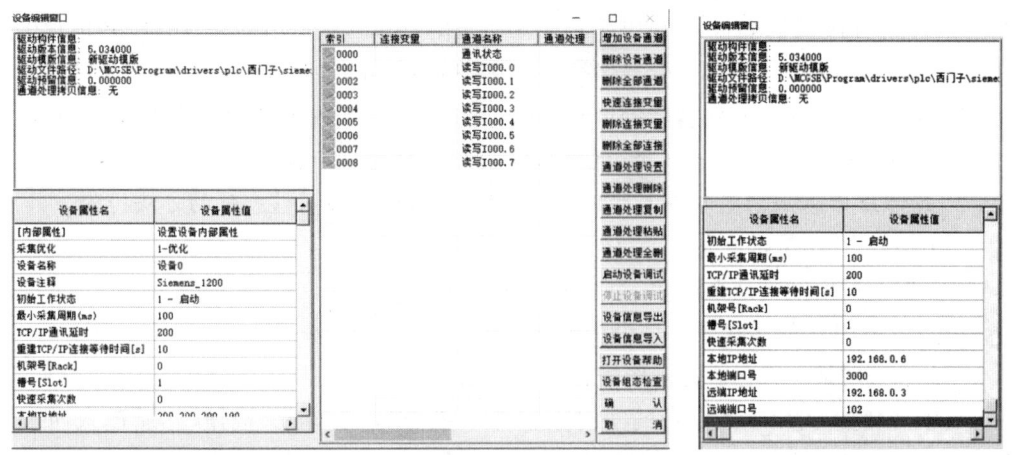

图 7-10　西门子 S7-1200PLC 设备编辑窗口　　图 7-11　触摸屏与 PLC IP 地址设置

选中"内部属性",设置设备内部属性,右侧出现 ![] 图标,单击 ![] 图标,系统弹出"Siemens_1200 通道属性设置"对话框(图 7-12)。

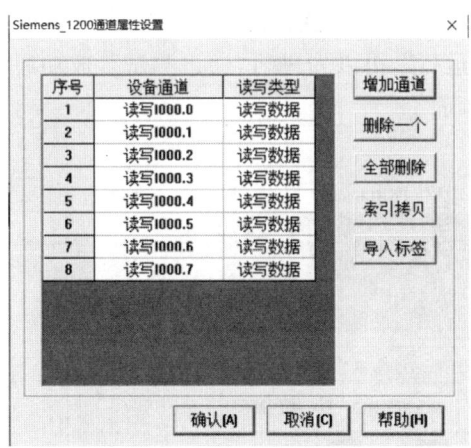

图 7-12　西门子 S7-1200PLC 通道属性设置

单击"增加通道"按钮,系统弹出"增加通道"对话框(图 7-13),设置好后按"确认"按钮。

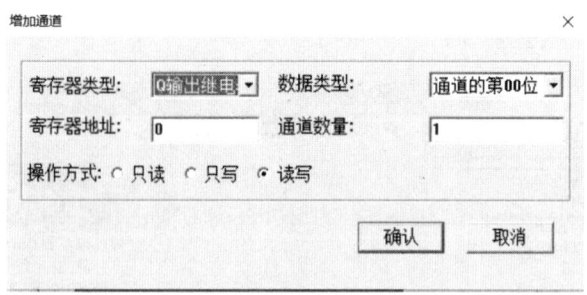

图 7-13 "增加通道"对话框

西门子 S7-1200 PLC 设备构件把 PLC 的通道分为只读、只写、读写 3 种,只读用于把 PLC 中的数据读入 MCGS 的实时数据库中;只写用于把 MCGS 实时数据库中的数据写入 PLC 中;读写则可以从 PLC 中读数据,也可以往 PLC 中写数据。第一次启动设备工作时,把 PLC 中的数据读回来,以后若 MCGS 不改变寄存器的值,则把 PLC 中的值读回来;若 MCGS 要改变当前值,则把值写到 PLC 中。这种操作的目的是防止用户 PLC 程序中有些通道的数据在计算机第一次启动,或计算机中途死机时不能复位,另外可以节省变量的个数。

2. MCGS 嵌入版组态软件与西门子 S7-1200 PLC 设备通信失败的方法排除

(1) 检查 PLC 是否上电。
(2) 检查通信网线是否正常。
(3) 确认 PLC 的实际地址是否和设备编辑窗口页的地址一致。
(4) 检查对某一寄存器的操作是否超出范围。

要添加变量,可以在工作台的实时数据库中单击"新增对象"按钮,然后进入西门子 S7-1200PLC 设备编辑窗口,选择"增加设备通道"增加 I/O 变量,单击此变量前面的"连接变量"按钮,即可添加对应的实时数据库中的变量名。

(三) 基于 PLC 控制的 MCGS 组态工程调试运行

在工具条中单击下载工程并选择"进入运行环境" 图标(图 7-14)。

进入"下载配置"界面(图 7-15),连接方式选择"TCP/IP 网络",目标机名填写触摸屏实际 IP 地址,选择"连机运行",可以先进行"通讯测试",成功后,进行"工程下载"。之后触摸屏上就会显示监控画面。

图 7-14 下载工程工具条

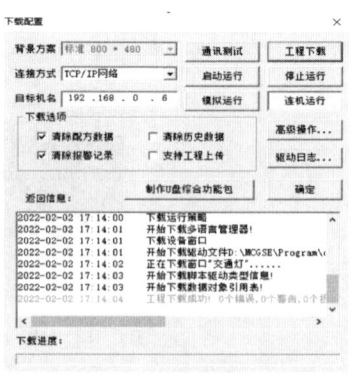

图 7-15 工程下载界面

"交通灯嵌入式 TPC 监控系统组态设计"任务书

一、任务计划

根据利用 MCGS 嵌入版组态软件创建交通灯控制工程所需的教具耗材、技能知识及工程实施过程制订工作计划。

引导问题1：观看交通灯控制工程工作过程，思考所用到的图元包括哪些部分，如何添加？

_____

引导问题2：所需教具耗材包括哪些？

_____

引导问题3：根据工程控制要求，需要建立哪些数据对象，对象类型是什么？

_____

引导问题4：参考相关知识，本任务需要添加哪些动画技能点？

_____

（一）绘制状态时序图

十字路口的东西方向和南北方向各有红、黄、绿3个信号灯，按照预先设定的时序轮流点亮或熄灭。首先绘制如图 7-16 所示的运行状态时序图，为后续策略脚本程序编写提供便利。

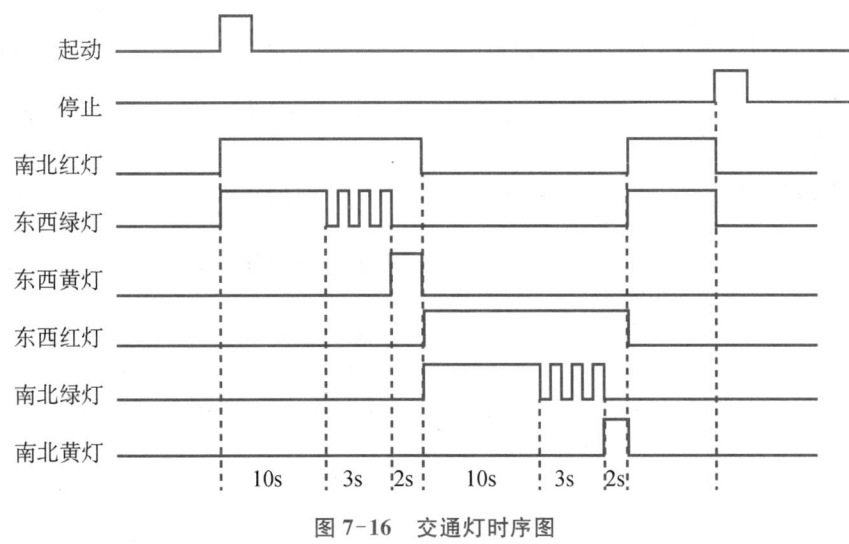

图 7-16 交通灯时序图

（二）理实一体化学习环节

设置启动、停止按钮。当按下启动按钮 SB1 之后，信号灯按照设定的控制流程开始工作。当按下停止按钮 SB2 后，信号控制系统停止，所有信号灯灭。

基于西门子 S7-1200 PLC 的交通灯控制系统理实一体化教学任务见表 7-1。

表 7-1 理实一体化教学环节

环节一	交通灯组态监控系统的控制要求
环节二	交通灯控制系统实训设备的基本配置及硬件接线图
环节三	交通灯控制系统的组成及控制原理
环节四	交通灯控制系统的组态监控设计
环节五	交通灯控制系统的调试

(三) 理实一体化学习步骤

1. 交通灯控制系统实训设备的基本配置

计算机、TIA Portal V16 软件、CPU 1215C AC/DC/RLY、MCGS 嵌入版组态软件、TPC7062Ti 触摸屏。

2. 交通灯控制系统 I/O 分配

交通灯输入、输出端子与 PLC 地址编号对照表见表 7-2。

表 7-2 交通灯控制系统 I/O 分配表

输入		输出	
元器件	地址	元器件	地址
启动按钮 SB1	I0.0	东西绿灯 HL1、HL2	Q0.0
停止按钮 SB2	I0.1	东西黄灯 HL3、HL4	Q0.1
		东西红灯 HL5、HL6	Q0.2
		南北绿灯 HL7、HL8	Q0.3
		南北黄灯 HL9、HL10	Q0.4
		南北红灯 HL11、HL12	Q0.5

3. 交通灯控制系统接线图

依据 PLC 的 I/O 地址分配表,结合系统的控制要求,十字路口交通灯控制硬件接线如图 7-17 所示。

项目七 基于西门子 PLC 控制的嵌入式 TPC 监控工程组态

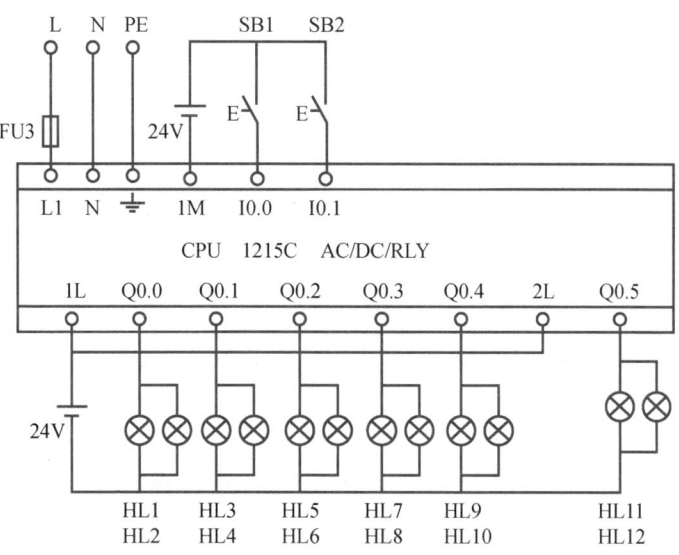

图 7-17 交通灯控制系统硬件接线图

4. 组态图形界面

交通灯组态画面如图 7-1 所示。

5. 组态软件定义变量

交通灯 PLC 控制组态监控工程定义变量如图 7-18 所示。

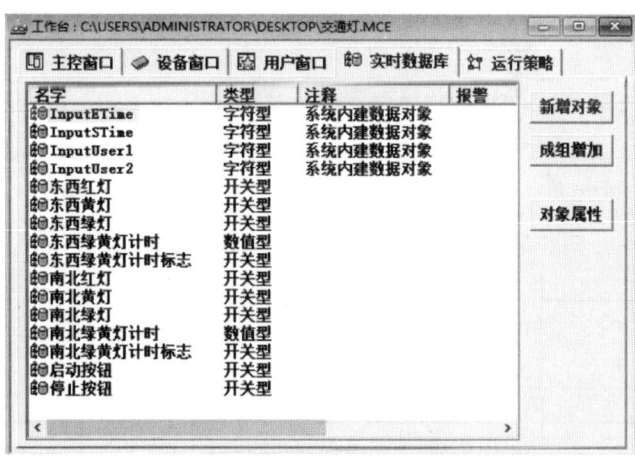

图 7-18 交通灯 PLC 控制组态监控定义变量

二、任务实施

（一）交通灯 PLC 控制系统程序设计

基于西门子 S7-1200PLC 的交通灯控系统梯形图中需要增加用以控制交通灯的启动和停止按钮，则梯形图程序中同样添加上启动和停止按钮。MCGS 嵌入版组态软件中启动按钮的定义变量为"M2.0"，停止按钮为"M2.1"（图 7-19）。

199

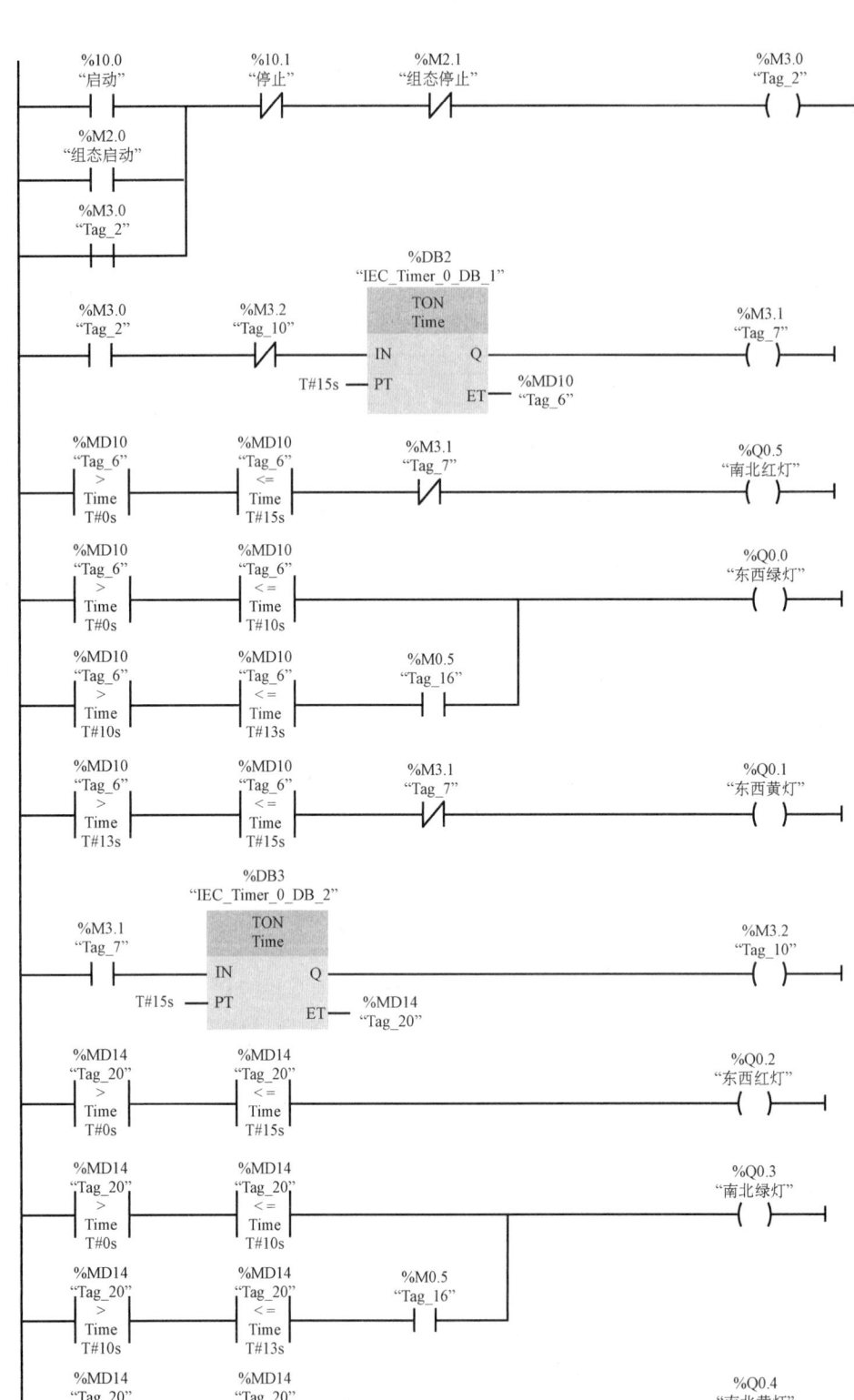

图 7-19 交通灯 PLC 控制梯形图

(二) 交通灯监控系统组态

1. 新建工程

选择菜单"文件"中的"新建工程",系统弹出"新建工程设置"对话框。对话框中 TPC 的类型一定要与所连接的触摸屏型号一致,这里选择"TPC7062Ti"(图 7-20)。

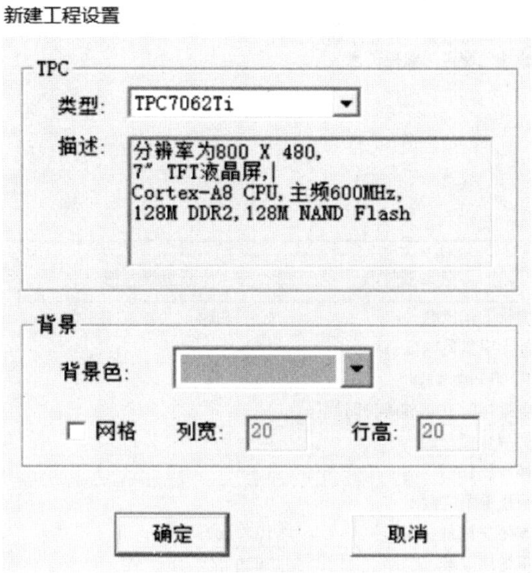

图 7-20 "新建工程设置"对话框

选择菜单"文件"中的"工程另存为",选择合适存储路径,保存工程名为"交通灯"。

2. 添加西门子 S7-1200PLC 硬件设备驱动

双击工作台的"设备窗口"选项卡,进入绘制界面。在"工具条"中单击"工具箱",系统弹出"设备工具箱"对话框。双击设备工具箱中的"Siemens_1200",完成设备驱动添加(图 7-21)。

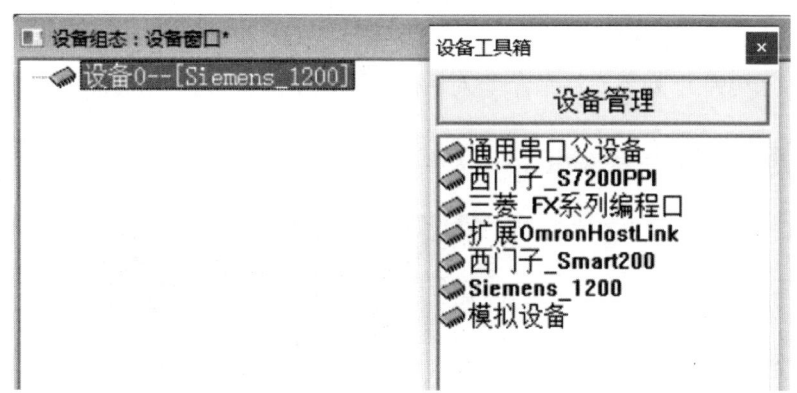

图 7-21 添加西门子 S7-1200PLC 硬件设备驱动

进行 IP 地址设置时,打开设备窗口,双击"设备 0——[Siemens_1200]",系统弹出"设备编辑窗口"对话框。在窗口左侧,本地 IP 地址修改为触摸屏实际 IP 地址(这里改为"192.168.0.6")。单击"Enter"键,再双击"设备 0——[Siemens_1200]",设备编辑窗口中远端 IP 地址修改为西门子 S7-1200PLC 实际 IP 地址(这里为"192.168.0.3")(图 7-22)。

完成设备编辑窗口的 IP 地址设置后,单击"Enter"键即可。

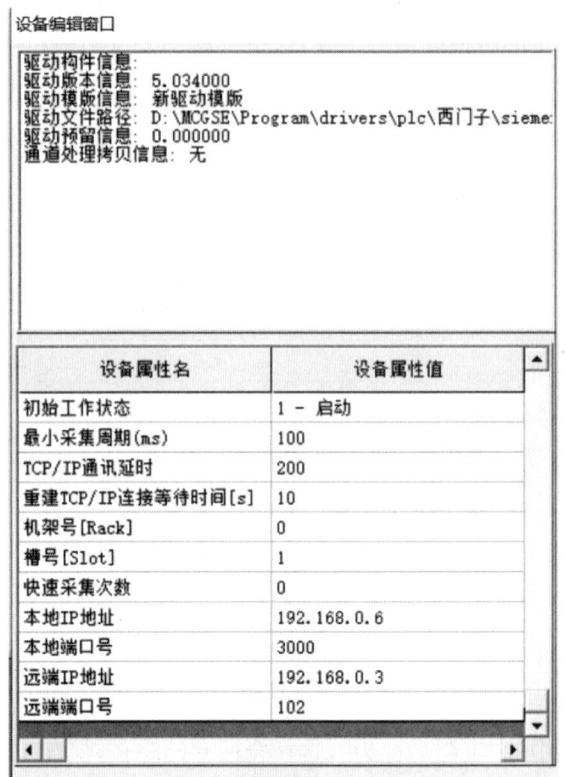

图 7-22 触摸屏与 PLC IP 地址设置

3. 创建组态画面

单击工作台的"用户窗口"选项卡,双击右侧的"新建窗口"。选中此窗口,单击右下角的"窗口属性",把窗口名改为"交通灯"。完成后双击"交通灯"窗口,进入绘制界面。单击工具箱中的"插入元件",系统弹出"对象元件库管理"对话框,选择"指示灯",选中"指示灯 7"(图 7-23)。

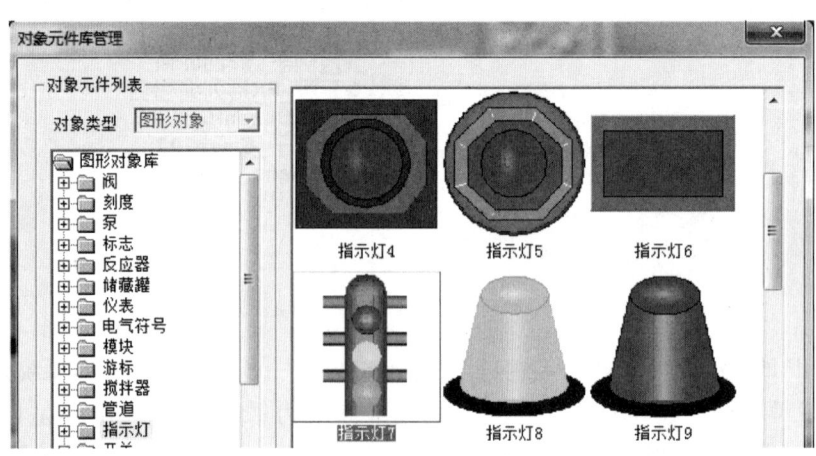

图 7-23 选择交通灯图标

单击"确定"按钮后，画面上添加了交通灯图素。将交通灯的监控画面绘制成如图 7-24 所示的监控画面。

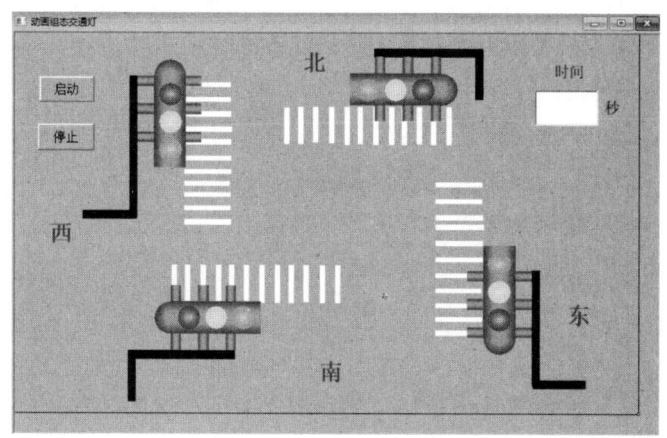

图 7-24　交通灯监控画面

在组态画面上添加"启动""停止"按钮，并将东西、南北方向的指示灯的显示时间在画面上显示出来。

时间显示背景框制作。单击工具箱中的"常用符号" 构件，选中"常用符号"中的"凹平面"，左键拖住鼠标，在画面上绘制一矩形框，双击此矩形框，系统弹出"动画组态属性设置"对话框，在"静态属性"栏中，选择填充颜色为白色，边线颜色为没有边线，确认即可（图 7-25）。

时间显示标签制作。以东西方向交通指示灯显示时间标签制作为例，选中工具箱中的"标签"构件，在画面上绘制矩形框，并拖至时间显示背景框上。双击此矩形框，系统弹出"标签动画组态属性设置"对话框，在"静态属性"栏中，选择填充颜色为没有填充，边线颜色为没有边线，并勾选"显示输出""可见度"2 项（图 7-26）。南北方向交通指示灯显示时间标签制作方法相同。

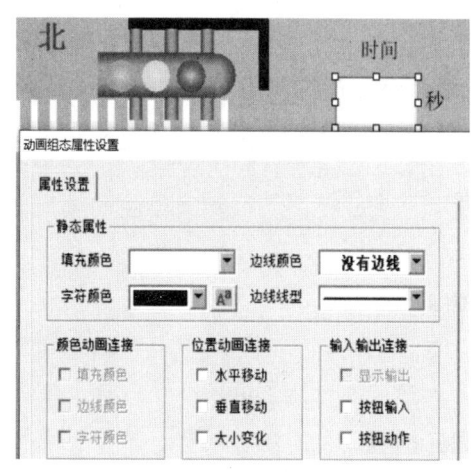

图 7-25　时间显示背景框

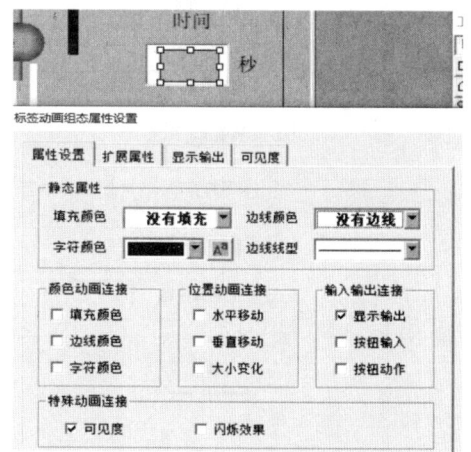

图 7-26　时间显示标签动画组态属性设置

4. 定义数据对象

根据交通灯控制要求,建立组态软件实时数据库。

在工作台的"实时数据库"选项卡中,单击"新增对象"按钮,根据任务要求添加数据对象。表 7-3 为一种建立的数据对象库变量,大家可以参考。

引导问题 5:同学们认为需要建立哪些数据对象?请在表 7-3 中修改、补全,并写出数据类型。

表 7-3　系统变量分配表

变量名	类型	注释
启动按钮		
停止按钮		
东西绿、黄、红灯		
东西绿、黄、红灯		
东西绿黄灯倒计时		
南北绿黄灯倒计时		
东西绿黄灯倒计时标志		
南北绿黄灯倒计时标志		

在 MCGS 嵌入版组态软件中添加与 PLC 通信的设备通道。在"设备窗口"选项卡中,双击"设备组态:设备窗口"中的"Siemens_1200",系统弹出"设备编辑窗口"对话框,在设备编辑窗口右侧进行与 PLCI/O 变量通道的添加。

添加"启动"按钮通道。单击"增加设备通道",通道类型选择"M 内部继电器",通道地址为"2",数据类型为"通道的第 00 位",读写方式选择"读写"(图 7-27)。双击增加的设备通道,选择数据库变量"启动按钮",完成设备通道与数据库变量的链接。"停止"按钮设备通道添加方法相同。

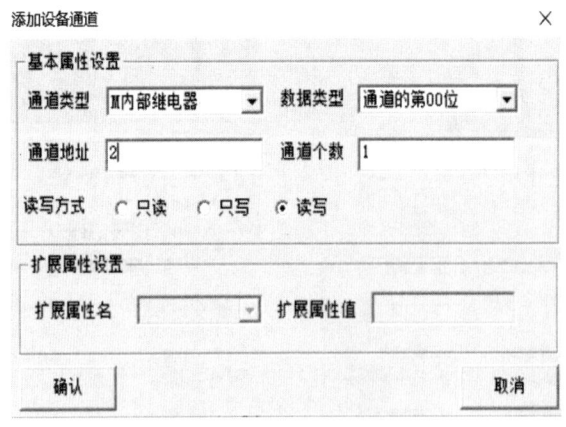

图 7-27　添加按钮设备通道

添加"东西方向定时器"时间的设备通道。单击"增加设备通道",通道类型选择"M内部继电器",通道地址为"10",数据类型为"32 位 无符号二进制",读写方式选择"读写"(图 7-28)。双击增加的设备通道,选择数据库变量"东西绿黄灯计时",完成设备通道与数据库变量的链接。"南北方向定时器"时间的设备通道添加方法相同(图 7-29)。

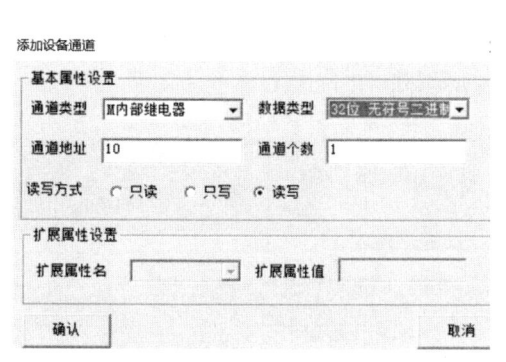

图 7-28　添加显示时间设备通道　　　图 7-29　添加后设备通道

5. 动画链接

(1) 建立交通指示灯的动画链接

双击画面中东西方向"交通灯"对应的指示灯,系统弹出"单元属性设置"对话框。在"动画连接"选项卡中,选择"三维圆球"第 1 行,右侧出现 > 按钮(图 7-30)。单击 > 按钮,系统弹出"动画组态属性设置"对话框。在"可见度"选项卡中,表达式选择变量"东西红灯",单击"确认"按钮。回到"单元属性设置"对话框,选择"三维圆球"第 2 行,单击 > 按钮,系统弹出"动画组态属性设置"对话框。在"可见度"选项卡中,表达式选择变量"东西黄灯",单击"确认"按钮。回到"单元属性设置"对话框,选择"三维圆球"第 3 行,右侧出现 > 按钮,单击 > 按钮,系统弹出"动画组态属性设置"对话框。在"可见度"选项卡中,表达式选择变量"东西绿灯",单击"确认"按钮。完成东西方向交通指示灯动画链接(图 7-31)。

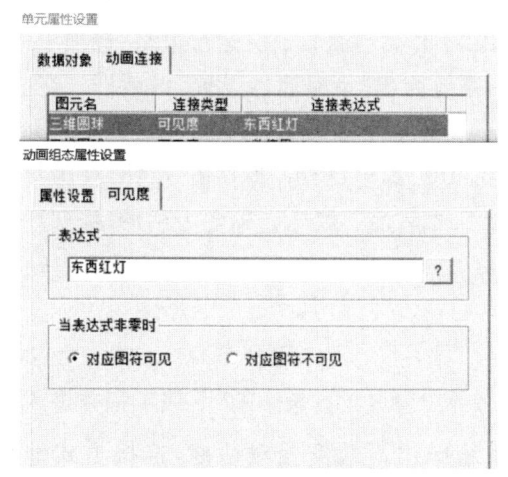
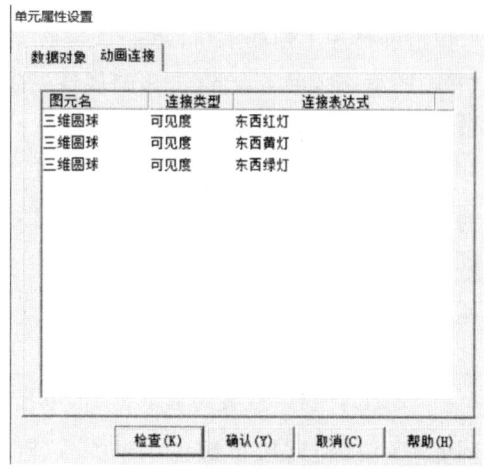

图 7-30　交通指示灯动画链接设置　　　图 7-31　交通指示灯单元属性设置

用同样方法完成南北方向交通指示灯动画链接。

(2) 建立显示时间动画链接

建立东西方向交通指示灯显示时间动画链接。双击"显示东西方向交通灯时间"标签,在"显示输出"栏选择"数值量输出",输出格式为"十进制",小数位数为"0",表达式栏填写"东西绿黄灯计时/1 000",为 PLC 程序中东西方向定时器定时时间,因为单位是"MS",所以此处除以 1 000(图 7-32)。

南北方向交通指示灯显示时间动画链接方法相同(图 7-33)。

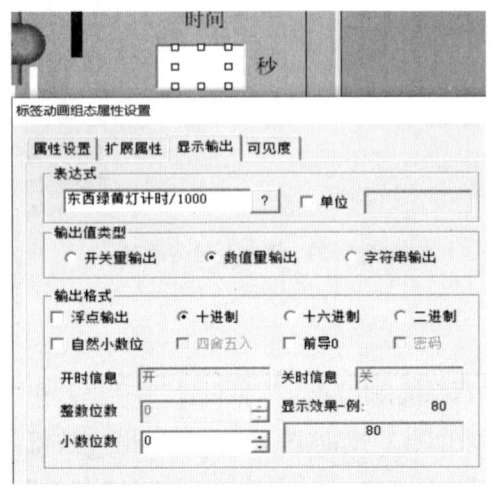

图 7-32　东西方向显示时间变量设置　　　图 7-33　南北方向显示时间变量设置

(3) 建立"启动"和"停止"按钮的动画链接

双击"启动"按钮,系统弹出"标准按钮构件属性设置"对话框,在"抬起功能"选项下勾选"数据对象操作",选择"按 1 松 0",选择"启动按钮"变量。"停止"按钮设置方法相同。

6. 脚本程序编写

单击屏幕左上角的工作台图标,系统弹出"工作台"窗口。在"运行策略"选项卡中,选中"循环策略",单击右侧的"策略属性"按钮,系统弹出"策略属性设置"对话框。在"定时循环执行,循环时间"栏填入 200。

双击"循环策略",系统弹出"策略组态:循环策略"窗口,单击"工具箱"按钮,在工具栏找到"新增策略行"按钮,选中策略工具箱的"脚本程序",鼠标光标变为手形,拖到新增策略行末端的小方块,脚本程序被添加到该策略;双击"脚本程序"策略行末端的方块,系统弹出脚本程序编辑窗口,输入脚本程序(图 7-34)。

7. 工程下载、运行与调试

将"交通灯"窗口设置为启动窗口,单击组态环境窗口工具条中的"下载工程并进入运行环境"按钮或按下键盘上的"F5"键,系统弹出下载配置对话框,连接方式选择"TCP/IP 网络",目标机名填写触摸屏实际 IP 地址(本例为 192.168.0.6),选择"连机运

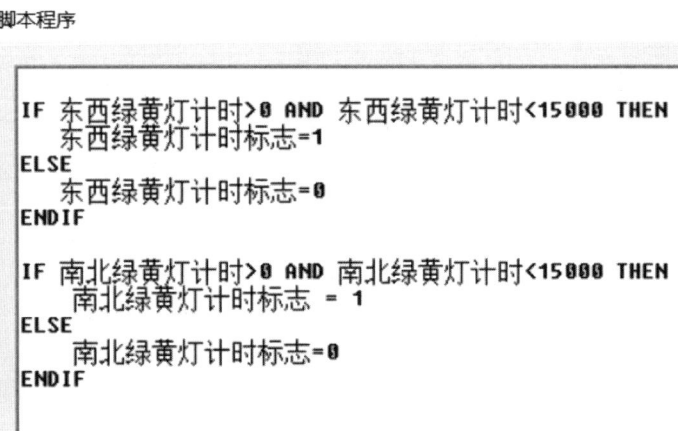

图 7-34 脚本程序编辑窗口

行",可以先进行"通讯测试",成功后进行"工程下载"。下载工程后,按下"启动"按钮,PLC 控制的交通灯监控工程联机运行,显示计时时间。按下"停止"按钮,灯全部熄灭,计时显示隐藏起来。运行画面如图 7-35 所示。

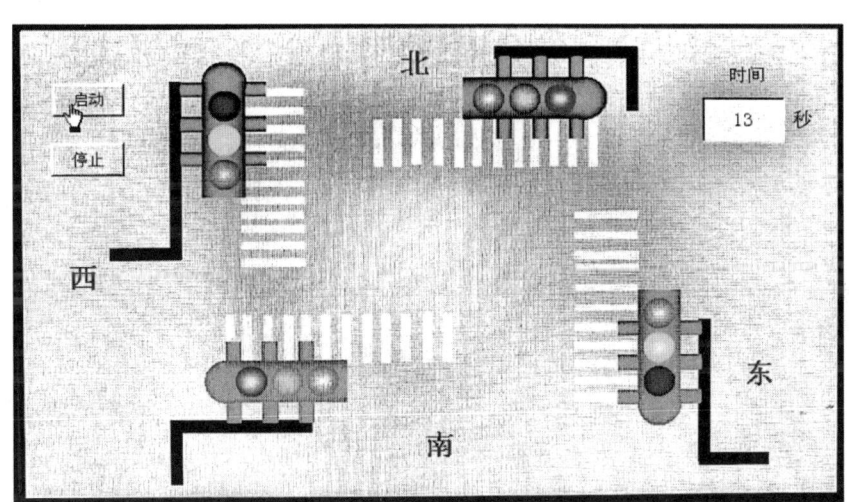

图 7-35 交通灯 PLC 控制组态监控系统运行界面

三、质量检查及验收

请将质量检查及验收的情况填入表 7-4。

表 7-4 检查对比表

学习成果		评分表		
巩固学习内容	总结与订正	小组自评	学生自评	教师评分
西门子 S7-1200 与 TPC7062Ti 触摸屏通信设置步骤是什么?				

(续表)

学习成果		评分表		
巩固学习内容	总结与订正	小组自评	学生自评	教师评分
西门子 S7-1200 与 TPC7062Ti 触摸屏直接连接的变量寄存器是什么?				
西门子 S7-1200 程序中的时间值如何在 TPC7062Ti 触摸屏上显示出来?				
学到的技能点				
出错的地方				

【知识链接】请扫码查看完成任务一交通灯嵌入式 TPC 监控系统组态设计的知识锦囊。

7-3 交通灯嵌入式 TPC 监控系统组态设计

任务二 电压采集嵌入式 TPC 监控系统组态设计

一、情境描述

某开发小组接到任务,要求利用 MCGS 嵌入版组态软件和触摸屏模拟电压采集监控系统的运行。通过西门子 S7-1200 PLC 模拟量扩展模块 SM1234 实现电压值实时监测,并将检测到的电压值通过通信电缆传给触摸屏进行显示。要求采用博途 TIA Portal V16 编程软件编写 PLC 程序,实现西门子 S7-1200 PLC 模拟电压的采集,并将采集到的电压值放入模拟量输入通道中。采用 MCGS 嵌入版组态软件与西门子 S7-1200 PLC 进行通信连接,将 PLC 中采集到的电压值转换成十进制形式发送到触摸屏上,并以数字、曲线的形式显示。监控画面如图 7-36 所示。

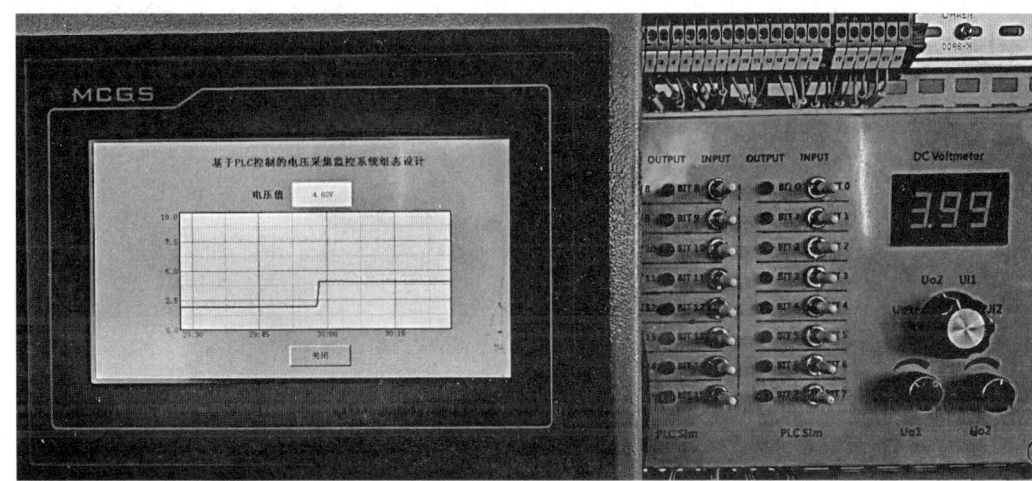

图 7-36 电压采集监控画面

7-4 电压采集嵌入式 TPC 监控系统组态设计演示视频

二、相关知识

西门子 S7-1200 PLC 的模拟量信号模块包括 SM1231 模拟量输入模块、SM1232 模拟量输出模块、SM1234 模拟量输入/输出模块。与 PLC 硬件连接时,西门子 S7-1200PLC CPU 右侧有连接插槽,左侧有模拟量扩展模块插针,直接插上即可。

模拟量是区别于数字量的一个连续变化的电压或电流信号,可作为 PLC 的输入或输出。通过传感器或控制设备,可对控制系统的温度、压力、流量等模拟量进行检测或控制。通过模拟量转换模块或变送器,可将传感器提供的电量或非电量转换为标准的直流电流信号(0~20 mA、4~20 mA、±20 mA 等)或直流电压信号(0~5 V、0~10 V、±10 V 等)。

（一）模拟量输入/输出模块

模拟量输入/输出模块目前只有 4 通道模拟量输入模块和 2 通道模拟量输出模块。模块 SM1234 的模拟量输入和模拟量输出通道的性能指标分别与 SM1231 AI4×13bit 和 SM1232 AQ2×14bit 的相同，相当于这 2 种模块的组合（图 7-37）。

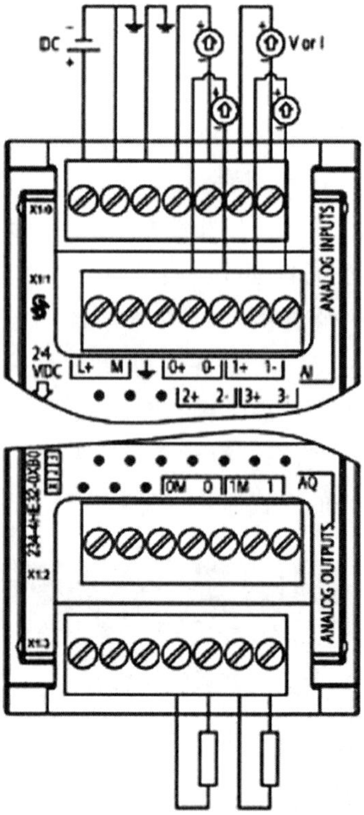

在控制系统需要模拟量通道少的情况下，为不增加设备占用空间，可通过信号板来增加模拟量通道。目前，市场上主要有 AI1×12bit、AI1×RTD、AI1×TC、AQ1×12bit 等型号的信号板。

（二）模拟量模块地址分配

模拟量模块以通道为单位，1 个通道占 1 个字（2 个字节）的地址，所以在模拟量地址中只有偶数。西门子 S7-1200PLC 模拟量模块的系统默认地址为 I/QW96～I/QW222。一个模拟量模块最多有 8 个通道，从 96 号字节开始，西门子 S7-1200 给每一个模拟量模块分配 16B（8 个字）的地址。N 号槽的模拟量模块的起始地址为 $(N-2)\times16+96$，其中 N 大于等于 2。集成的模拟量输入/输出系统默认地址是 I/QW64、I/QW66；信号板上的模拟量输入输出系统默认地址是 I/QW80。

图 7-37　SM1234 AI4×13 位/AQ2×14 位模块

对信号模块组态时，CPU 会根据模块所在的槽号，按上述原则自动地分配模块的默认地址。双击设备组态窗口中的相应模块，其"常规"属性中会列出每个通道的输入或输出起始地址。

在模块属性对话框的"地址"选项卡中，用户可以通过编程软件修改系统自动分配的地址。一般采用系统分配的地址。

模拟量输入地址的标识符是 IW，模拟量输出地址的标识符是 QW。

"电压采集嵌入式 TPC 监控系统组态设计"任务书

一、任务计划

根据利用 MCGS 嵌入版组态软件创建电压采集 TPC 监控系统所需的教具耗材、技能知识及工程实施过程制订工作计划。

引导问题1:观看电压采集监控系统工作过程,思考所用到的图元包括哪些部分,如何添加?

引导问题2:所需教具耗材包括哪些?

引导问题3:根据工程控制要求,需要建立哪些数据对象,对象类型是什么?

引导问题4:参考相关知识,本任务需要添加哪些动画技能点?

(一)理实一体化学习环节

基于西门子 S7-1200 PLC 的电压采集嵌入式 TPC 组态监控系统理实一体化教学任务见表 7-5。

表 7-5 理实一体化教学环节

环节一	西门子 PLC 电压采集组态监控系统的控制要求
环节二	西门子 PLC 电压采集组态监控系统实训设备的基本配置及硬件接线图
环节三	西门子 PLC 电压采集组态监控系统的组成及控制原理
环节四	西门子 PLC 电压采集组态监控系统的组态监控设计
环节五	西门子 PLC 电压采集组态监控系统的调试

(二)理实一体化学习步骤

1. 西门子 PLC 电压采集组态监控系统实训设备的基本配置

计算机、TIA Portal V16 软件、CPU 1215C AC/DC/RLY、MCGS 嵌入版组态软件、TPC7062Ti 触摸屏、电压信号发生器。

2. 西门子 PLC 电压采集组态监控系统 I/O 分配

PLC 通过模拟量扩展模块采集电压值,将电压数值及电压曲线在 TPC7062Ti 触摸屏上显示出来,所以本任务无须设置输入、输出端子控制信号。

3. 西门子 S7-1200 PLC 电压采集组态监控系统硬件接线图

PLC 通过模拟量扩展模块采集电压值,结合系统的控制要求,西门子 S7-1200 PLC 电压采集组态监控系统硬件接线如图 7-38 所示。

模拟电压 0~10 V 从(0+~0-)输入。

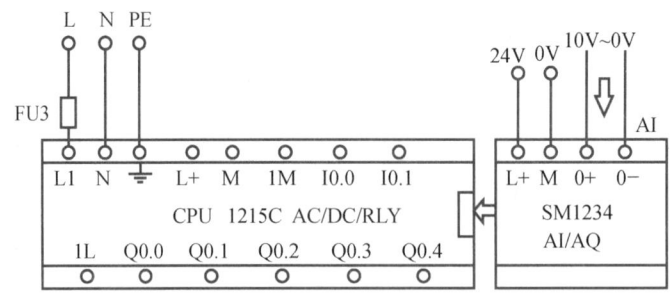

图 7-38　西门子 S7-1200 PLC 电压采集组态监控系统硬件接线图

SM1234 扩展模块的电源是 DC24V，应尽量使用外接电源，而不接 PLC 本身输出的 DC24V 电源。

4. 组态图形界面

PLC 电压采集组态监控画面如图 7-36 所示。

5. 组态软件定义变量

PLC 电压采集组态监控工程定义变量如图 7-39 所示。

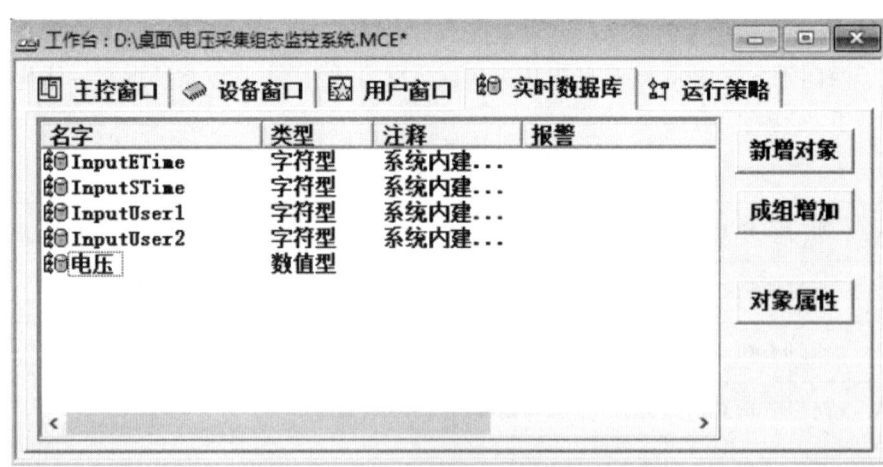

图 7-39　PLC 电压采集组态监控定义变量

二、任务实施

（一）PLC 电压采集控制系统程序设计

基于西门子 S7-1200PLC 的电压采集控系统梯形图如图 7-40 所示。

（二）PLC 电压采集控制组态监控系统的组态

1. 新建工程

选择菜单"文件"中的"新建工程"，系统弹出"新建工程设置"对话框。对话框中 TPC 的类型一定要与所连接的触摸屏型号一致，这里选择"TPC7062Ti"。

选择菜单"文件"中的"工程另存为"，选择合适存储路径，保存工程名为"电压采集组态监控系统"。

2. 添加西门子 S7-1200PLC 硬件设备驱动

西门子 S7-1200PLC 硬件设备驱动参考任务一，这里不再赘述。

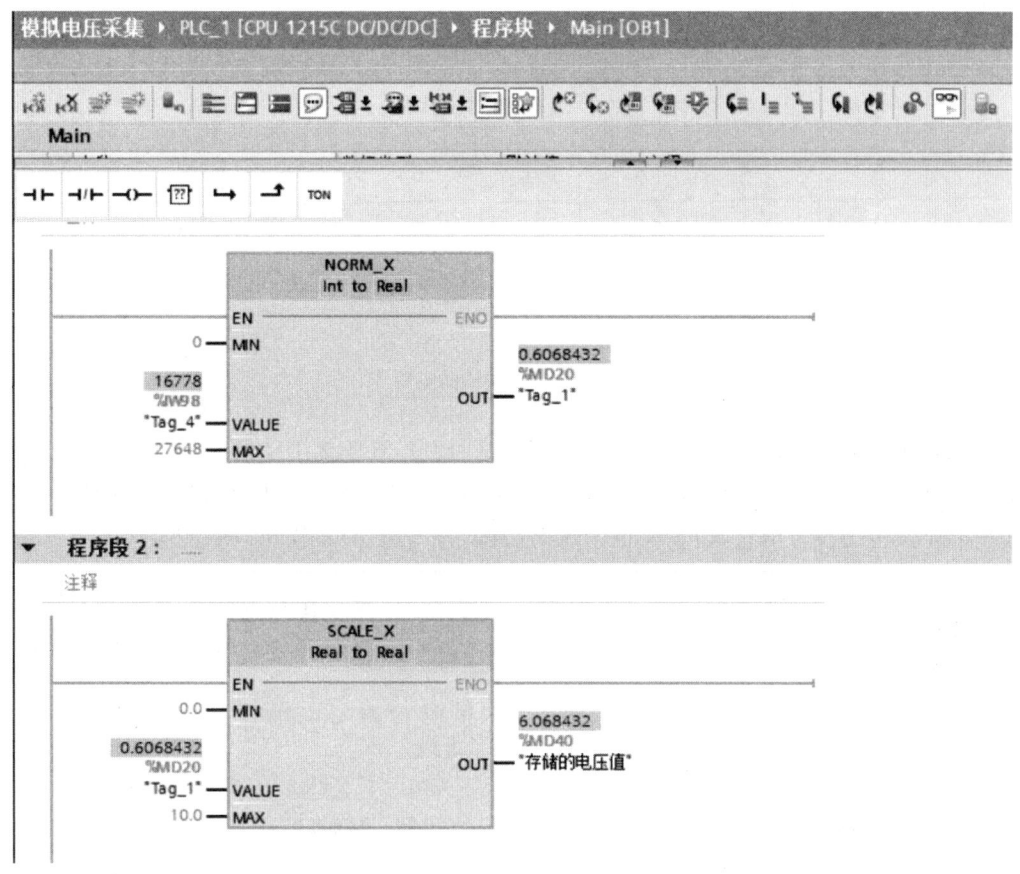

图 7-40 电压采集 PLC 控制梯形图

3. 创建组态画面

单击工作台的"用户窗口"选项卡,双击右侧的"新建窗口"。选中此窗口,单击右下角的"窗口属性",把窗口名改为"电压采集组态画面"。完成后双击"电压采集组态画面"窗口,进入绘制界面。

添加"电压采集 PLC 控制组态监控系统"文字。选中工具箱中的"标签"构件,在画面上绘制一矩形框,双击此矩形框,在"标签动画组态属性设置"对话框中,选择填充颜色为没有填充,边线颜色为没有边线。在"扩展属性"选项卡中,输入"电压采集 PLC 控制组态监控系统"文本。完成后将矩形框调整到合适大小即可。

"电压值"标签制作。选中工具箱中的"标签"构件,在画面上绘制一矩形框,双击此矩形框,在"标签动画组态属性设置"对话框中,选择填充颜色为没有填充,边线颜色为没有边线。在"扩展属性"选项卡中,输入"电压值"文本。完成后将矩形框调整到合适大小即可(图 7-41)。

背景框制作。单击工具箱中的"常用符号"构件,选中"常用符号"中的"凹平面",左键拖住鼠标,在画面上绘制一矩形框,双击此矩形框,系统弹出"动画组态属性设置"对话框,在"静态属性"栏中,选择填充颜色为白色,边线颜色为没有边线,单击"确认"按钮即可(图 7-42)。

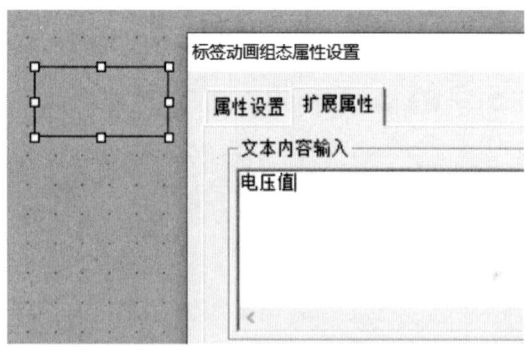

图 7-41 "电压值"标签制作

电压显示标签制作。选中工具箱中的"标签"构件,在画面上绘制一矩形框,并拖至电压显示背景框上。双击此矩形框,在"标签动画组态属性设置"对话框的"静态属性"栏中,选择填充颜色为没有填充,边线颜色为没有边线,并勾选"显示输出"项(图 7-43)。

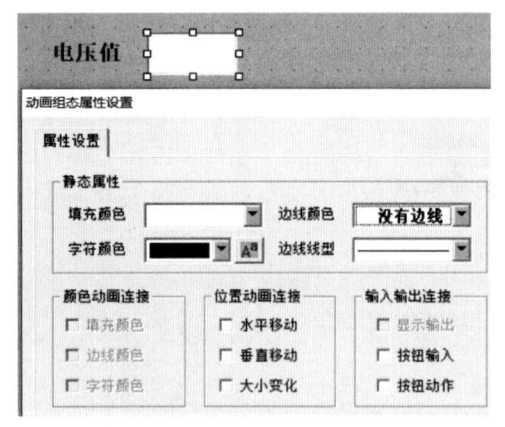

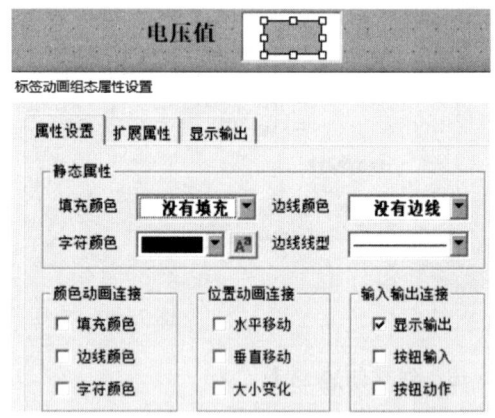

图 7-42 电压显示背景框　　　　图 7-43 电压显示标签动画组态属性设置

添加电压数值"实时曲线"构件。单击工具箱中的"实时曲线"构件,然后将鼠标指针移动到窗口上,单击空白处并拖动鼠标,就可画出一个适当大小的矩形框,所设计的界面中出现"实时曲线"构件。在画面中添加"关闭"按钮构件,按下"关闭"按钮,关闭此用户窗口(图 7-44)。

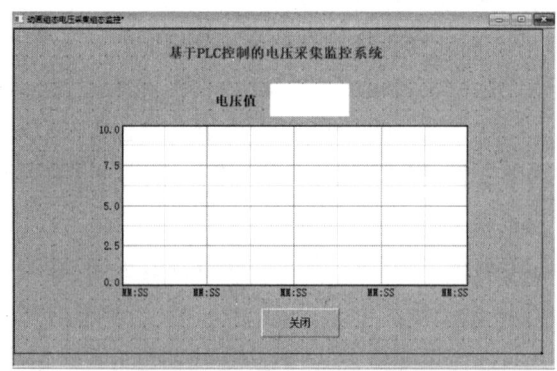

图 7-44 电压采集组态监控画面

4. 定义数据对象

根据电压采集监控系统控制要求,建立组态软件实时数据库。

在工作台的"实时数据库"选项卡中,单击"新增对象"按钮,根据任务要求添加数据对象。表 7-6 为一种建立的数据对象库变量,大家可以参考。

引导问题 5:同学们认为需要建立哪些数据对象?请在表 7-6 中修改、补全,并写出数据类型。

表 7-6　系统变量分配表

变量名	类型	注释
电压		

在 MCGS 嵌入版组态软件中添加与 PLC 通信的设备通道。打开"设备窗口",双击"设备组态:设备窗口"中的"Siemens_1200",系统弹出"设备编辑窗口"对话框,在设备编辑窗口右侧进行与 PLC I/O 变量通道的添加。

添加"电压"数值通道。单击"增加设备通道",通道类型选择"M 内部继电器",通道地址为"40",数据类型为"32 位 浮点数",通道个数为"1"(图 7-45)。双击增加的设备通道,选择数据库变量"电压",完成设备通道与数据库变量的链接(图 7-46)。

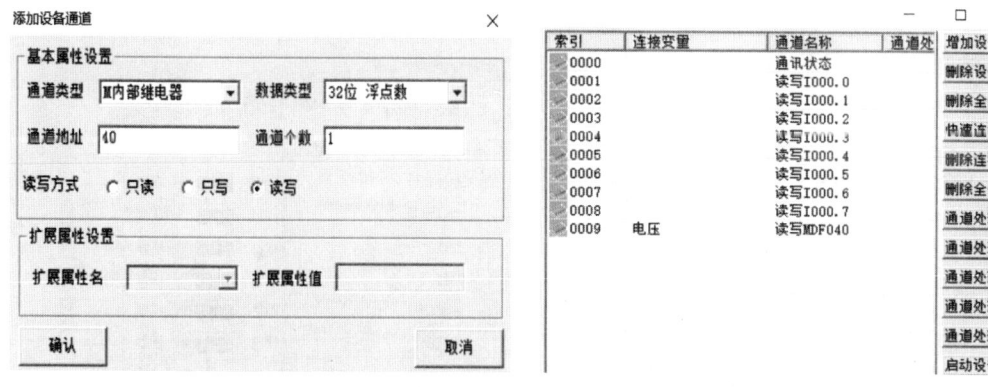

图 7-45　添加显示电压设备通道　　　　图 7-46　添加后设备通道

5. 建立动画链接

(1) 建立当前电压值显示文本的动画链接。双击画面中的"电压"显示标签,系统弹出"标签动画组态属性设置"对话框,勾选"显示输出",选择"显示输出"选项卡,在"表达式"栏单击右侧"?",选择数据对象"电压",输出值类型选择"数值型",右侧勾选"单位",并输入"V"。输出格式中去掉"自然小数位"勾选,小数位数为 2。单击"确认"按钮(图 7-47)。

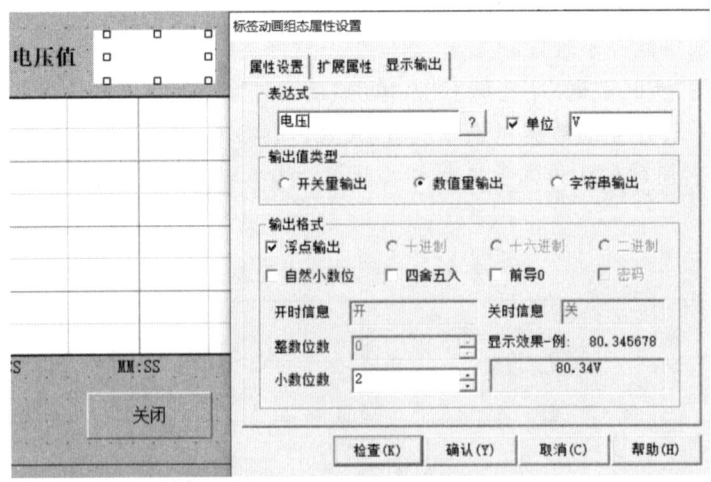

图 7-47 采集"电压"值显示变量链接

(2) 建立电压数值"实时曲线"构件的动画链接。双击窗口中的"实时曲线"构件，系统弹出"实时曲线构件属性设置"对话框。在"标注属性"选项卡中，将"X 轴标注"标注间隔设置为"1"，时间格式选择"MM:SS"，时间单位选择"分钟"，将 X 轴长度设置为"1"，将"Y 轴标注"中最大值改为"10.0"(图 7-48)。

引导问题 6：在"画笔属性"选项卡中，选择_____单击右侧"?"，选择变量"_____"_____(图 7-49)。单击"确认"按钮，完成"实时曲线"构件的动画链接。

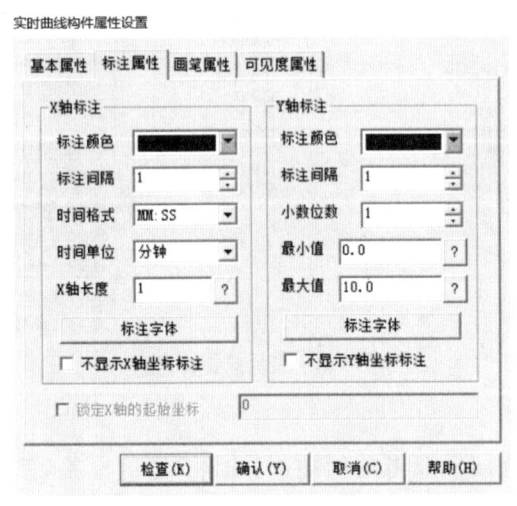

图 7-48 实时曲线标注属性设置

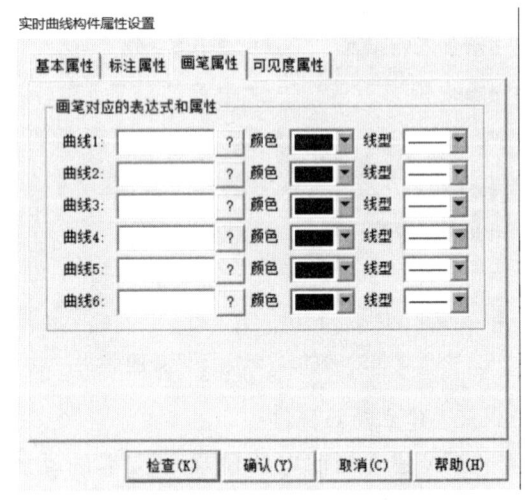

图 7-49 实时曲线画笔属性设置

(3) 建立"关闭"按钮对象的动画链接。

引导问题 7：在窗口双击"关闭"按钮，系统弹出"标准按钮组态构件属性"对话框。选择_____选项卡，选择"抬起功能"下的"_____"，下拉选项选择"_____"窗口(图 7-50)。

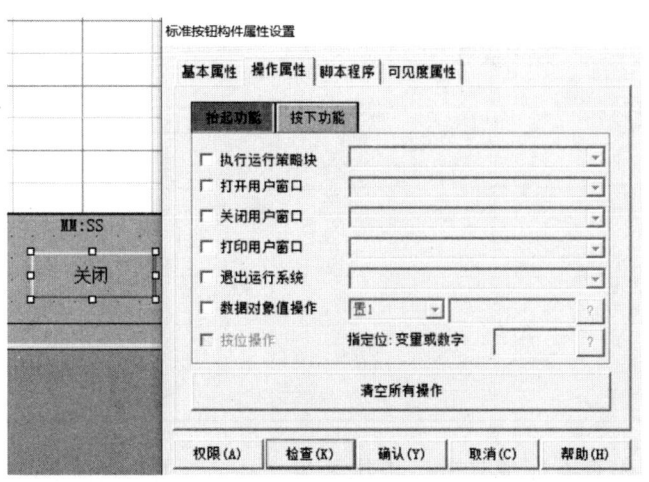

图 7-50 "关闭"按钮关闭用户窗口设置

6. 脚本程序编写

本任务不需要编写脚本程序。

7. 工程下载、运行与调试

将"电压采集"窗口设置为启动窗口,单击组态环境窗口工具条中的"进入运行环境"按钮或按下键盘上的"F5"键,系统弹出下载配置对话框,连接方式选择"TCP/IP 网络",目标机名填写触摸屏实际 IP 地址(本例为 192.168.0.6),选择"连机运行",可以先进行"通讯测试",成功后进行"工程下载"。运行画面如图 7-36 所示。

三、质量检查及验收

请将质量检查及验收的情况填入表 7-7。

表 7-7 检查对比表

学习成果		评分表		
巩固学习内容	总结与订正	小组自评	学生自评	教师评分
西门子 S7-1200 模拟量扩展模块 SM1234 AI4 × 13 位/AQ2 × 14 位模块如何硬件接线?				
西门子 S7-1200 模拟量扩展模块 SM1234 AI4 × 13 位/AQ2 × 14 位模块各个输入通道的地址是多少?				
西门子 S7-1200 程序中的电压值如何在 TPC7062Ti 触摸屏上显示出来?				

(续表)

学习成果		评分表		
巩固学习内容	总结与订正	小组自评	学生自评	教师评分
学到的技能点				
出错的地方				

【知识链接】请扫码查看完成任务二电压采集嵌入式 TPC 监控系统组态设计的知识锦囊。

7-5 电压采集嵌入式 TPC 监控系统组态设计

任务三 频率输出嵌入式 TPC 监控系统组态设计

一、情境描述

某开发小组接到任务,要求利用 MCGS 嵌入版组态软件和触摸屏模拟频率输出监控系统的运行。通过西门子 S7-1200 PLC 模拟量扩展模块 SM1234 实现频率值实时输出,并可以通过通信电缆,在触摸屏进行频率值更改。要求采用博途 TIA Portal V16 编程软件编写 PLC 程序,实现西门子 S7-1200 PLC 频率值的输出,并将触摸屏输出给 PLC 的频率值数值放入模拟量输出通道中。采用 MCGS 嵌入版组态软件与西门子 S7-1200 PLC 进行通信连接,将在触摸屏上输入的频率值送到 PLC 中,并以报表、曲线的形式显示。监控画面如图 7-51 所示。

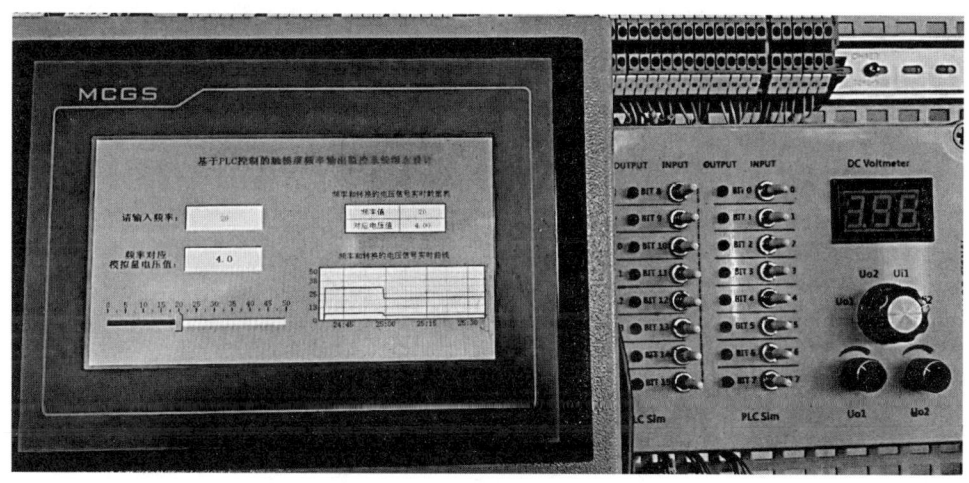

图 7-51 频率写入 PLC 监控画面

二、相关知识

西门子 G120 变频器及参数设置。(略)

7-6 频率输出嵌入式 TPC 监控系统组态设计演示视频

"频率输出嵌入式 TPC 监控系统组态设计"任务书

一、任务计划

根据利用 MCGS 嵌入版组态软件创建频率输出 TPC 监控系统所需的教具耗材、技能知识及工程实施过程制订工作计划。

引导问题 1：观看频率输出工程工作过程，思考所用到的图元包括哪些部分，如何添加？

引导问题 2：所需教具耗材包括哪些？

引导问题 3：根据工程控制要求，需要建立哪些数据对象，对象类型是什么？

引导问题 4：参考相关知识，本任务需要添加哪些动画技能点？

(一) 理实一体化学习环节

基于西门子 S7-1200 PLC 的频率输出嵌入式 TPC 组态监控系统理实一体化教学任务见表 7-8。

表 7-8 理实一体化教学环节

环节一	西门子 PLC 频率输出组态监控系统的控制要求
环节二	西门子 PLC 频率输出组态监控系统实训设备的基本配置及硬件接线图
环节三	西门子 PLC 频率输出组态监控系统的组成及控制原理
环节四	西门子 PLC 频率输出集组态监控系统的组态监控设计
环节五	西门子 PLC 频率输出组态监控系统的调试

(二) 理实一体化学习步骤

1. 西门子 PLC 频率输出组态监控系统实训设备的基本配置

计算机、TIA Portal V16 软件、CPU 1215C AC/DC/RLY、MCGS 嵌入版组态软件、TPC7062Ti 触摸屏、G120 变频器。

2. 西门子 PLC 频率输出组态监控系统 I/O 分配

PLC 通过模拟量扩展模块输出频率对应的电压值，将此电压值以曲线形式在 TPC7062Ti 触摸屏上显示出来，所以本任务无须设置输入、输出端子控制信号。

3. 西门子 S7-1200 PLC 频率输出组态监控系统硬件接线图

PLC 通过模拟量扩展模块输出端将频率值输出给频率控制设备，结合系统的控制要求，西门子 S7-1200 PLC 频率输出组态监控系统硬件接线如图 7-52 所示。

输出频率对应模拟电压 0～10 V 从（0M～0）输出。

SM1234 扩展模块的电源是 DC24V，应尽量使用外接电源，而不接 PLC 本身输出的 DC24V 电源。

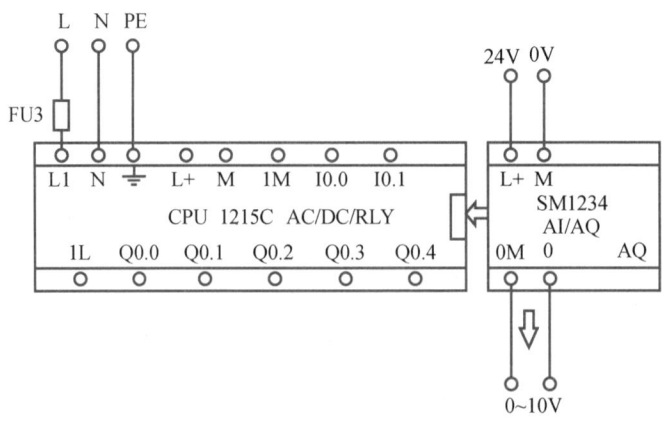

图 7-52 西门子 S7-1200 PLC 频率输出组态监控系统硬件接线图

4．组态图形界面

PLC 频率输出组态监控画面如图 7-51 所示。

5．组态软件定义变量

PLC 频率输出组态监控工程定义变量如图 7-53 所示。

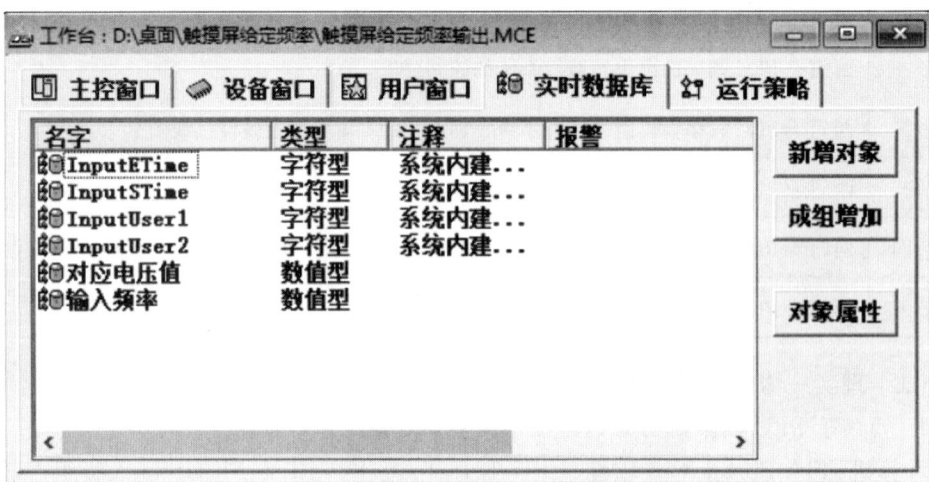

图 7-53　PLC 频率输出组态监控定义变量

二、任务实施

（一）PLC 频率输出控制系统程序设计

基于西门子 S7-1200PLC 的频率输出系统梯形图如图 7-54 所示。

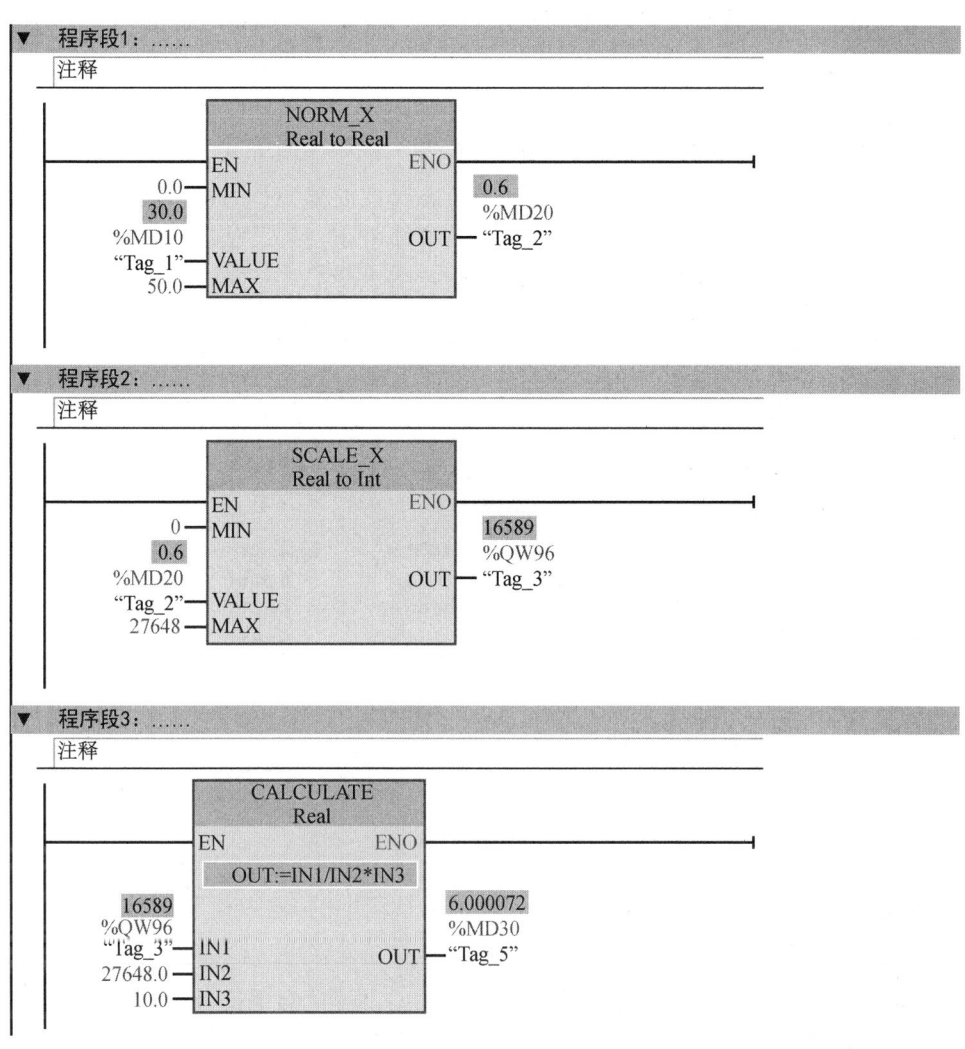

图 7-54 频率输出 PLC 控制梯形图

（二）PLC 频率输出控制组态监控系统的组态

1. 新建工程

新建工程名称为"频率输出组态监控系统"。TPC 的类型一定要与所连接的触摸屏型号一致，这里选择"TPC7062Ti"。

选择菜单"文件"中的"工程另存为"，选择合适存储路径，保存工程。

2. 添加西门子 S7-1200PLC 硬件设备驱动

西门子 S7-1200PLC 硬件设备驱动参考任务一，这里不再赘述。

3. 创建组态画面

单击工作台的"用户窗口"，双击右侧的"新建窗口"。选中此窗口，单击右下角的"窗口属性"，把窗口名改为"频率输出组态监控"。双击窗口，进入绘制界面。

添加"基于 PLC 控制的触摸屏给定频率输出"文字。选中工具箱中的"标签"构件，在画面上绘制一矩形框，双击此矩形框，在"标签动画组态属性设置"对话框中，选择填充颜色为没有填充,边线颜色为没有边线。在"扩展属性"选项卡中,输入"基于 PLC 控制的触摸屏给定频率输出"文本。完成后将矩形框调整到合适大小即可。

窗口中添加"请输入频率值:""频率对应模拟量电压值:""频率和转换的电压信号实时数据表""频率和转换的电压信号实时曲线"标签。选中工具箱中的"标签"A构件,在画面上绘制矩形框,双击矩形框,在"标签动画组态属性设置"对话框中,选择填充颜色为没有填充,边线颜色为没有边线。在"扩展属性"选项卡中,输入"请输入频率值:"等标签文字,完成后将矩形框调整到合适大小即可(图 7-55)。

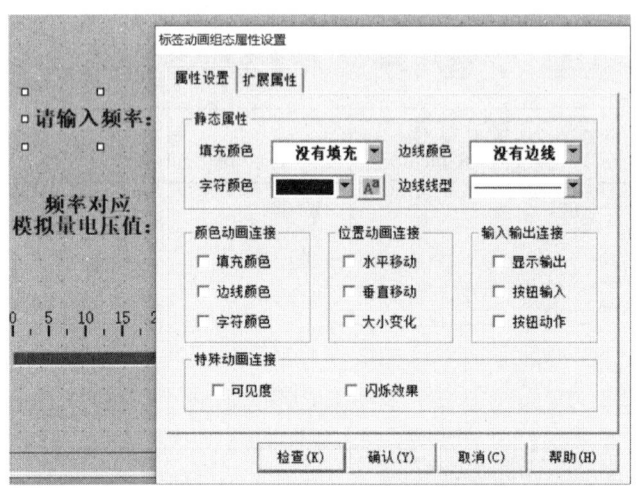

图 7-55 "请输入频率"标签制作

"请输入频率值:"右侧的输入框制作。单击工具箱中的"输入框" abl 构件,左键拖住鼠标在画面上绘制一矩形框,单击"确认"按钮即可。

频率对应的模拟量电压值显示标签制作。选中工具箱"常用符号"的"凹平面",左键拖住鼠标,在画面上绘制一矩形框,双击此矩形框,系统弹出"动画组态属性设置"对话框,选择填充颜色为白色,边线颜色为没有边线,并勾选"显示输出"项(图 7-56)。

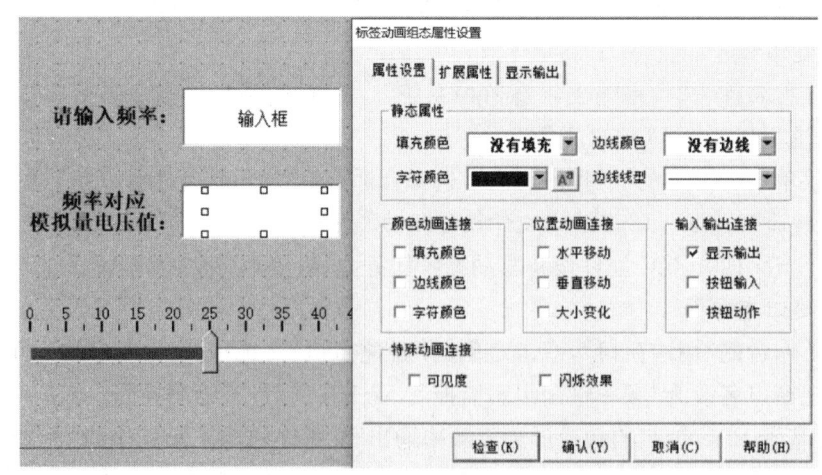

图 7-56 电压显示标签动画组态属性设置

添加"频率和转换的电压信号实时数据表"构件。单击工具箱中的"自由报表"构件，然后将鼠标指针移动到窗口上，单击空白处并拖动鼠标，调整为2行2列，第一列依次输入"频率值""对应电压值"，第二列依次输入"0|0""2|0"。将构件调整至适当大小。

添加"频率和转换的电压信号实时曲线"构件。单击工具箱中的"实时曲线"构件，然后将鼠标指针移动到窗口上，单击空白处并拖动鼠标，就可画出一个适当大小的矩形框，所设计的界面中出现"实时曲线"构件(图7-57)。

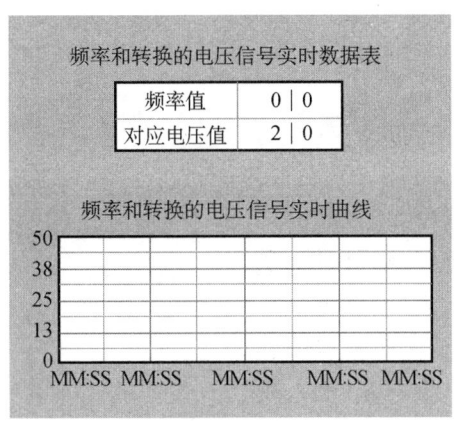

图7-57 实时数据表与实时曲线绘制

在画面添加"关闭"按钮构件，按下"关闭"按钮，关闭此用户窗口。

4. 定义数据对象

根据频率输出监控系统控制要求，建立组态软件实时数据库。

在工作台的"实时数据库"选项卡中，单击"新增对象"按钮，根据任务要求添加数据对象。表7-9为一种建立的数据对象库变量，大家可以参考。

引导问题5：同学们认为需要建立哪些数据对象？请在表7-9中修改、补全，并写出数据类型。

表7-9 系统变量分配表

变量名	类型	注释
输入频率		
对应电压值		

在MCGS嵌入版组态软件中添加与PLC通信的设备通道。打开"设备窗口"，双击"设备组态：设备窗口"中的"Siemens_1200"，系统弹出"设备编辑窗口"对话框，在设备编辑窗口右侧进行与PLC I/O变量通道的添加。

添加"输入频率"数值通道。单击"增加设备通道"，通道类型选择"M 内部继电器"，通道地址为"10"，数据类型为"32位 浮点数"，通道个数为1(图7-58)。同理，单击"增加设备通道"，通道类型选择"M 内部继电器"，通道地址为"30"，数据类型为"32位 浮点数"，通道个数为"1"。双击增加的设备通道，选择数据库变量"对应电压值"，完成设备通道与数据库变量的链接(图7-59)。

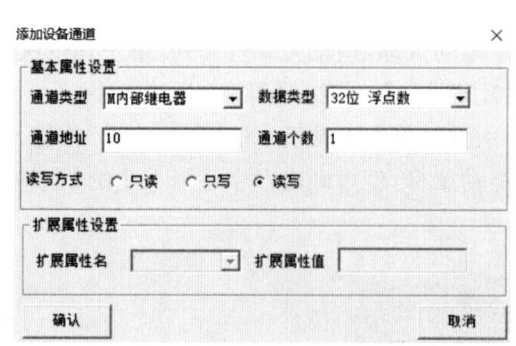

图7-58 添加频率输入的设备通道

图7-59 连接数据对象后设备通道

5. 建立动画链接

(1)建立当前"输入频率"输入框的动画链接。双击画面中的"输入框"构件,系统弹出"输入框构件属性设置"对话框。在"操作属性"选项卡中,"对应数据对象的名称"栏单击右侧"?",选择数据对象"输入频率",去掉"自然小数位"勾选,小数位数为0。单击"确认"按钮(图7-60)。

(2)建立输入频率和转换后的电压值"实时曲线"构件的动画链接。双击窗口中的"实时曲线"构件,系统弹出"实时曲线构件属性设置"对话框。在"标注属性"选项卡中,将X轴长度设置为"2",将"Y轴标注"中最大值改为"10.0"(图7-61)。

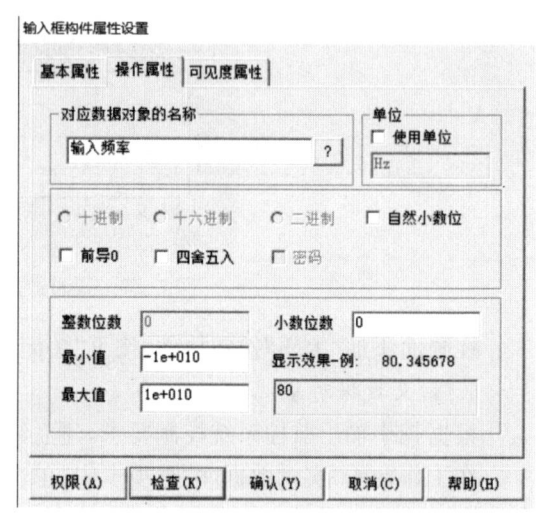

图7-60 输入频率变量链接

在"画笔属性"选项卡中,选择曲线1,单击右侧"?",选择变量"输入频率"(图7-62)。单击"确认"按钮,完成"实时曲线"构件的动画链接。

图7-61 实时曲线标注属性设置

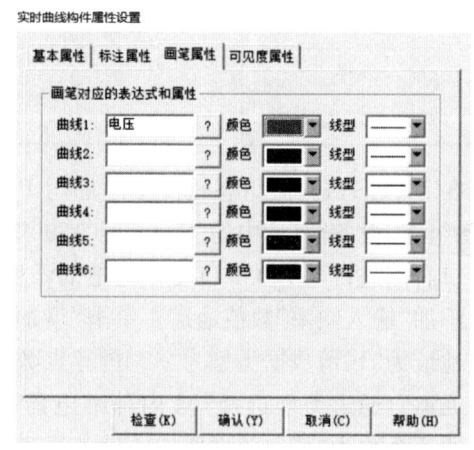

图7-62 实时曲线画笔属性设置

（3）双击窗口的实时报表，单击右键，选择"连接"，激活实时报表，选中 B 列第 1 行单元格，右键单击，变量选择"输入频率"（图 7-63）。选中 B 列第 2 行单元格，右击，变量选择"对应电压值"。单击确认即可（图 7-64）。

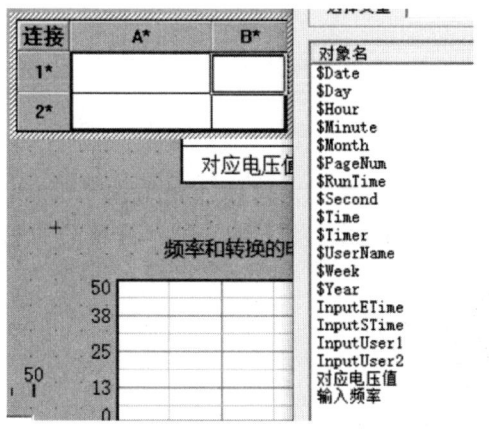

图 7-63　实时报表输入频率动画链接

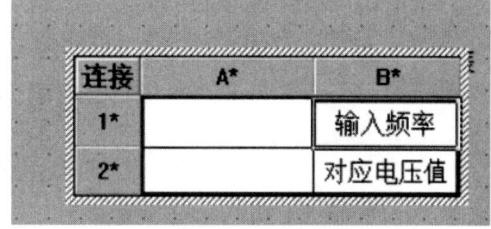

图 7-64　实时报表链接变量

6. 脚本程序编写

本任务不需要编写脚本程序。

7. 工程下载、运行与调试

将"电压采集"窗口设置为启动窗口，单击组态环境窗口工具条中的"下载工程并进入运行环境"按钮或按下键盘上的"F5"键，系统弹出下载配置对话框，连接方式选择"TCP/IP 网络"，目标机名填写触摸屏实际 IP 地址（本例为 192.168.0.6），选择"连机运行"，可以先进行"通讯测试"，成功后进行"工程下载"。运行画面如图 7-51 所示。

三、质量检查及验收

请将质量检查及验收的情况填入表 7-10。

表 7-10　检查对比表

学习成果		评分表		
巩固学习内容	总结与订正	小组自评	学生自评	教师评分
西门子 S7-1200 模拟量扩展模块 SM1234 AI4×13 位/AQ2×14 位模块输出端如何硬件接线？				
西门子 S7-1200 模拟量扩展模块 SM1234 AI4×13 位/AQ2×14 位模块各个输出通道的地址是多少？				
TPC7062Ti 触摸屏上如何输入频率传送给 PLC？				

(续表)

学习成果		评分表		
巩固学习内容	总结与订正	小组自评	学生自评	教师评分
学到的技能点				
出错的地方				

【知识链接】请扫码查看完成任务三频率输出嵌入式 TPC 监控系统组态设计的知识锦囊。

7-7 频率输出嵌入式 TPC 监控系统组态设计

【边学边练】

1. 应用 MCGS 嵌入版组态软件设计基于 PLC 控制的自动送料装车监控系统（图 7-65）。

控制要求：

（1）初始状态。红灯 HL1 灭、绿灯 HL2 亮，表示允许汽车进入车位装料。进料阀、出料阀、电动机 M1，M2，M3 皆为 OFF。

（2）进料控制。料斗中的料不满时，检测开关 S 为 OFF，5 秒后进料阀打开，开始进料；当料满时，检测开关 S 为 ON，关闭进料阀，停止进料。

（3）装车控制。当汽车到达装车位置时，SQ1 为 ON，红灯 HL1 亮、绿灯 HL2 灭。同时启动传送带电动机 M3，2 秒后启动 M2，2 秒后再启动 M1，再过 2 秒后打开料斗出料阀，开始装料。当汽车装满料时，SQ2 为 ON，先关闭出料阀，2 秒后 M1 停转，又过 2 秒后 M2 停转，再过 2 秒后 M3 停转，红灯 HL1 灭、绿灯 HL2 亮。装车完毕，汽车开走。

（4）启停控制。按下"启动"按钮 SB1，系统启动；按下"停止"按钮 SB2，系统停止运行。

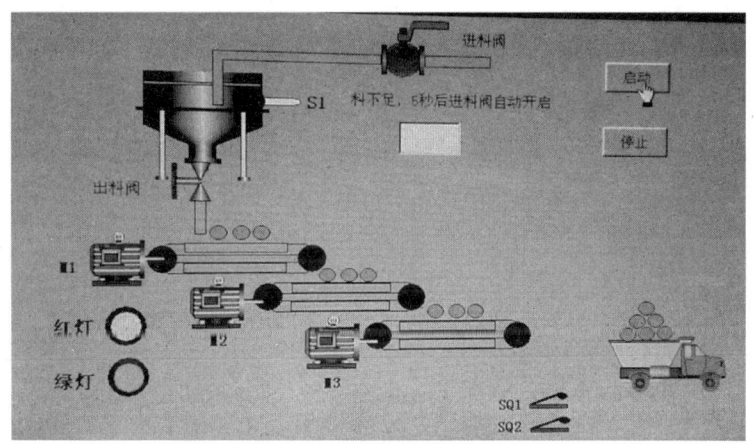

图 7-65 自动送料装车监控系统效果图

7-8 自动送料装车组态监控工程演示视频

2. 应用 MCGS 嵌入版组态软件设计基于 PLC 控制的四路抢答器监控系统（图 7-66）。

控制要求：

（1）主持人宣布抢答后，首先抢答成功者，抢答有效并且指示灯 HL1 点亮，显示选手号码；

（2）主持人宣布抢答后方可抢答，否则抢答者视为犯规并且 HL2 灯点亮，显示犯规选手号码；

（3）主持人宣布抢答后，5 秒内抢答有效；

（4）主持人按下"复位按钮"后，选手才可以重复上述步骤。

MCGS 嵌入版组态控制技术及应用

7-9 四路抢答器组态监控工程演示视频

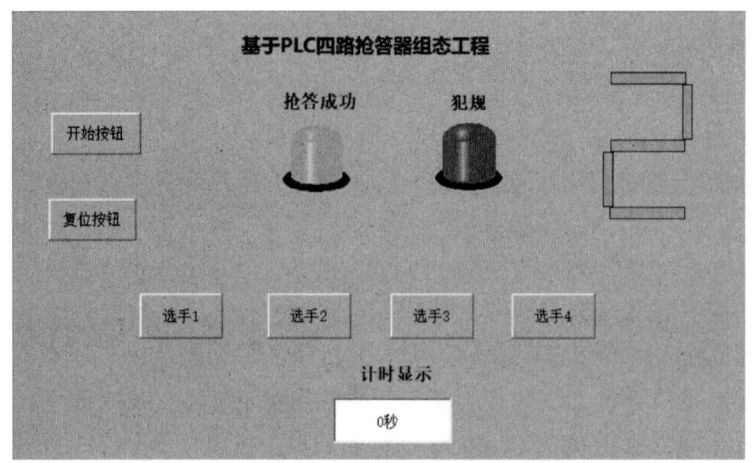

图 7-66 四路抢答器监控系统效果图

项目八

自动化生产线嵌入式 TPC 监控工程组态

 教学目标

知识目标

1. 熟悉按钮、指示灯等图素的使用及动画链接;
2. 掌握人机界面与 PLC 设备连接的设置步骤;
3. 掌握组态策略内容和常用构件的使用方法。

能力目标

1. 能够根据供料站动作要求进行监控画面的制作;
2. 能建立人机界面与 PLC 设备的连接;
3. 能根据供料站的 I/O 信号定义组态系统变量;
4. 会使用 MCGS 运行策略构件脚本程序进行系统设计。

素质目标

1. 培养学生在生活中不断发现问题、学习知识、创新设计、信息收集和归纳的能力;
2. 培养学生的交往沟通能力和团队合作精神,培养学生精益、专注、创新的工匠素养;
3. 培养学生的敬业精神、职业道德、职业素养;
4. 培养学生努力钻研、克服困难、解决问题的毅力;
5. 培养学生自主创新、研发国货的信心;
6. 培养学生在工程设计中规范操作、严谨细致、精益求精的职业作风。

项目背景

在全面建成小康社会取得决定性成就,开启进入全面建设社会主义现代化国家新征程的新时期,新一轮科技革命和产业变革加速演进,制造业数字化、智能化成为重要发展趋势。数字化制造正成为提高制造业设计、制造、营销效率的重要手段。面对新时期的新机遇和新挑战,我们要抢抓新科技革命和产业变革先机,加快绿色低碳转型,加速推动中国制造向中国创造、中国数量向中国质量、中国产品向中国品牌的转变。

现代化自动生产设备(自动生产线)的最大特点是它的综合性和系统性。其中,综合性是指机械技术、微电子技术、电工电子技术、传感测试技术、接口技术、信息变换技术、网络通信技术等多种技术有机结合,并综合应用到生产设备中;系统性是指生产线的传感检测、传输与处理、控制、执行与驱动等结构在微处理单元的控制下有机地融合在一起,并协调有序地工作。

亚龙 YL-335B 型自动生产线实训考核装备在铝合金导轨式实训台上安装送料、加工、装配、输送、分拣等工作单元,构成一个典型的自动生产线的机械平台,系统的各结构采用了气动驱动、变频器驱动和步进(伺服)电机位置控制等技术。系统的控制方式为每一工作单元由一台 PLC 承担其控制任务,各 PLC 之间通过以太网通信实现互连的分布式控制。因此,YL-335B 综合应用了多种技术,如气动控制技术、机械技术(机械传动、机械连接等)、传感器应用技术、PLC 控制和组网技术、步进电机位置控制技术以及变频器技术等。利用 YL-335B,可以模拟一个与实际生产情工况十分接近的控制过程,使学生得到非常接近于实际生产的教学设备环境,从而拉近理论教学与实际应用之间的距离,大大提高了实训效果。

YL-335B 采用模块组合式的结构,各工作单元是相对独立的模块,并采用了标准结构和抽屉式模块放置架,具有较强的互换性,完全满足教学实训考核或技能竞赛的需要。学生可根据实训需要或工作任务的不同进行不同的组合、安装和调试,达到模拟实际生产线功能和整合学习功能的目标。

一、自动化生产线 YL-335B 的基本组成

亚龙 YL-335B 型自动生产线实训考核装备由供料单元、加工单元、装配单元、输送单元和分拣单元 5 个单元组成。自动化生产线外观如图 8-1 所示。

每一个工作单元可以自成一个独立系统,同时也都是一个机电一体化的系统。各个单元的执行机构基本上是以气动执行机构为主,但输送单元的机械手装置整体运动则采取伺服电机驱动、紧密定位的位置控制,该驱动系统具有长行程、多定位点的特点,是一个典型的一维位置控制系统。分拣单元的传送带驱动则采用了通用变频器驱动三相异步电动机的交流传动装置。位置控制和变频技术是现代工业企业应用最为广泛的电气控制技术。

YL-335B 设备应用了多种类型的传感器,分别用于判断物体的运动位置、物体通过的状态、物体的颜色及材质等。传感器技术是机电一体化技术中的关键技术之一,是现代

项目八 自动化生产线嵌入式 TPC 监控工程组态

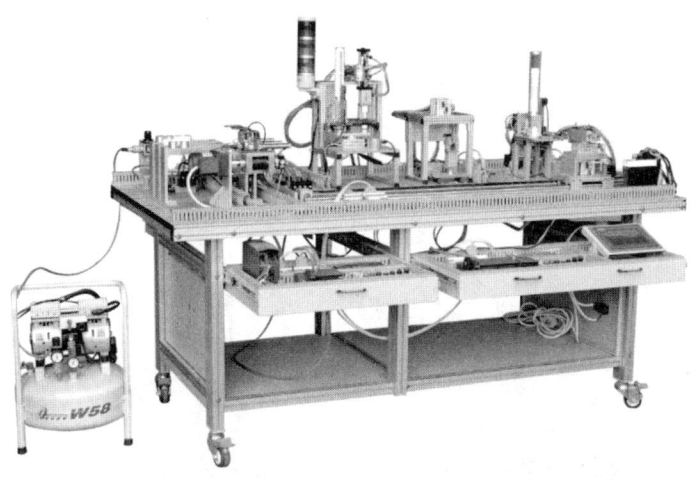

图 8-1 YL-335B 外观

工业实现高度自动化的前提之一。

在控制方面,YL-335B 采用了基于以太网通信的 PLC 网络控制方案,即每一工作单元由一台 PLC 承担其控制任务,各 PLC 之间通过以太网通信实现互连的分布式控制。用户可根据需要选择不同厂家的 PLC 及其所支持的以太网通信模式,组建成一个小型的 PLC 网络。小型 PLC 网络以其结构简单、价格低廉的特点在小型自动生产线中仍然有着广泛的应用,在现代工业网络通信中仍占据相当的份额。掌握基于以太网通信的 PLC 网络技术,将为进一步学习现场总线技术、工业以太网技术等打下良好的基础。

二、YL-335B 的基本功能

YL-335B 各工作单元在实训台上的分布如图 8-2 所示。

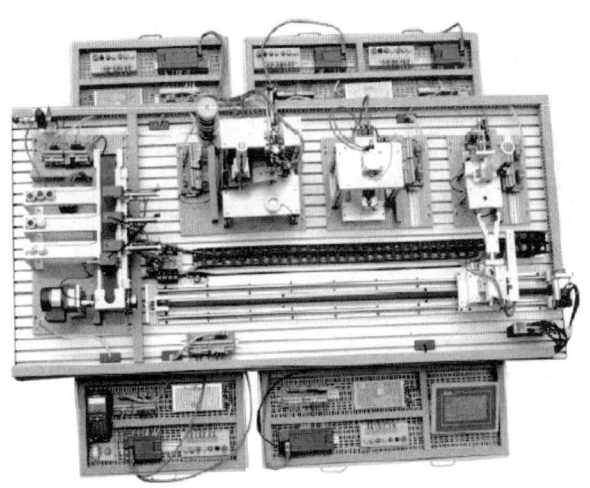

图 8-2 YL-335B 俯视图

(一)供料单元的基本功能

供料单元是 YL-335B 的起始单元,起着向系统中的其他单元提供原料的作用。具体

233

的功能是:按照需要将放置在料仓中的待加工工件(原料)推出到物料台上,以便输送单元的机械手将其抓取并输送到其他单元上。图 8-3 为供料单元实物的全貌。

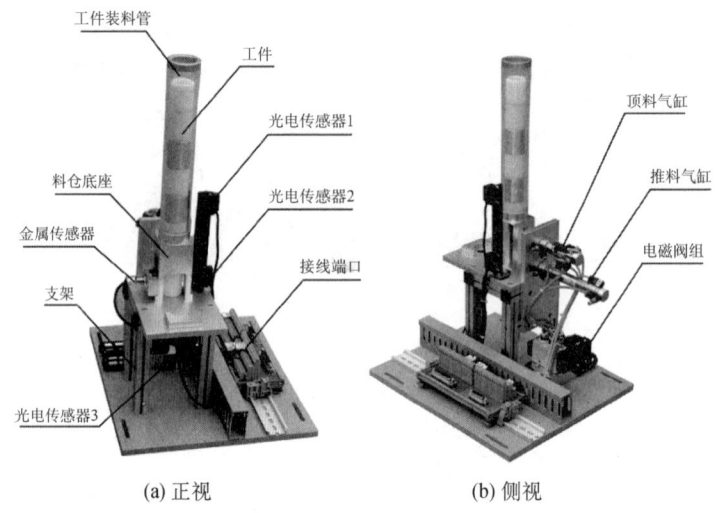

图 8-3　供料单元实物的全貌

(二) 加工单元的基本功能

加工单元可把该单元物料台上的工件(工件由输送单元的抓取机械手装置送来)送到冲压机构下面,完成一次冲压加工动作,再送回到物料台上,等待输送单元的抓取机械手装置取出。图 8-4 为加工单元的实物全貌。

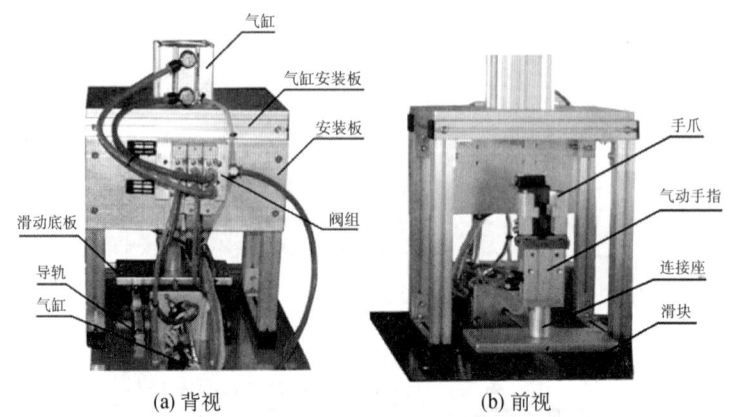

图 8-4　加工单元实物的全貌

(三) 装配单元的基本功能

装配单元可完成将该单元料仓内的黑色或白色小圆柱工件嵌入已加工的工件中的装配过程。图 8-5 为装配单元的实物全貌。

(四) 分拣单元的基本功能

分拣单元可将上一单元送来的已加工、装配的工件进行分拣,使不同颜色的工件从不同的料槽分流。图 8-6 为分拣单元的实物全貌。

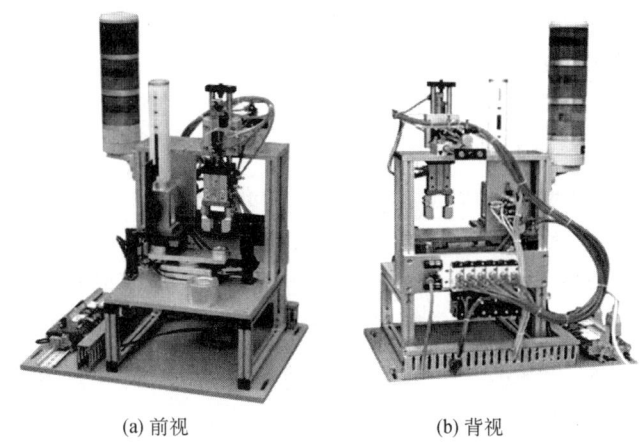

(a) 前视　　　　　　　　(b) 背视

图 8-5　装配单元实物的全貌

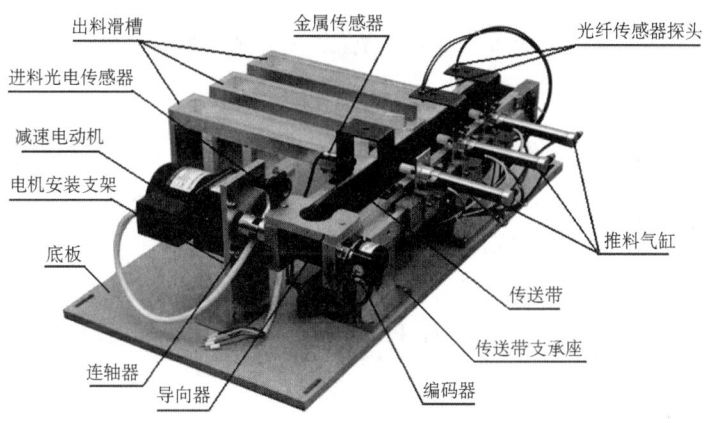

图 8-6　分拣单元实物的全貌

（五）输送单元的基本功能

输送单元通过直线运动传动机构驱动抓取机械手装置到指定单元的物料台上，并在该物料台上抓取工件，把抓取到的工件输送到指定地点后放下，实现传送工件的功能。图 8-7 为输送单元的实物全貌。

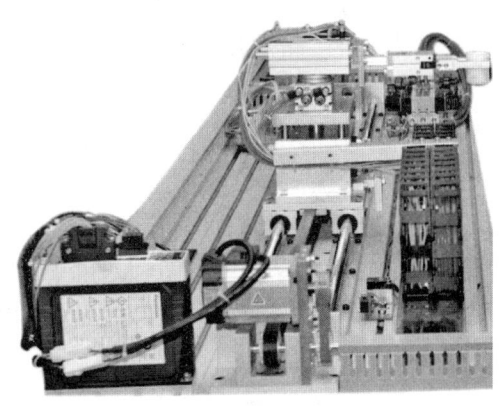

图 8-7　输送单元实物的全貌

直线运动传动机构的驱动器可采用伺服电机或步进电机,视实训目的而定。YL-335B 的标准配置为伺服电机。

三、人机界面

系统运行的主令信号(复位、启动、停止等)由触摸屏人机界面给出。同时,人机界面上也会显示系统运行的各种状态信息。人机界面是操作人员和机器设备之间双向沟通的桥梁。使用人机界面能够明确指示并告知操作员机器设备目前的状况,使操作变得简单生动,并且可以减少操作上的失误,即使是新手也可以很轻松地操作整个机器设备。使用人机界面还可以使机器的配线标准化、简单化,也能减少 PLC 控制器所需的 I/O 点数,降低生产的成本。同时,面板控制的小型化及高性能,相对地提高了整套设备的附加价值。

YL-335B 采用了昆仑通态(MCGS)TPC7062Ti 触摸屏作为它的人机界面。

任务一　供料站工控组态设计

本任务只考虑供料单元作为独立设备运行时的情况,单元工作的主令信号和工作状态显示信号来自 PLC 旁边的按钮/指示灯模块。并且按钮/指示灯模块上的工作方式选择开关 SA 应置于"单站方式"位置。具体的控制要求如下:

(1) 设备上电和气源接通后,若工作单元的 2 个气缸均处于缩回位置,且料仓内有足够的待加工工件,则"正常工作"指示灯 HL1 常亮,表示设备准备好。否则,该指示灯以 1 赫兹的频率闪烁。

(2) 若设备准备好,按下启动按钮,工作单元启动,"设备运行"指示灯 HL2 常亮。启动后,若出料台上没有工件,则应把工件推到出料台上。出料台上的工件被人工取出后,若没有停止信号,则进行下一次推出工件操作。

(3) 若在设备运行中按下停止按钮,则在完成本工作周期任务后,各工作单元停止工作,HL2 指示灯熄灭。

(4) 若在设备运行中料仓内工件不足,则工作单元继续工作,但"正常工作"指示灯 HL1 以 1 赫兹的频率闪烁,"设备运行"指示灯 HL2 保持常亮。若料仓内没有工件,则 HL1 指示灯和 HL2 指示灯均以 2 赫兹的频率闪烁,工作站在完成本周期任务后停止。除非向料仓补充足够的工件,工作站才能再次启动。

一、情境描述

供料站的具体控制要求见上方任务一的说明。本方法是用 MCGS 嵌入版组态软件和 TPC7062Ti 触摸屏实现自动化生产线设备供料站的人机界面功能。供料单元以西门子 S7-1200PLC 作为控制器,将料件推送到物料台上。MCGS 组态监控画面如图 8-8 所示。

8-1　供料站工作过程演示视频

项目八 自动化生产线嵌入式 TPC 监控工程组态

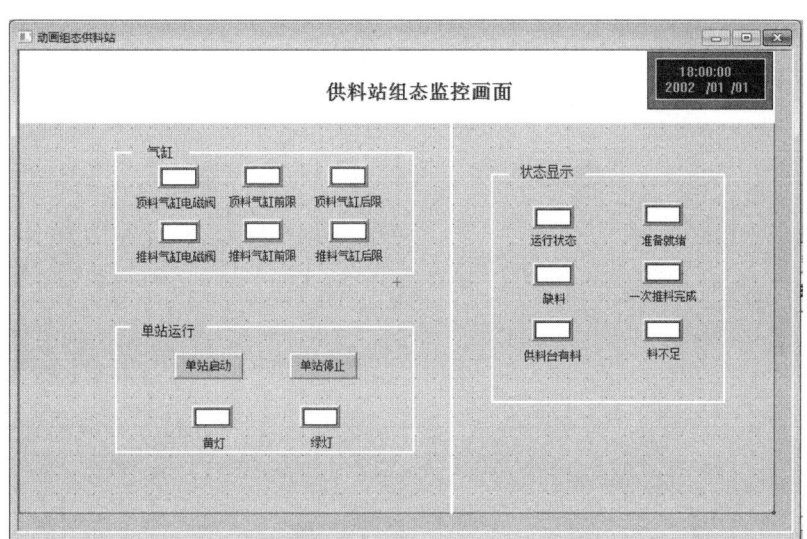

8-2 供料站触摸屏组态监控演示视频

图 8-8 供料单元 MCGS 组态监控画面

二、相关知识

MCGS 嵌入版组态软件添加西门子 S7-1200PLC 硬件设备即西门子 S7-1200PLC 硬件设备与 MCGS 嵌入版组态软件建立通信连接的具体操作见项目七任务一相关知识。

要添加变量,可以在工作台的实时数据库中单击"新增对象"按钮,然后进入西门子 S7-1200 设备编辑窗口,选择"增加设备通道"增加 I/O 变量,单击此变量前面的"连接变量"按钮,即可添加对应的实时数据库中的变量名(图 8-9)。

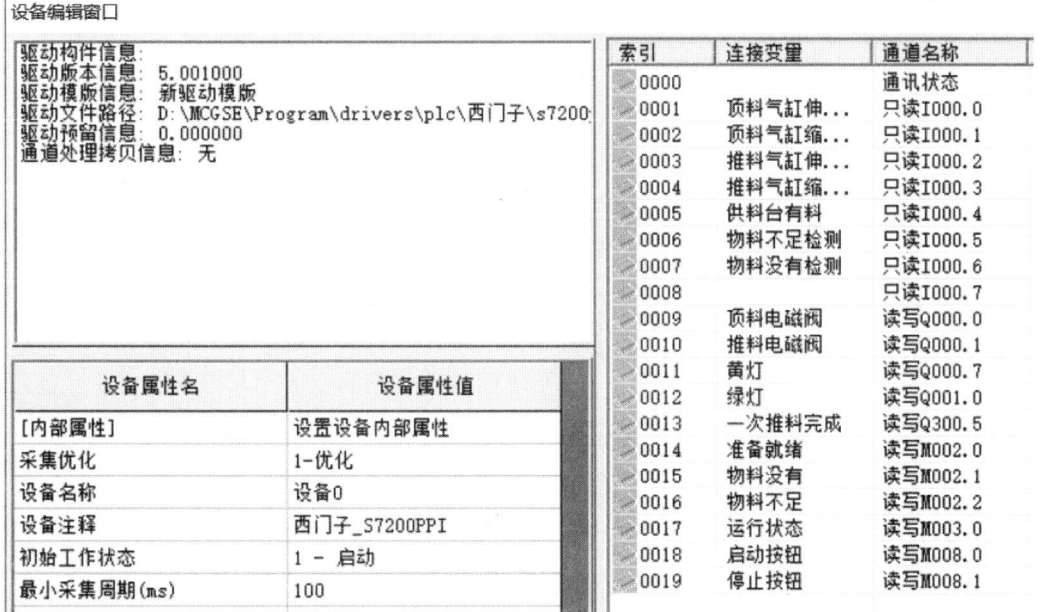

图 8-9 供料站增加 I/O 变量通道及连接变量

"供料站工控组态设计"任务书

一、任务计划

根据利用 MCGS 嵌入版组态软件创建供料站控制工程所需的教具耗材、技能知识及工程实施过程制订工作计划。

引导问题1:观看供料站控制工程工作过程,思考所用到的图元包括哪些部分,如何添加?

引导问题2:所需教具耗材包括哪些?

引导问题3:根据工程控制要求,需要建立哪些数据对象,对象类型是什么?

引导问题4:参考相关知识,本任务需要添加哪些动画技能点?

根据供料站工作任务的要求,供料站 PLC 选用 S7-1200 CPU 1214C AC/DC/RLY 主单元,共14点输入和10点继电器输出。PLC 的 I/O 信号分配见表8-1。

表8-1 供料站 I/O 分配表

输入信号				输出信号			
序号	PLC 输入点	信号名称	信号来源	序号	PLC 输出点	信号名称	信号来源
1	I0.0	顶料气缸伸出到位	装置侧	1	Q0.0	顶料电磁阀	装置侧
2	I0.1	顶料气缸缩回到位		2	Q0.1	推料电磁阀	
3	I0.2	推料气缸伸出到位		3	Q0.2		
4	I0.3	推料气缸缩回到位		4	Q0.3		
5	I0.4	出料台物料检测		5	Q0.4		
6	I0.5	供料不足检测		6	Q0.5		
7	I0.6	缺料检测		7	Q0.6		
8	I0.7	金属工件检测		8	Q0.7	黄色指示灯	按钮/指示灯模块
9	I1.0			9	Q1.0	绿色指示灯	
10	I1.1			10	Q1.1	红色指示灯	
11	I1.2	停止按钮	按钮/指示灯模块				
12	I1.3	启动按钮					
13	I1.4	急停按钮					
14	I1.5	工作方式选择					

二、任务实施

(一) 供料单元 PLC 程序设计

供料站梯形图中需要增加 MCGS 嵌入版组态软件控制的启动和停止按钮,为 I/O 离散变量,组态中单站启动按钮定义变量为"M8.0",停止按钮为"M8.1"。

(二) 新建工程

选择菜单"文件"中的"新建工程",系统弹出"新建工程设置"对话框。对话框中 TPC 的类型一定要与所连接的触摸屏型号一致。选择菜单"文件"中的"工程另存为",选择合适存储路径,保存工程。

(三) 添加西门子 S7-1200PLC 硬件设备

添加步骤见项目七任务一。

(四) 创建组态画面

单击工作台中的"用户窗口"选项卡,双击右侧的"新建窗口"。新建 2 个窗口,选中其中一个窗口,单击右下角的"窗口属性",把窗口名改为"供料站",把另一个窗口名改为"开机画面"(图 8-10)。

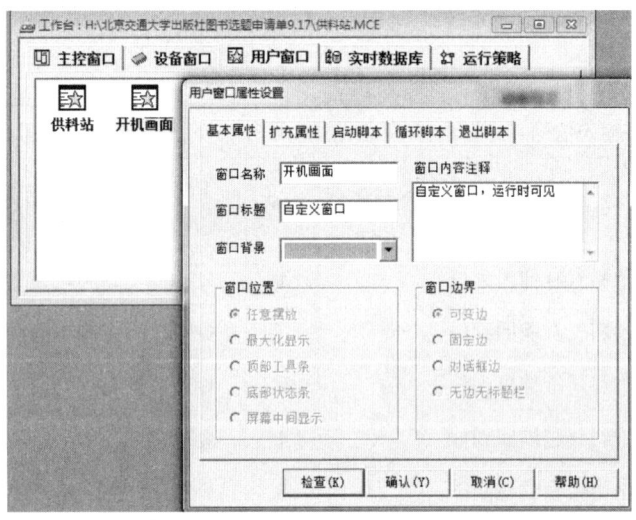

图 8-10 供料站窗口命名

1. 欢迎画面动画制作

(1) 右键单击"开机画面"窗口,在下拉菜单中选择"设置为启动窗口"。

(2) 单击"开机画面"窗口,就可以进入窗口界面。

(3) 制作位图框图。单击工具箱中的"位图"按钮,鼠标的光标成十字形,在窗口中拖曳鼠标,根据需要拉出大小合适的矩形框。选中图片,右键单击图片,在下拉菜单中选择"装载位图",将出现下图窗口,选择一张 bmp 格式的图片,选中打开图片(图 8-11),装载图片后的效果如图 8-11 所示。

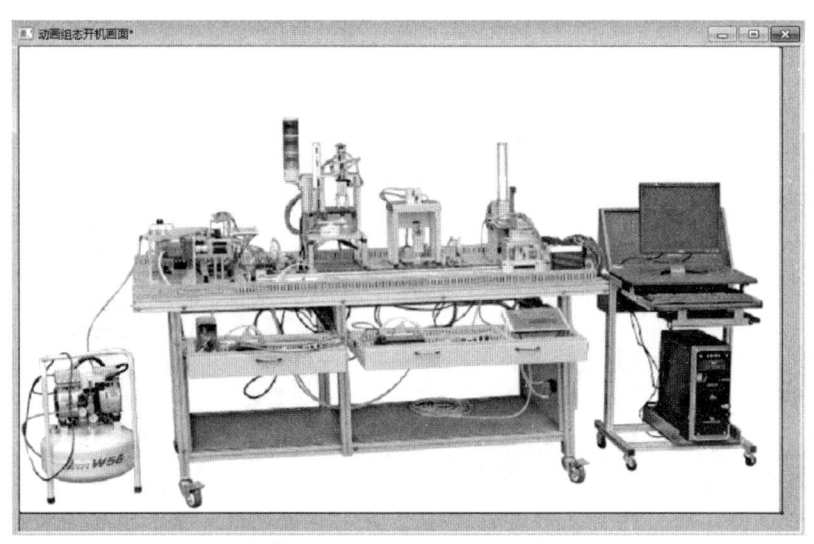

图 8-11 开机画面窗口装载位图

（4）制作文字图框。单击工具箱中的"标签"构件，鼠标的光标成十字形，在窗口中拖曳鼠标，根据需要拉出大小合适的矩形框。在矩形框中输入文字"欢迎使用 YL-335B 型自动化生产线实训装置"，双击矩形框，系统弹出"标签动画组态属性设置"对话框，可以在此进行背景填充颜色、边线颜色、字符颜色等属性设置。然后勾选"水平移动"选项（图 8-12）。

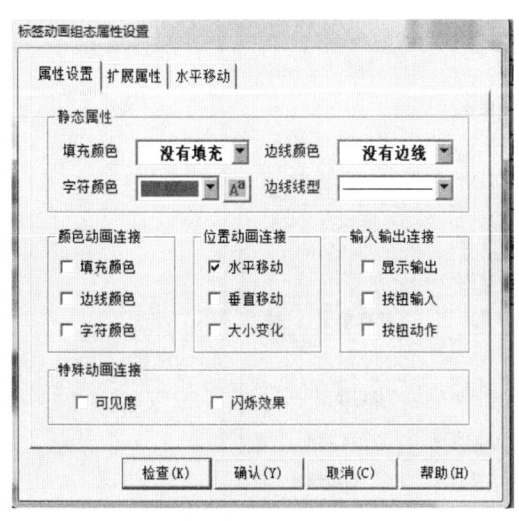

图 8-12 文字框制作

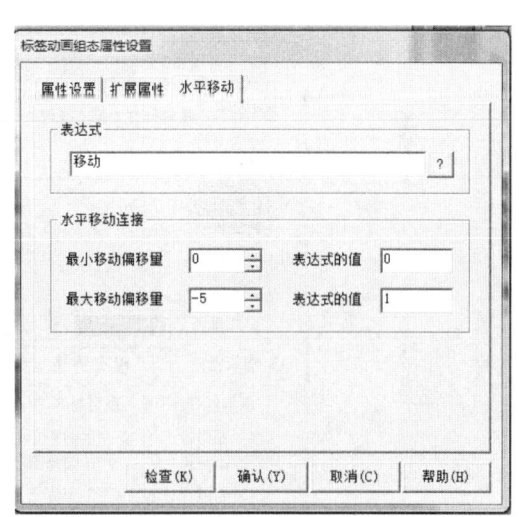

图 8-13 文字框水平移动设置

在上图中要对"水平移动"的属性进行如下设置：设置表达式为"移动"（此通道在"实时数据库"中进行设置）；最小移动偏移量为 0，表达式的值为 0；最大移动偏移量为-5，表达式的值为 1（图 8-13）。设置完成后，单击"确认"按钮即可。效果如图 8-14 所示。

8-3 触摸屏开机运行界面组态设计

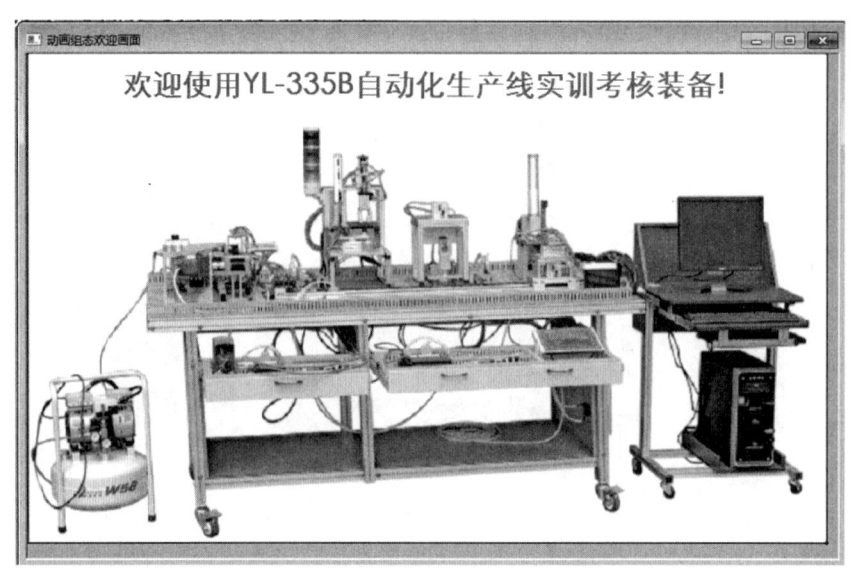

图 8-14 添加文字框后的画面

（5）制作按钮。单击绘图工具箱中的"按钮"构件，在窗口中拖曳出一个全屏的按钮，双击按钮，在"标准按钮构建属性设置"对话框中，选择背景色为没有填充，边线色为没有边线（图 8-15），进行操作属性设置，"抬起功能"打开供料站画面（图 8-16）。

保存窗口（快捷键 Ctrl+S）。

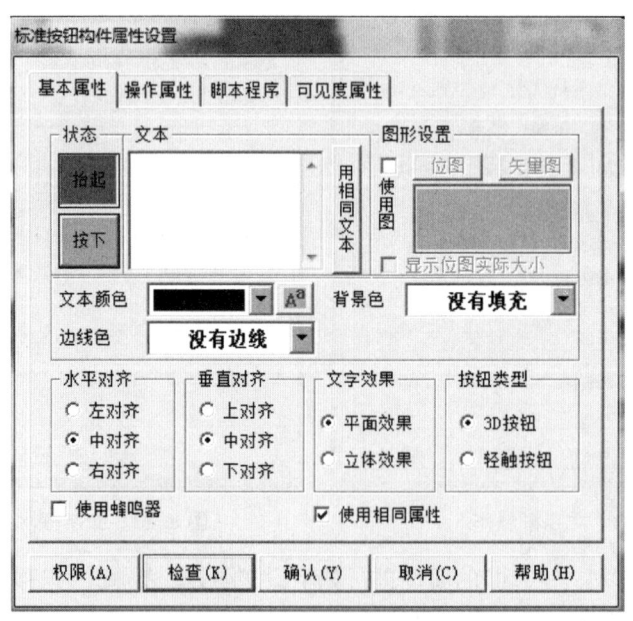

图 8-15 按钮制作

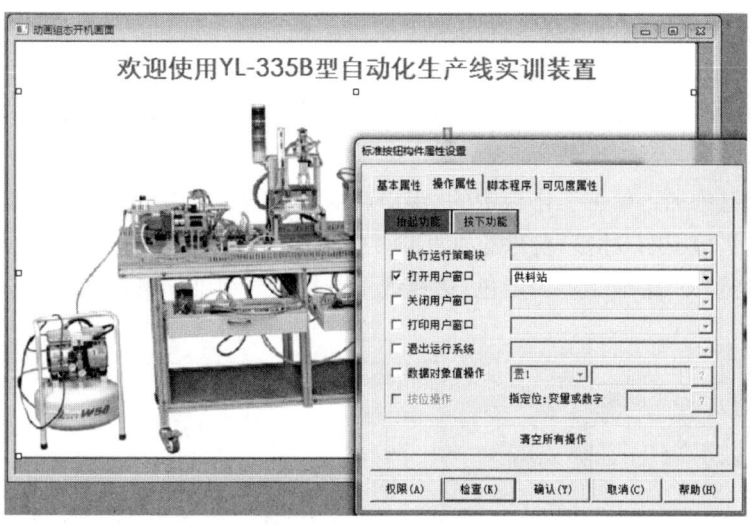

图 8-16 按钮抬起打开供料站画面设置

(6) 组态"循环策略"的具体操作如下：

① 在上面的窗口中，单击"运行策略"按钮，双击"循环策略"，进入策略组态窗口。

② 双击图标，系统弹出"策略属性设置"对话框，将循环时间(ms)设置为 100，单击"确认"按钮(图 8-17)。

③ 在策略组态窗口中，单击工具条中的"新增策略行"图标，增加一策略行；

④ 单击工具条中的"工具箱"图标，单击"策略工具箱"中的"脚本程序"，将小手状鼠标指针移到策略块图标上，单击鼠标左键，添加脚本程序构件(图 8-18)。

图 8-17 策略循环执行时间

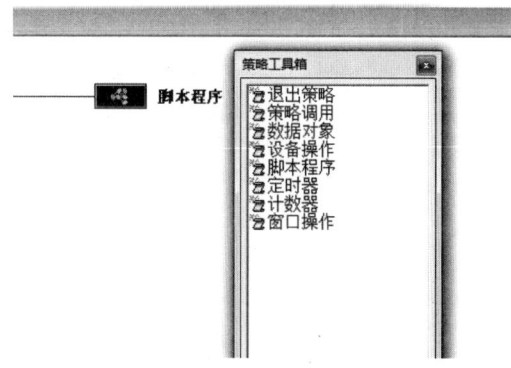

图 8-18 运行策略中添加脚本程序

⑤ 双击进入脚本程序编写环境，输入如下程序：

IF 移动 <= 140 THEN

移动 = 移动 + 1

ELSE

移动 = -140

ENDIF

单击"确定"按钮,脚本程序编写完成。

2. 供料站组态动画制作

供料站监控画面如图 8-8 所示,主要是制作表示 I/O 变量变化的指示灯和启动、停止按钮。

文字、边框添加。单击工作台中的"用户窗口"选项卡,双击"供料站"打开供料站组态画面,利用工具箱中的"标签"构件添加相应的文字,利用"矩形"来绘制白色边框,选择填充颜色为没有填充,边线颜色为白色,边线线型选择适当粗细即可(图 8-19)。

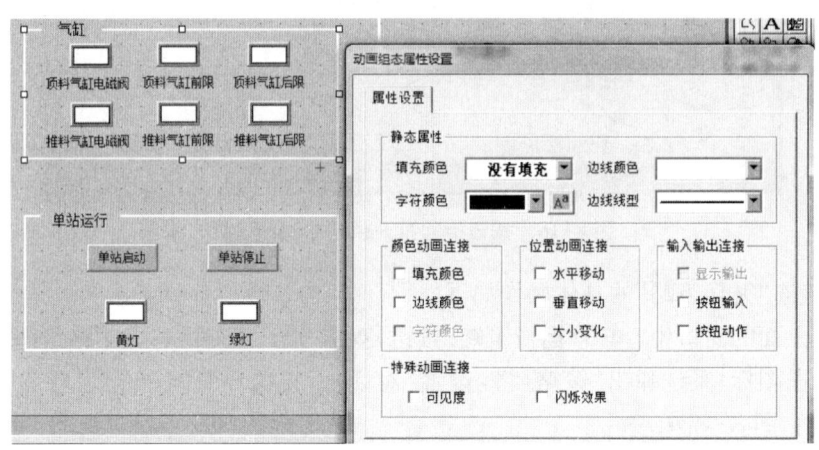

图 8-19　边框设置

指示灯添加。单击工具箱中的"插入元件",选中"指示灯",选择"指示灯 8"图标添加到画面上。以顶料气缸电磁阀指示灯为例,双击添加的指示灯,在"单元属性设置"对话框的"数据对象"选项卡中,选中填充颜色,单击右侧"?",选择变量"顶料电磁阀"(图 8-20)。

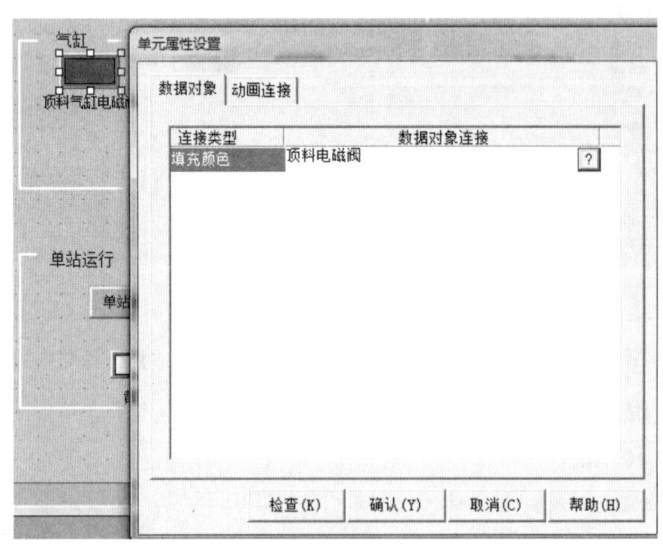

图 8-20　顶料气缸电磁阀指示灯链接动画

在"动画连接"选项卡中,选中"标签"文字,单击右侧">",系统弹出"标签动画组态属性设置"对话框,在"静态属性"栏中,选择填充颜色为白色,再单击对话框中的"填充颜色"选项卡,单击表达式变量右侧的"?",选择"顶料电磁阀",下方"填充颜色连接"分"0""1"2段,颜色如图8-21所示。完成后单击"确认"按钮即可。

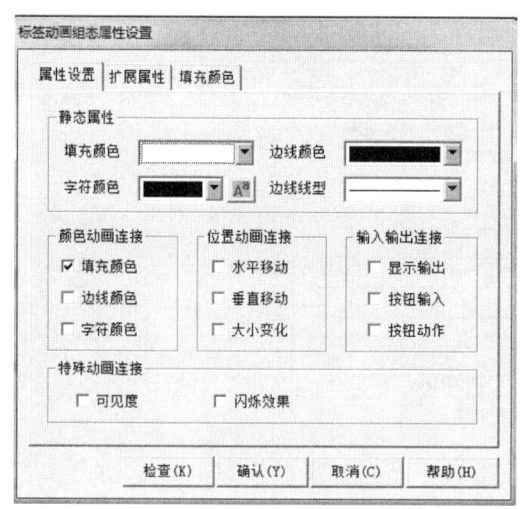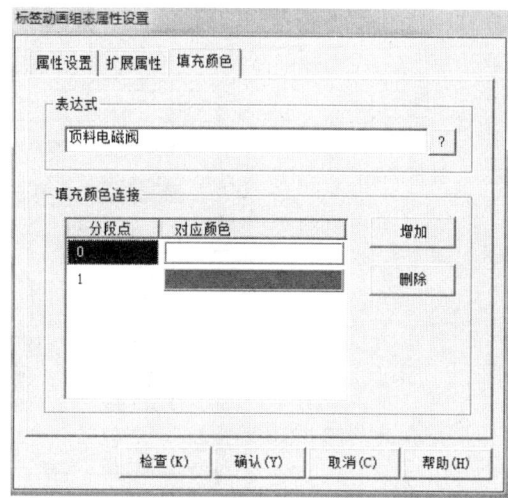

图8-21 顶料气缸电磁阀指示灯填充颜色链接

其他所有指示灯设置方法相同,也可以直接复制使用,修改连接变量即可,这里不再赘述。每个方框中的指示灯绘制完成后,可以调整对齐方式。如气缸方框中,选定横排3盏灯后,单击菜单中的"排列"→"对齐",可选择对齐方式,以达到指示灯对齐的效果(图8-22)。

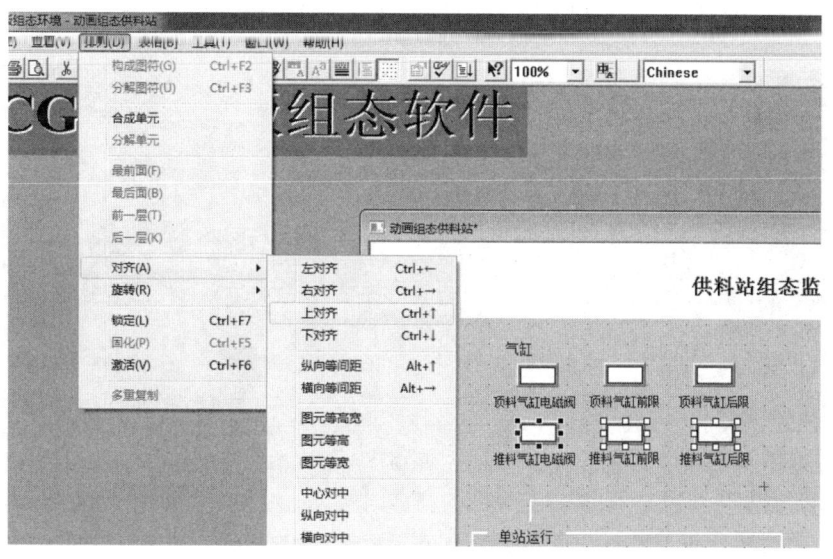

图8-22 指示灯对齐方式设置

按钮添加。供料单元只需添加"单站启动"和"单站停止"2个按钮,利用工具箱中的"标准按钮"添加即可。以"单站启动"按钮为例,双击此按钮,系统弹出"标准按钮构件属性设置"对话框,在"基本属性"选项卡中修改按钮名称,在"操作属性"选项卡中勾选"数据对象值操作","抬起功能"选择"按1松0",变量选择"启动按钮"(图 8-23)。"单站停止"按钮的设置方法相同。

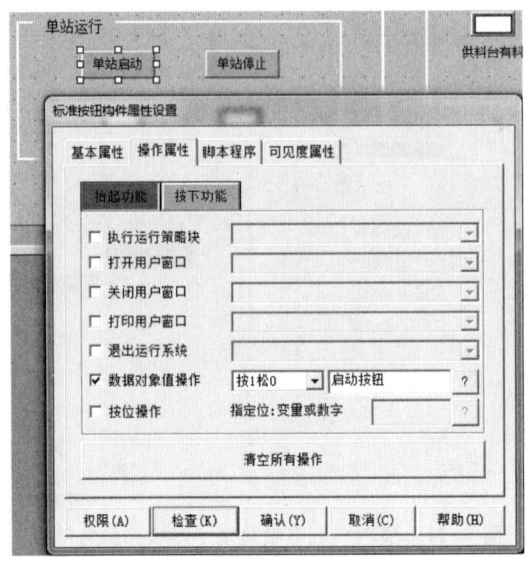

图 8-23　单站启动按钮动画设置

完成后单击"确认"按钮即可。因控制变量都为 I/O 设备变量,所以不需要再添加脚本语言程序。

3. 工程下载、运行与调试

参考项目七的方法,进行供料站 MCGS 组态工程的下载和联机运行(图 8-24)。

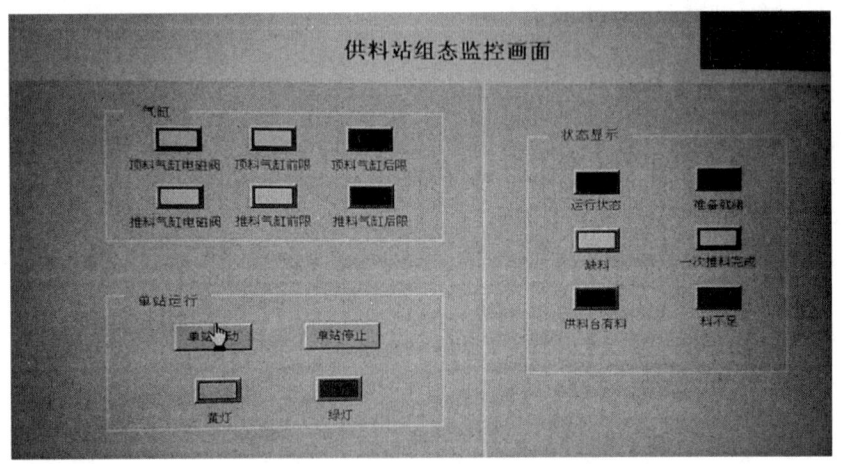

图 8-24　供料站 MCGS 组态工程联机运行

三、质量检查及验收

请将质量检查及验收的情况填入表 8-2。

表 8-2 检查对比表

学习成果		评分表		
巩固学习内容	总结与订正	小组自评	学生自评	教师评分
YL-335B 自动化生产线总共有 5 个工作站,分别是哪 5 个?				
供料站中使用了哪几种传感器,与 PLC 输入端子如何接线?				
TPC7062Ti 触摸屏如何采集传感器检测信号?				
供料站监控画面指示灯如何修改填充颜色?				
学到的技能点				
出错的地方				

【知识链接】请扫码查看完成任务一供料站工控组态设计的知识锦囊。

8-4 供料站工控组态设计

任务二　加工站工控组态设计

本任务只考虑加工单元作为独立设备运行时的情况,单元工作的主令信号和工作状态显示信号来自 PLC 旁边的按钮/指示灯模块。并且按钮/指示灯模块上的工作方式选择开关 SA 应置于"单站方式"位置。具体的控制要求如下:

(1) 设备上电和气源接通后,滑动加工台伸缩气缸处于伸出位置,加工台气动手爪处于松开的状态,冲压气缸处于缩回位置,急停按钮没有按下。若设备在上述初始状态,则"正常工作"指示灯 HL1 常亮,表示设备已准备好。否则,该指示灯以 1 赫兹的频率闪烁。

(2) 若设备已准备好,按下启动按钮,设备启动,"设备运行"指示灯 HL2 常亮。当待加工工件送到加工台上并被检出后,设备将工件夹紧,送往加工区域冲压,完成冲压动作后返回待料位置的工件加工工序。如果没有输入停止信号,当再有待加工工件送到加工台上时,加工单元又开始下一周期工作。

(3) 在工作过程中,若按下停止按钮,加工单元在完成本周期的动作后停止工作,HL2 指示灯熄灭。

一、情境描述

加工站的具体控制要求见上方任务二的说明。本方法是用 MCGS 嵌入版组态软件和 TPC7062Ti 触摸屏实现自动化生产线设备加工站的人机界面功能。加工单元以西门子 S7-1200PLC 作为控制器,将料件冲压加工。MCGS 组态监控画面如图 8-25 所示。

8-5　加工站工作过程演示视频

8-6　加工站触摸屏组态监控演示视频

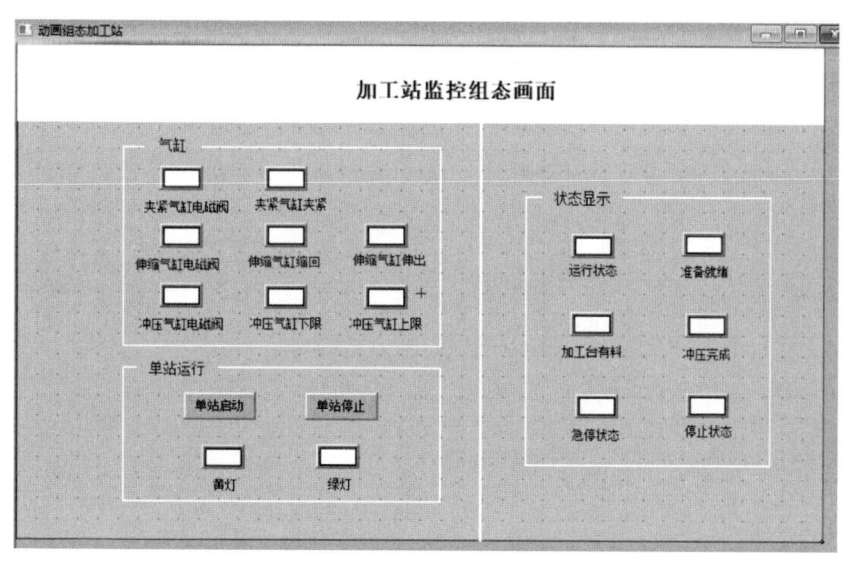

图 8-25　加工单元 MCGS 组态监控画面

二、相关知识

MCGS 嵌入版组态软件添加西门子 S7-1200PLC 硬件设备即西门子 S7-1200PLC 硬

件设备与 MCGS 嵌入版组态软件建立通信连接的具体操作见项目七任务一相关知识。

要添加变量,可以在工作台的实时数据库中单击"新增对象"按钮,然后进入西门子 S7-1200 设备编辑窗口,选择"增加设备通道"增加 I/O 变量,单击此变量前面的"连接变量"按钮,即可添加对应的实时数据库中的变量名(图 8-26)。

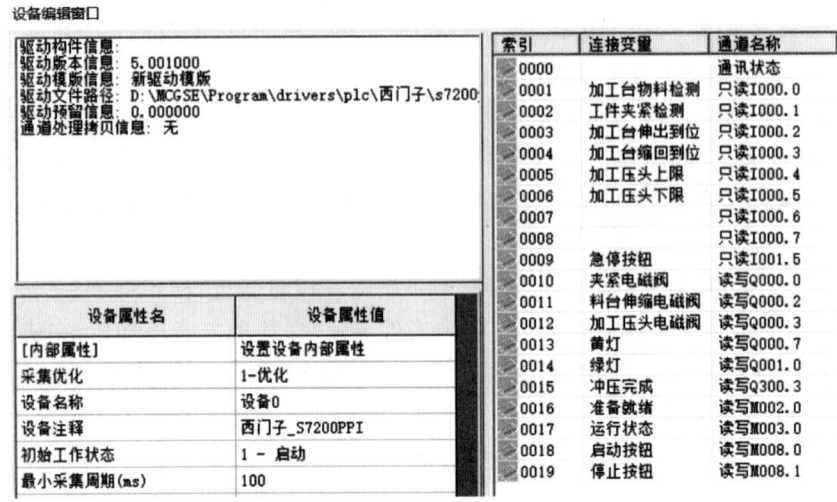

图 8-26 加工站增加 I/O 变量通道及连接变量

"加工站工控组态设计"任务书

一、任务计划

根据利用 MCGS 嵌入版组态软件创建加工站控制工程所需的教具耗材、技能知识及工程实施过程制订工作计划。

引导问题1:观看加工站控制工程工作过程,思考所用到的图元包括哪些部分,如何添加?

引导问题2:所需教具耗材包括哪些?

引导问题3:根据工程控制要求,需要建立哪些数据对象,对象类型是什么?

引导问题4:参考相关知识,本任务需要添加哪些动画技能点?

加工站 I/O 分配见表 8-3。

表 8-3 加工站 I/O 分配表

输入信号				输出信号			
序号	PLC输入点	信号名称	信号来源	序号	PLC输出点	信号名称	信号来源
1	I0.0	加工台物料检测	装置侧	1	Q0.0	夹紧电磁阀	装置侧
2	I0.1	工件夹紧检测		2	Q0.1		
3	I0.2	加工台伸出到位		3	Q0.2	料台伸缩电磁阀	
4	I0.3	加工台缩回到位		4	Q0.3	加工压头电磁阀	
5	I0.4	加工压头上限		5	Q0.4		
6	I0.5	加工压头下限		6	Q0.5		
7	I0.6			7	Q0.6		
8	I0.7			8	Q0.7	黄色指示灯	按钮/指示灯模块
9	I1.0			9	Q1.0	绿色指示灯	
10	I1.1			10	Q1.1	红色指示灯	
11	I1.2	停止按钮	按钮/指示灯模块				
12	I1.3	启动按钮					
13	I1.4	急停按钮					
14	I1.5	单站/全线					

二、任务实施

(一) 加工单元 PLC 程序设计

加工站梯形图中需要增加 MCGS 嵌入版组态软件控制的启动和停止按钮,为 I/O 离散变量,组态中单站启动按钮定义变量为"M8.0",停止按钮为"M8.1"。

(二) 新建工程

选择菜单"文件"中的"新建工程",系统弹出"新建工程设置"对话框。对话框中 TPC 的类型一定要与所连接的触摸屏型号一致。选择菜单"文件"中的"工程另存为",选择合适存储路径,保存工程。

(三) 添加西门子 S7-1200PLC 硬件设备

添加步骤见项目七任务一。

(四) 创建组态画面

单击工作台中的"用户窗口"选项卡,双击右侧的"新建窗口"。新建 2 个窗口,选中其中一个窗口,单击右下角的"窗口属性",把窗口名改为"加工站",把另一个窗口名改为"开机画面"(图 8-27)。

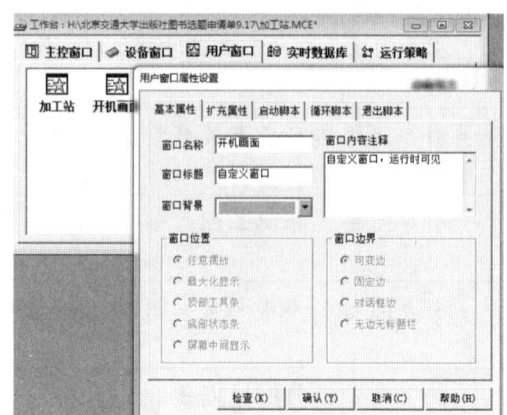

图 8-27 加工站窗口命名

1. 欢迎画面动画制作

欢迎画面的动画制作见本项目任务一。

2. 加工站组态动画制作

加工站监控画面如图 8-25 所示,主要是表示 I/O 变量变化的指示灯和启动、停止按钮。

文字、边框添加。单击工作台中的"用户窗口"选项卡,双击"加工站"打开加工站组态画面,利用工具箱中的"标签"构件添加相应的文字,利用"矩形"来绘制白色边框,选择填充颜色为没有填充,边线颜色为白色,边线线型选择适当粗细即可(图 8-28)。

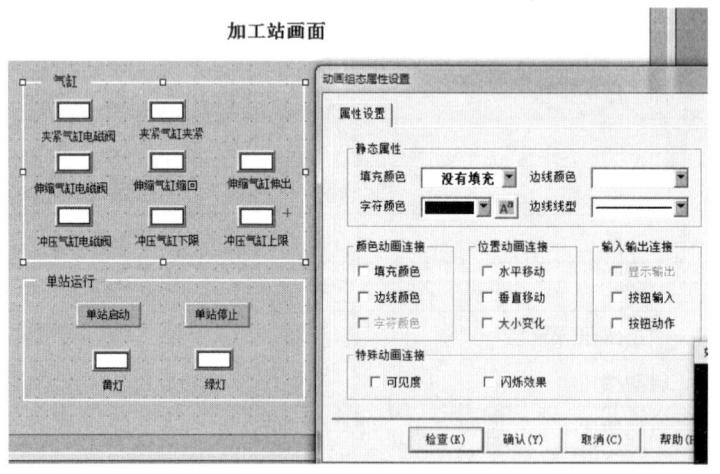

图 8-28 边框设置

指示灯添加。单击工具箱中的"插入元件",选中"指示灯",选择"指示灯 8"图标添加到画面上。以夹紧气缸电磁阀指示灯为例,双击添加的指示灯,在"单元属性设置"对话框的"数据对象"选项卡中,选中填充颜色,单击右侧"?",选择变量"夹紧电磁阀"(图 8-29)。

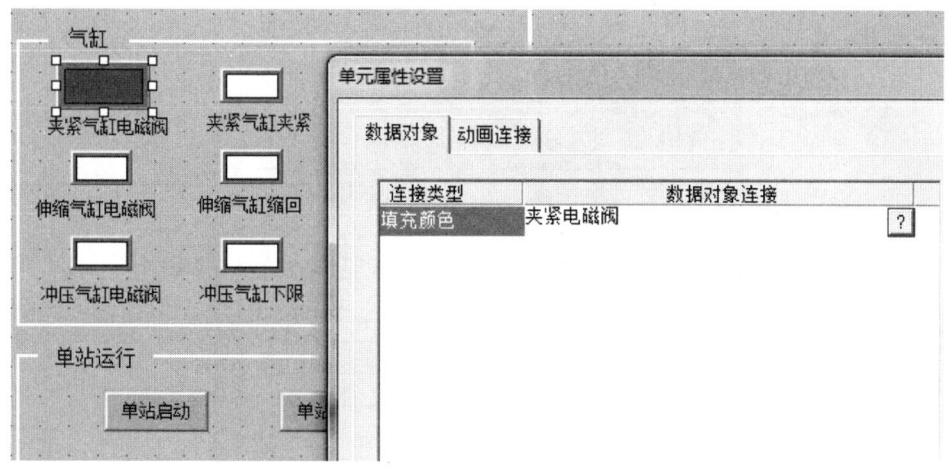

图 8-29　夹紧气缸电磁阀指示灯链接动画

在"动画连接"选项卡中,选中"标签"文字,单击右侧">",系统弹出"标签动画组态属性设置"对话框,在"静态属性"栏中,选择填充颜色为白色(图 8-30)。再单击对话框中的"填充颜色"选项卡,单击表达式变量右侧的"?",选择"夹紧料电磁阀",下方"填充颜色连接"分"0""1"2 段,颜色如图 8-31 所示。完成后单击"确认"按钮即可。

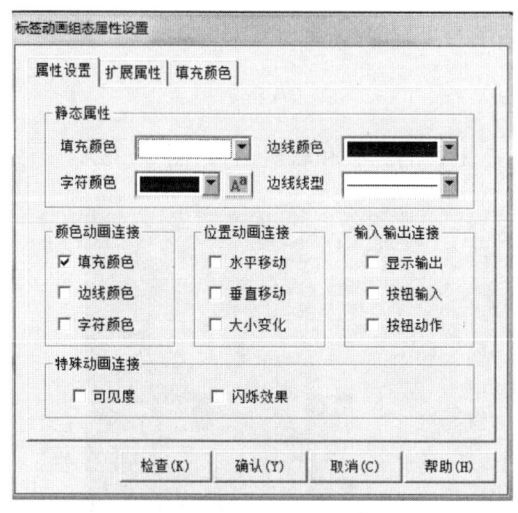

图 8-30　夹紧气缸电磁阀指示灯属性设置

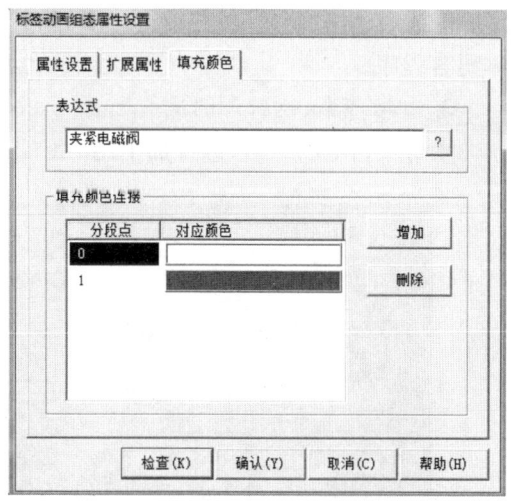

图 8-31　夹紧气缸电磁阀指示灯填充颜色链接

其他所有指示灯设置方法相同,也可以直接复制使用,修改连接变量即可,这里不再赘述。每个方框中的指示灯绘制完成后,可以调整对齐方式。如气缸方框中,选定横排 3 盏灯后,单击菜单中的"排列"→"对齐",可选对齐方式,以达到指示灯对齐的效果。

按钮添加。加工单元只需添加"单站启动"和"单站停止"2 个按钮,利用工具箱中的"标准按钮"添加即可。以"单站启动"按钮为例,双击此按钮,系统弹出"标准按钮构件属性设置"对话框,在"基本属性"选项卡中修改按钮名称,在"操作属性"选项卡中勾选"数据对象值操作","抬起功能"选择"按1松0",变量选择"启动按钮"(图8-32)。"单站停止"按钮的设置方法相同。

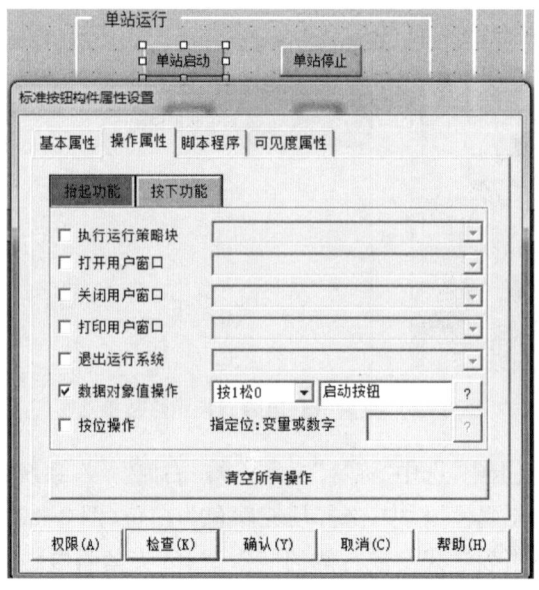

图 8-32 单站启动按钮动画设置

完成后单击"确认"按钮即可。因控制变量都为 I/O 设备变量,所以不需要再添加脚本语言程序。

3. 工程下载、运行与调试

参考项目七的方法,进行加工站 MCGS 组态工程的下载和联机运行(图 8-33)。

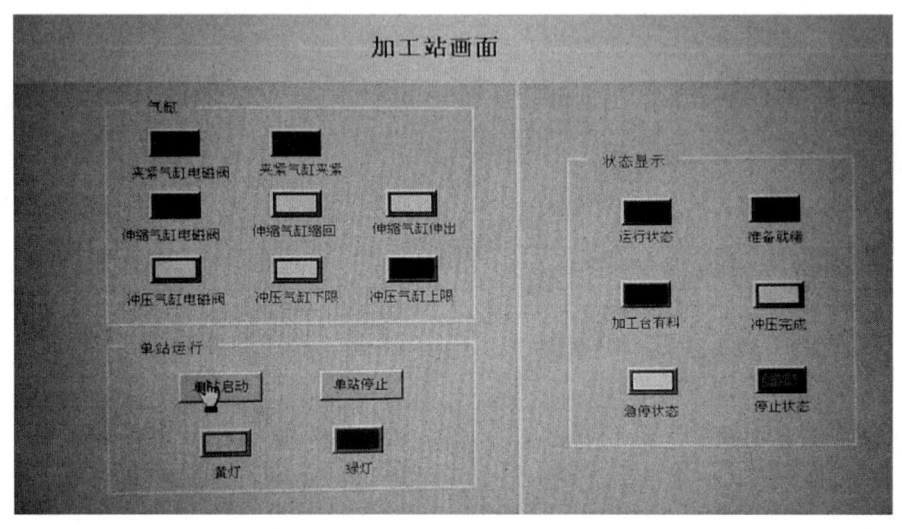

图 8-33 加工站 MCGS 组态工程联机运行

三、质量检查及验收

请将质量检查及验收的情况填入表8-4。

表8-4 检查对比表

学习成果		评分表		
巩固学习内容	总结与订正	小组自评	学生自评	教师评分
加工站工作时3个气缸的动作顺序是什么？				
加工单元加工台后面的光电传感器的输出信号送到PLC的输入还是输出端？				
TPC7062Ti触摸屏上如何设置单站启动、停止按钮？				
学到的技能点				
出错的地方				

【知识链接】 请扫码查看完成任务二加工站工控组态设计的知识锦囊。

8-7 加工站工控组态设计

任务三 装配站工控组态设计

本任务只考虑装配单元作为独立设备运行时的情况,单元工作的主令信号和工作状态显示信号来自 PLC 旁边的按钮/指示灯模块。并且按钮/指示灯模块上的工作方式选择开关 SA 应置于"单站方式"位置。具体的控制要求如下:

(1) 装配单元各气缸的初始位置为挡料气缸处于伸出状态,顶料气缸处于缩回状态,料仓上已经有足够的小圆柱零件;装配机械手的升降气缸处于提升状态,伸缩气缸处于缩回状态;气爪处于松开状态。

设备上电和气源接通后,若各气缸满足初始位置要求,且料仓上已经有足够的小圆柱零件,工件装配台上没有待装配工件,则"正常工作"指示灯 HL1 常亮,表示设备已准备好。否则,该指示灯以 1 赫兹频率闪烁。

(2) 若设备已准备好,按下启动按钮,装配单元启动,"设备运行"指示灯 HL2 常亮。如果回转台上的左料盘内没有小圆柱零件,则执行下料操作;如果左料盘内有零件,而右料盘内没有零件,则执行回转台回转操作。

(3) 如果回转台上的右料盘内有小圆柱零件,且装配台上有待装配工件,则装配机械手抓取小圆柱零件,放入待装配工件中。

(4) 完成装配任务后,装配机械手应返回初始位置,等待下一次装配。

(5) 若在运行过程中按下停止按钮,则供料机构应立即停止供料,在装配条件满足的情况下,装配单元在完成本次装配后停止工作。

(6) 在运行中发生"零件不足"报警时,指示灯 HL3 以 1 赫兹的频率闪烁,HL1 和 HL2 灯常亮;在运行中发生"零件没有"报警时,指示灯 HL3 以亮 0.5 秒、灭 0.5 秒的方式闪烁,HL2 熄灭、HL1 常亮。

一、情境描述

装配站的具体控制要求见上方任务三的说明。本方法是用 MCGS 嵌入版组态软件和 TPC7062Ti 触摸屏实现自动化生产线设备装配站的人机界面功能。装配单元以西门子 S7-1200PLC 作为控制器,将料芯落料、机械手爪抓料芯进行料件装配。MCGS 组态监控画面如图 8-34 所示。

8-8 装配站工作过程演示视频

8-9 装配站触摸屏组态监控演示视频

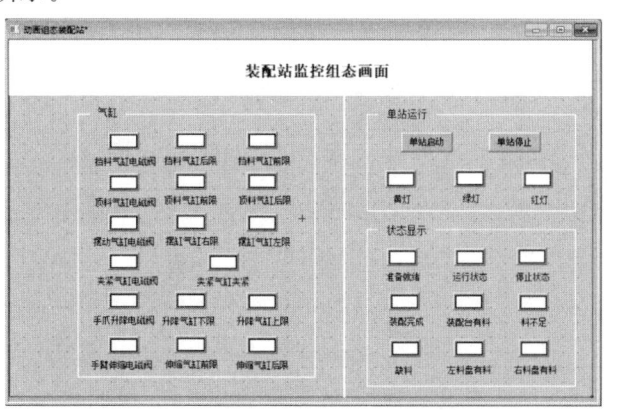

图 8-34 装配单元 MCGS 组态监控画面

二、相关知识

MCGS 嵌入版组态软件添加西门子 S7-1200PLC 硬件设备即西门子 S7-1200PLC 硬件设备与 MCGS 嵌入版组态软件建立通信连接的具体操作见项目七任务一相关知识。

要添加变量，可以在工作台的实时数据库中单击"新增对象"按钮，然后进入西门子 S7-1200 设备编辑窗口，可以选择"增加设备通道"增加 I/O 变量，单击此变量前面的"连接变量"按钮，即可添加对应的实时数据库中的变量名(图 8-35)。

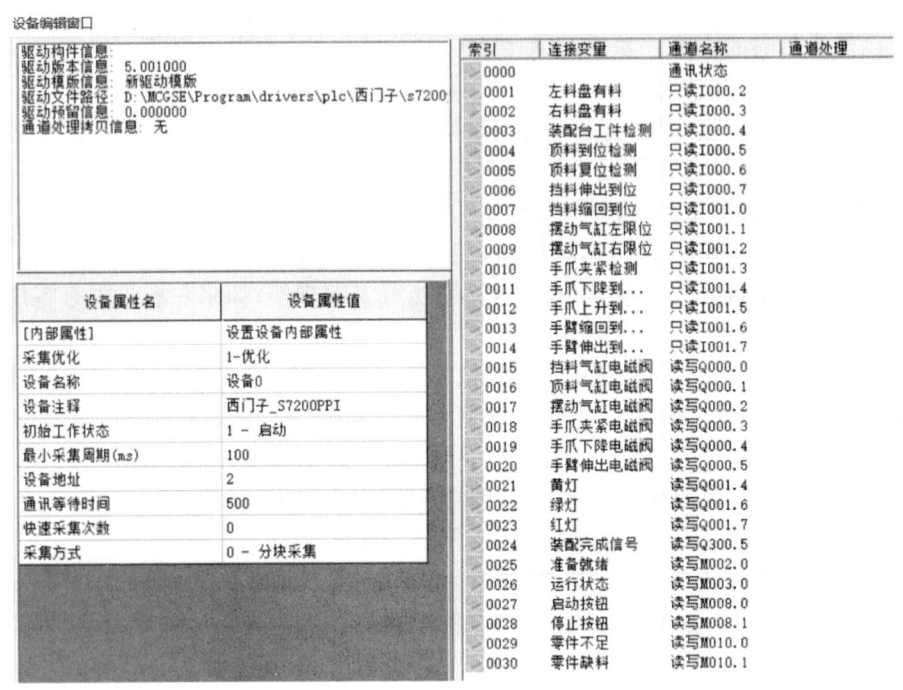

图 8-35　装配站增加 I/O 变量通道及连接变量

"装配站工控组态设计"任务书

一、任务计划

根据利用 MCGS 嵌入版组态软件创建装配站控制工程所需的教具耗材、技能知识及工程实施过程制订工作计划。

引导问题1：观看装配站控制工程工作过程，思考所用到的图元包括哪些部分，如何添加？

引导问题2：所需教具耗材包括哪些？

引导问题3：根据工程控制要求，需要建立哪些数据对象，对象类型是什么？

引导问题4：参考相关知识，本任务需要添加哪些动画技能点？

装配站 I/O 分配见表 8-5。

表 8-5 装配站 I/O 分配表

输入信号				输出信号			
序号	PLC输入点	信号名称	信号来源	序号	PLC输出点	信号名称	信号来源
1	I0.0	零件不足检测	装置侧	1	Q0.0	挡料电磁阀	装置侧
2	I0.1	零件有无检测		2	Q0.1	顶料电磁阀	
3	I0.2	左料盘零件检测		3	Q0.2	回转电磁阀	
4	I0.3	右料盘零件检测		4	Q0.3	手爪夹紧电磁阀	
5	I0.4	装配台工件检测		5	Q0.4	手爪下降电磁阀	
6	I0.5	顶粒到位检测		6	Q0.5	手臂伸出电磁阀	
7	I0.6	顶粒复位检测		7	Q0.6	红色警示灯	
8	I0.7	挡料状态检测		8	Q0.7	橙色警示灯	
9	I1.0	落料状态检测		9	Q1.0	绿色警示灯	
10	I1.1	摆动气缸左限检测		10	Q1.1		
11	I1.2	摆动气缸右限检测		11	Q2.0		
12	I1.3	手爪夹紧检测		12	Q2.1		
13	I1.4	手爪下降到位检测		13	Q2.2		
14	I1.5	手爪上升到位检测		14	Q2.3		
15	I2.0	手臂缩回到位检测		15	Q2.4		
16	I2.1	手臂伸出到位检测		16	Q2.5	HL1	按钮/指示灯模块
17	I2.2			17	Q2.5	HL2	
18	I2.3			18	Q2.7	HL3	

(续表)

输入信号				输出信号			
序号	PLC 输入点	信号名称	信号来源	序号	PLC 输出点	信号名称	信号来源
19	I2.4	停止按钮	按钮/ 指示灯 模块				
20	I2.5	启动按钮					
21	I2.6	急停按钮					
22	I2.7	单机/联机					

二、任务实施

(一) 装配单元 PLC 程序设计

装配站梯形图中需要增加 MCGS 嵌入版组态软件控制的启动和停止按钮,为 I/O 离散变量,组态中单站启动按钮定义变量为"M8.0",停止按钮为"M8.1"。

(二) 新建工程

选择菜单"文件"中的"新建工程",系统弹出"新建工程设置"对话框。对话框中 TPC 的类型一定要与所连接的触摸屏型号一致。选择菜单"文件"中的"工程另存为",选择合适存储路径,保存工程。

(三) 添加西门子 S7-1200PLC 硬件设备

添加步骤见项目七任务一。

(四) 创建组态画面

单击工作台中的"用户窗口"选项卡,双击右侧的"新建窗口"。新建 2 个窗口,选中其中一个窗口,左键单击右下角的"窗口属性",把窗口名改为"装配站",把另一个窗口名改为"开机画面"(图 8-36)。

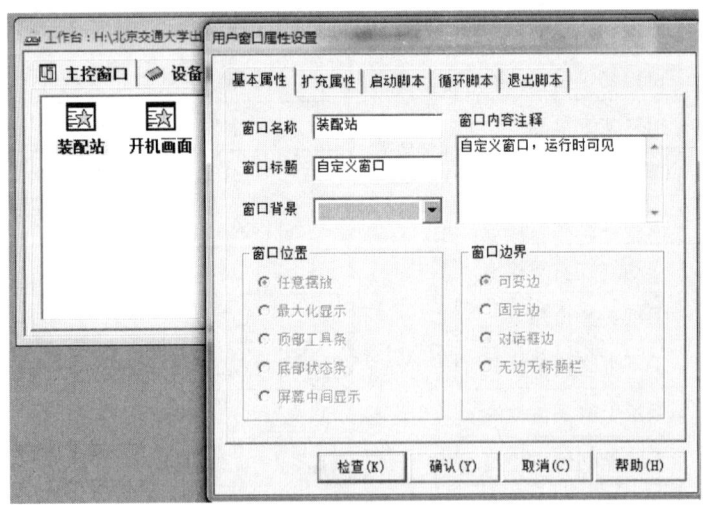

图 8-36 装配站窗口命名

1. 欢迎画面动画制作

欢迎画面的动画制作见本项目任务一。

2. 装配站组态动画制作

装配站监控画面如图 8-34 所示，主要是表示 I/O 变量变化的指示灯和启动、停止按钮。

文字、边框添加。单击工作台中的"用户窗口"选项卡，双击"装配站"打开装配站组态画面，利用工具箱中的"标签"构件添加相应的文字，利用"矩形"来绘制白色边框，选择填充颜色为没有填充，边线颜色为白色，边线线型选择适当粗细即可（图 8-37）。

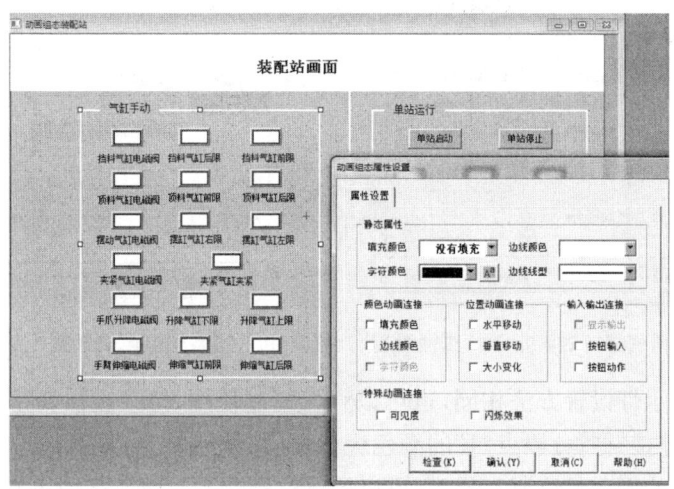

图 8-37 边框设置

指示灯添加。单击工具箱中的"插入元件"，选中"指示灯"，选择"指示灯 8"图标添加到画面上。以挡料气缸电磁阀指示灯为例，双击添加的指示灯，在"单元属性"设置对话框的"数据对象"选项卡中，选中填充颜色，单击右侧"?"，选择变量"挡料气缸电磁阀"（图 8-38）。

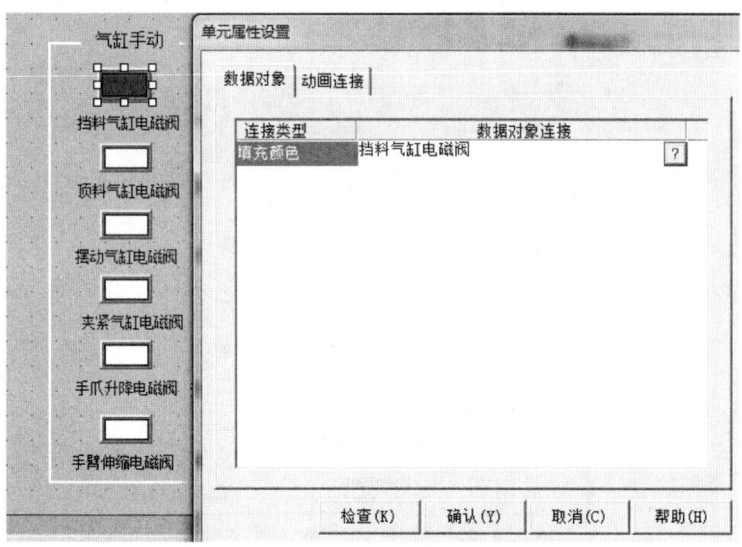

图 8-38 挡料气缸电磁阀指示灯连接动画

在"动画连接"选项卡中,选中"标签"文字,单击右侧">",系统弹出"标签动画组态属性设置"对话框,在"静态属性"栏中,选择填充颜色为白色(图8-39)。再单击对话框中的"填充颜色"选项卡,单击表达式变量右侧的"?",选择"挡料气缸电磁阀",下方"填充颜色连接"分"0""1"2段,颜色如图8-40所示。完成后单击"确认"按钮即可。

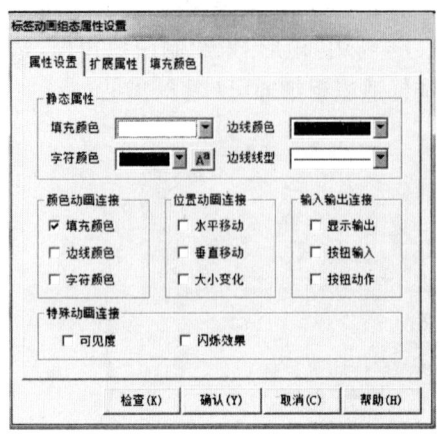 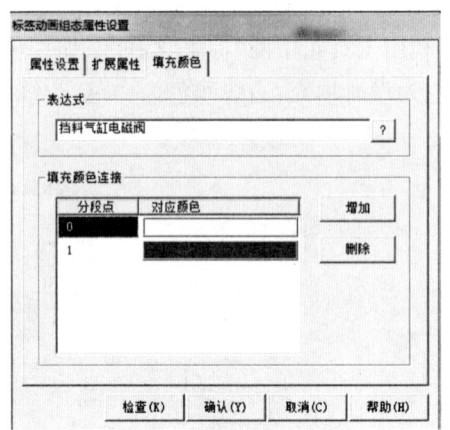

图8-39 挡料气缸电磁阀指示灯属性设置　　图8-40 挡料气缸电磁阀指示灯填充颜色链接

其他所有指示灯设置方法相同,也可以直接复制使用,修改连接变量即可;但有的指示灯"填充颜色连接"栏,分段点"1"的颜色应根据需要修改。

每个方框中的指示灯绘制完成后,可以调整对齐方式。如气缸手动方框中,选定横排3盏灯后,单击菜单中的"排列"→"对齐",可选对齐方式,以达到指示灯对齐的效果。

按钮添加。加工单元只需添加"单站启动"和"单站停止"2个按钮,利用工具箱中的"标准按钮"添加即可。以"单站启动"按钮为例,双击此按钮,系统弹出"标准按钮构件属性设置"对话框,在"基本属性"选项卡中修改按钮名称,在"操作属性"选项卡中勾选"数据对象值操作","抬起功能"选择"按1松0",变量选择"启动按钮"(图8-41)。"单站停止"按钮的设置方法相同。

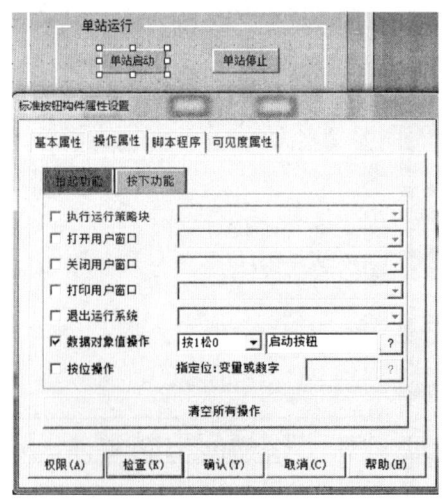

图8-41 单站启动按钮动画设置

完成后单击"确认"按钮即可。因控制变量都为 I/O 设备变量，所以不需要再添加脚本语言程序。

3. 工程下载、运行与调试

参考项目七的方法，进行装配站 MCGS 组态工程的下载和联机运行(图 8-42)。

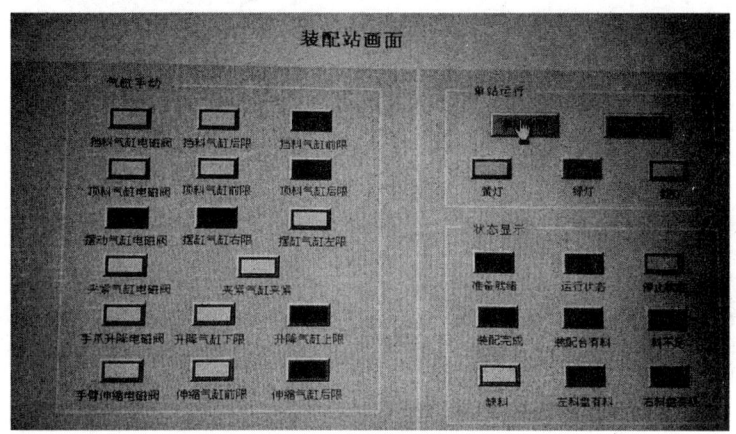

图 8-42　装配站 MCGS 组态工程联机运行

三、质量检查及验收

请将质量检查及验收的情况填入表 8-6。

表 8-6　检查对比表

学习成果		评分表		
巩固学习内容	总结与订正	小组自评	学生自评	教师评分
装配站在落料控制时，2 个执行气缸的动作顺序是怎么样的？				
装配站中的传感器分别是哪几种？				
TPC7062Ti 触摸屏上如何设置红灯的填充颜色？				
学到的技能点				
出错的地方				

【知识链接】请扫码查看完成任务三装配站工控组态设计的知识锦囊。

8-10　装配站工控组态设计

【边学边练】

应用 MCGS 嵌入版组态软件设计基于 PLC 控制的自动化生产线分拣站监控工程(8-43)。

8-11 分拣站监控工程演示视频

8-12 分拣站触摸屏组态监控演示视频

图 8-43 自动化生产线分拣站监控工程

附录

附录1 文件菜单

菜单名	图标	对应快捷键	功能说明
新建工程		Ctrl + N	新建并打开一个新的工程文件
打开工程		Ctrl + O	打开指定的工程文件
关闭工程		无	关闭当前工程
保存工程/保存窗口		Ctrl + S	把当前工程存盘
工程另存为		无	把当前工程以另外的名称存盘
打印设置		无	设置打印配置
打印预览		无	预览要打印的内容
打印		Ctrl + P	开始打印指定的内容
组态结果检查		F4	检查当前过程的组态结果是否正确
进入运行环境		F5	进入运行环境并运行当前工程
工程设置		无	修改工程设置
生成安装盘		无	将当前工程生成安装盘
退出系统		无	退出 MCGS 嵌入版的组态环境

附录2 编辑菜单

菜单名	图标	对应快捷键	功能说明
撤消		Ctrl + Z	取消最后一次的操作
重复		Ctrl + Y	恢复取消的操作
剪切		Ctrl + X	把指定的对象删除并拷到剪贴板
拷贝		Ctrl + C	把指定的对象拷到剪贴板
粘贴		Ctrl + V	把剪贴板内的对象粘贴到指定地方
清除		Del	删除指定的对象
全选		Ctrl + A	选中用户窗口内的所有对象
复制		Ctrl + D	复制选定的对象
属性		F8,Alt + Enter	打开指定对象的属性设置窗口
事件		Ctrl + Enter	打开指定对象的事件设置窗口
插入元件		无	在用户窗口或工作台中插入元件
保存元件		无	保存用户窗口或工作台中对应元件

附录3 查看菜单

菜单名	图标	对应快捷键	功能说明
主控窗口		Ctrl＋1	切换到工作台主控窗口页
设备窗口		Ctrl＋2	切换到工作台设备窗口页
用户窗口		Ctrl＋3	切换到工作台用户窗口页
实时数据库		Ctrl＋4	切换到工作台实时数据库窗口页
运行策略		Ctrl＋5	切换到工作台运行策略窗口页
数据对象		无	打开数据对象浏览窗口
对象使用浏览		Ctrl＋W	打开对象使用浏览窗口
大图标		无	以大图标的形式显示对象
小图标		无	以小图标的形式显示对象
列表显示		无	以列表的形式显示对象
详细资料		无	以详细资料的形式显示对象
按名字排列		无	按名称顺序排列对象
按类型排列		无	按类型顺序排列对象
工具条		Ctrl＋T	显示或关闭工具条
状态条		无	显示或关闭状态条
全屏显示		无	屏幕全屏显示
视图缩放		无	根据一定的比例缩放视图
绘图工具箱		无	打开或关闭绘图工具箱
绘图编辑条		无	打开或关闭绘图编辑条

附录4 插入菜单

菜单名	图标	对应快捷键	功能说明
主控窗口		无	适用于多机网络版本
设备窗口		无	适用于多机网络版本
用户窗口		无	插入一个新的用户窗口
数据对象		无	插入一个新的数据对象
运行策略		无	插入一个新的运行策略
菜单项		无	插入一个菜单项
分隔线		无	插入一个分隔线
下拉菜单		无	插入一个下拉菜单
策略行		Ctrl＋I	插入一个新的策略行

附录 5 排列菜单

菜单名	图标	对应快捷键	功能说明
构成图符		Ctrl + F2	多个图元或图符构成新的图符
分解图符		Ctrl + F3	把图符分解成单个的图元
合成单元		无	多个单元合成一个新的单元
分解单元		无	把一个合成单元分解成多个单元
最前面		无	把指定的图形对象移到最前面
最后面		无	把指定的图形对象移到最后面
前一层		无	把指定的图形对象前移一层
后一层		无	把指定的图形对象后移一层
左对齐		Ctrl +左箭头	多个图形对象和当前对象左边对齐
右对齐		Ctrl +右箭头	多个图形对象和当前对象右边对齐
上对齐		Ctrl +上箭头	多个图形对象和当前对象上边对齐
下对齐		Ctrl +下箭头	多个图形对象和当前对象下边对齐
纵向等间距		Alt +上箭头	多个图形对象纵向等间距分布
横向等间距		Alt +右箭头	多个图形对象横向等间距分布
图元等高宽		无	多个图形对象和当前对象高宽相等
图元等高		无	多个图形对象和当前对象高度相等
图元等宽		无	多个图形对象和当前对象宽度相等
中心对中		无	多个图形对象和当前对象中心对齐
纵向对中		无	多个图形对象和当前对象纵向对中
横向对中		无	多个图形对象和当前对象横向对中
左旋 90 度		无	当前对象左旋 90°
右旋 90 度		无	当前对象右旋 90°
左右镜像		无	当前对象左右镜像
上下镜像		无	当前对象上下镜像
锁定		Ctrl + F7	锁定指定的图形对象
固化		Ctrl + F6	固化指定的图形对象
激活		Ctrl + F5	激活所有固化的图形对象
多重复制		无	同时复制一个选定的对象

附录6　表格菜单

菜单名	图标	对应快捷键	功能说明
连接		F9	建立表格表元和数据对象的连接
增加一行		无	在表格中增加一行
删除一行		无	在表格中删除一行
增加一列		无	在表格中增加一列
删除一列		无	在表格中删除一列
拷到下行		无	当前表格表元的内容拷到下一行
拷到下列		无	当前表格表元的内容拷到下一列
索引拷行		无	当前表格表元的内容索引拷到下一行
索引拷列		无	当前表格表元的内容索引拷到下一列
行等高		无	多行表格的高度相等
列等宽		无	多列表格的宽度相等
合并表元		无	把表格的多个表元合并成一个表元
分解表元		无	把复合表元分解还原成单个的表元
表元连接		无	设置表格单元的连接属性
设置横线		无	设置表格单元底边的横线
设置竖线		无	设置表格单元右边的竖线
设置边线		无	设置整个表格的边线
显示横线		无	显示表格单元底边的横线
消隐横线		无	消隐表格单元底边的横线
显示竖线		无	显示表格单元右边的竖线
消隐竖线		无	消隐表格单元右边的竖线

附录7　工具菜单

菜单名	图标	对应快捷键	功能说明
工程文件压缩		无	压缩工程文件,去掉无用信息
使用计数检查		无	更新数据对象的使用计数
数据对象名替换		无	改变指定数据对象的名称
优化画面速度		Alt+P	进行通讯测试及工程下载
下载配置		Alt+R	进行通讯测试及工程下载

(续表)

菜单名	图标	对应快捷键	功能说明
用户权限管理		无	用户权限管理工具
工程密码设置		无	打开工程时需要输入密码
对象元件库管理		无	对象元件库管理工具
配方组态设计		无	打开配方组态窗口

附录 8　窗口菜单

菜单名	图标	对应快捷键	功能说明
层叠		无	以层叠方式放置所有窗口
水平平铺		无	以水平平铺方式放置所有窗口
垂直平铺		无	以垂直平铺方式放置所有窗口

参考文献

[1] 刘长国,黄俊强. MCGS 嵌入版组态应用技术[M]. 2 版. 北京:机械工业出版社,2021.

[2] 吴孝慧,鹿业勃. 工业组态控制技术[M]. 北京:电子工业出版社,2016.

[3] 李红萍. 工控组态技术及应用:MCGS[M]. 2 版. 西安:西安电子科技大学出版社,2018.

[4] 廖常初. S7-1200 PLC 编程及应用[M]. 3 版. 北京:机械工业出版社,2017.

[5] 钟苏丽,刘敏. 自动化生产线安装与调试[M]. 北京:高等教育出版社,2017.

[6] 李江全. 组态软件 MCGS 从入门到监控应用 35 例[M]. 北京:电子工业出版社,2015.

[7] 李江全. 组态控制技术实训教程(MCGS)[M]. 2 版. 北京:机械工业出版社,2020.